SPECIALPEDAGOGIK OCH FUNKTIONSHINDER

Specialpedagogik och funktionshinder

Att möta barn och unga med funktionsnedsättningar i en utvecklande lärmiljö

Inga-Lill Jakobsson och Inger Nilsson

NATUR & KULTUR

http://www.nok.se/specialpedagogikochfunktionshinder

info@nok.se
www.nok.se

Projektledare: Jenny Toll
Textredaktör: Theres Lagerlöf
Formgivning omslag och inlaga: Maria Svedberg/Happy Book
Omslagsfoto: © Getty Images (övre fotot) samt
© Thomas Henriksson/Scanpix (nedre fotot)
Författarfoto: Lena Börjesson/Bohusfoto Väst AB
Figurer i inlagan: Stig Söderlind
Översättning av citat på s. 115, 118 och 120: Bitte Wallin

Första utgåvan, andra tryckningen
Tryckt i Lettland 2012

ISBN 978-91-27-12020-4

INNEHÅLL

FÖRORD

FUNKTIONSNEDSÄTTNINGAR OCH FUNKTIONSHINDER är företeelser som väcker känslor hos oss på det personliga planet. De får oss att reflektera över vad delaktighet innebär i praktiken, och synliggör hur skolan och andra samhälleliga strukturer är rustade för att möta alla människors behov. Som yrkesverksamma lärarutbildare och forskare inom det specialpedagogiska fältet, har vi länge saknat litteratur som ger en översikt över de vanligaste funktionsnedsättningarna ur pedagogiskt perspektiv och med utgångspunkt i lärarens yrkesroll.

Ambitionen med *Specialpedagogik och funktionshinder* är att förena kunskap om funktionsnedsättningar med specialpedagogiska perspektiv och metoder. Boken har en spännvidd från forskning till inspirerande exempel på pedagogiska utmaningar och lösningar.

Vår grundsyn på lärande är interaktionistisk – vilket innebär att vi betonar mötet mellan människor. Ett syfte med denna bok är att skapa intresse och beredskap hos blivande lärare för att möta *alla* elever. Det gäller särskilt elever med funktionsnedsättningar, eller elever som på annat sätt avviker från det som vanligen betraktas som »normalt«. Boken ska ge både vetenskapligt förankrade och praktiskt orienterade grundkunskaper, samt tydlig vägledning om var man kan leta vidare när det behövs fördjupade kunskaper. Ytterligare ett syfte är att nå ut med praktiskt användbar specialpedagogisk kunskap till redan verksamma lärare, för att förebygga att elever misslyckas i skolan och för att motverka att hinder och svårigheter uppstår.

Specialpedagogik och funktionshinder tar upp både det specifika och det generella – från individperspektiv till samhällsperspektiv. Den förståelse kring funktionshinder som därigenom utvecklas ger viktiga insikter inför det pedagogiska arbetet i klassen/gruppen och med den enskilda eleven.

I utredningen inför den lärarutbildning som gäller från och med hösten 2011 (SOU 2008:109), lyfts specialpedagogik fram som ett kärnområde med särskilt fokus på olika typer av funktionsnedsättningar. Det är vår förhoppning att vi med denna bok kan bidra till att minska den osäkerhet kring funktionsnedsättningar som kan finnas hos såväl blivande som redan verksamma lärare.

Göteborg och Stockholm i augusti 2011
Inga-Lill Jakobsson och Inger Nilsson

INTRODUKTION

»ATT DU INTE förstår beror på din sjukdom« – fick Agnes som förklaring av matematikläraren när hon inte lyckades lösa en uppgift. Vilken betydelse har en elevs diagnos för förväntningarna på hennes möjligheter att lära?

Agnes har sedan födseln haft en ovanlig medicinsk diagnos. Orsakerna till hennes svårigheter kan delvis kopplas samman med diagnosen, men skolmiljön bidrar också till att hon inte förstår. Matematikuppgiften är inte anpassad till hennes utvecklingsnivå och läraren har inte tid att förklara ordentligt eftersom flera andra elever väntar på hjälp. Hon har också svårt att koncentrera sig när det är stimmigt i klassrummet. Orsakerna till Agnes svårigheter bör alltså sökas både i skolmiljön och i hennes individuella förutsättningar.

En av skolans största utmaningar är att hantera det faktum att elever är olika och har olika individuella förutsättningar och möjligheter. Skolan ska ge alla elever förutsättningar för att lära och utvecklas. De flesta elever lär oavsett metod, arbetssätt och arbetsform. Vissa elever är dock beroende av några absolut nödvändiga förutsättningar som det gäller att försöka tillgodose. Att kunna anpassa undervisning och lärandemiljö till alla elever, oavsett individuella förutsättningar, är en svår men viktig uppgift för lärare. Som pedagog ställs man ofta inför utmanande och svårlösta situationer. Samarbetet mellan kollegorna i arbetslaget är då en viktig tillgång. Det är också bra att ha en tankemodell som beaktar helheten samt tar in flera olika aspekter och nivåer för kartläggning och analys av situationen. Den här bokens innehåll bygger på en sådan tankemodell (se figur 1, s. 17).

Internationella, nationella och lokala målsättningar för skolan betonar *delaktighet*, det vill säga att alla elever får möjlighet att delta i gemenskapen och lära utifrån sina förutsättningar. Detta synsätt medför att det i stort sett i varje klass finns elever med någon form av funktionsnedsättning. Elevers olikheter i skilda avseenden ses i en sådan skola som pedagogiska utmaningar och inte enbart som hinder. Det är därför viktigt att lärare har kunskaper om olika funktionsnedsättningar och känner till vilka behov och problem som kan uppstå i en sådan grupp. Med gedigna kunskaper har läraren lättare att lyfta fram elevens styrkor och tilltro till sin egen förmåga att lära och vara delaktig i den sociala gemenskapen. Med gedigna kunskaper är det också lättare att se möjligheter och alternativa handlingssätt, samt att göra medvetna val i olika situationer.

Det finns forskning som visar vilka faktorer som inverkar på elevers möjligheter till delaktighet och lärande. Det handlar om skolpersonalens formella kompetens (som utvecklas genom utbildning) och deras informella kompetens (som utvecklas genom erfarenheter), men även om generell pedagogisk kompetens samt specifik kompetens om exempelvis en viss funktionsnedsättning eller diagnos. Vidare handlar det om synen på elevers olikheter, på samverkan inom och utanför skolan, på organisatoriska förutsättningar samt specialpedagogiskt stöd (Heimdahl Mattson, 2001). Det handlar också om att som lärare vara medveten om och kunna hantera sina egna känslor och reaktioner inför det som är annorlunda. Många blir osäkra om de inte vet hur de ska bete sig i mötet med personer som uppfattas som avvikande på något sätt. I mötet med människor med funktionsnedsättningar uppstår frågor kring om personen behöver hjälp och hur man kan hjälpa till: »Ska jag fråga eller ska jag undvika personen och låtsas att jag inte ser?« Osäkerhet hos lärare kan leda till att man säger sig inte ha kunskaper, resurser eller skyldighet att ta emot elever med funktionsnedsättningar. Det är alltså viktigt för lärare att bearbeta sina egna känslor genom att utveckla kunskaper om funktionsnedsättningar och därmed känna sig beredda att möta alla elever. Lärarens förhållningssätt har stor betydelse för klassrumsklimatet och för elevernas attityder mot varandra.

Läraren är en del i en organisation som innefattar flera olika nivåer. Förutom det direkta arbetet med de individuella eleverna och gruppen/klassen så handlar det också om organisation och styrning på både skol- och samhällsnivå. Skolledningens roll att styra och leda arbetet är betydelsefull för genomförandet av det konkreta arbetet med eleverna. Skolledningen är ytterst ansvarig för hela verksamheten i skolan. Det innefattar också ansvaret för att alla elever får sina behov tillgodosedda och en så bra skolsituation som möjligt.

Definition av specialpedagogik och funktionshinder

Den här bokens titel är *Specialpedagogik och funktionshinder*. Specialpedagogik handlar på en övergripande nivå om samspelet mellan individ, utbildningsmiljö och samhälle. Funktionsnedsättningar och funktionshinder som orsaker till att svårigheter uppstår liksom inkluderings- och exkluderingsprocesser blir då centrala. Det specialpedagogiska kunskapsområdet innehåller både forskning och verksamhet. Forskning inom specialpedagogik handlar om barns, ungas och vuxnas delaktighet, kommunikation och lärande i olika sammanhang och situationer; man fokuserar därmed på samspelet mellan individens förutsättningar samt samhällets och skolans villkor och resurser. Forskningen ska stödja den specialpedagogiska verksamheten så att arbetet kring elever i behov av särskilt stöd genomförs på vetenskaplig grund.

Specialpedagogik i praktiken är ett komplext verksamhetsområde: såväl ett systemperspektiv som ett individperspektiv tas som utgångspunkt för att kunna identifiera barn/elever som riskerar att hamna i svårigheter av olika slag och för att man sedan ska kunna arbeta förebyggande. Varje barn, elev och vuxenstuderande förväntas enligt gällande lagstiftning och oavsett funktionsnedsättning ges förutsättningar för att kunna utveckla sina kunskaper så långt som det är möjligt. Olika vetenskapliga perspektiv samt sociala, medicinska och andra förklaringsmodeller ger kunskap om den komplexitet det handlar om. I det fortsatta innehållet beskriver vi vad specialpedagogik innebär i praktiken.

Funktionshinder är det andra begreppet i titeln. Vi skiljer i enlighet med WHO:s klassifikation ICF (Klassifikation av funktionstillstånd, funktionshinder och hälsa, Socialstyrelsen, 2003) mellan begreppen *funktionsnedsättningar* och *funktionshinder*. Ofta används dessa begrepp synonymt, till exempel i uttrycken »en person med funktionshinder« eller »en person med funktionsnedsättningar«.

Med funktionsnedsättningar avses, enligt ICF, en nedsättning hos individen, medan funktionshinder skapas i mötet med den omgivande miljön. Funktionshinder ersätter därmed begreppet handikapp. Därför skriver vi elever med funktionsnedsättningar, medan funktionshinder är ett paraplybegrepp för det som sker i mötet mellan individen och omgivningen. Den omgivande miljön kan antingen vara funktionshindrande, alltså skapa funktionshinder, eller så kan den motverka att funktionshinder uppstår. En person som är beroende av rullstol för att förflytta sig upplever inget funktionshinder om miljön till exempel är anpassad med ramper och automatiska dörröppnare (ICF beskrivs utförligt i kapitel 2.).

Tankemodellen

Den här bokens innehåll byggs upp, struktureras och sammanfattas i en tankemodell som bygger på Inga-Lill Jakobssons (2002) forskning. Med hjälp av denna helhetsmodell kan man kartlägga, analysera och dra pedagogiska slutsatser kring faktorer på olika nivåer – faktorer som samverkar och påverkar elevers situation i skolan. Den ger därmed ledning för välgrundade beslut och adekvata åtgärder.

Det är viktigt att beakta helheten för att man inte ska fastna i ensidiga eller felaktiga förklaringsmodeller som i sin tur leder till felaktiga slutsatser och åtgärder.

Ett tydligt sådant exempel är en pojke vars ena förälder kom från ett land med helt annat språksystem. När pojkens läs- och skrivutveckling inte framskred som förväntat misstänkte lärarna att det handlade om svårigheter med det svenska ljudsystemet eftersom familjen inte pratade svenska i hemmet. Vid en hörselkontroll upptäcktes dock att pojken hade en hörselnedsättning. När han hade fått hörapparat och uppfattade de ljud han inte kunnat lära sig tidigare, utbrast han enligt mamman förvånat: »Är det så det ska låta, då är det ju inget svårt!«

När pojken väl hade fått rätt hjälpmedel lärde han sig alltså snabbt att både läsa och skriva.

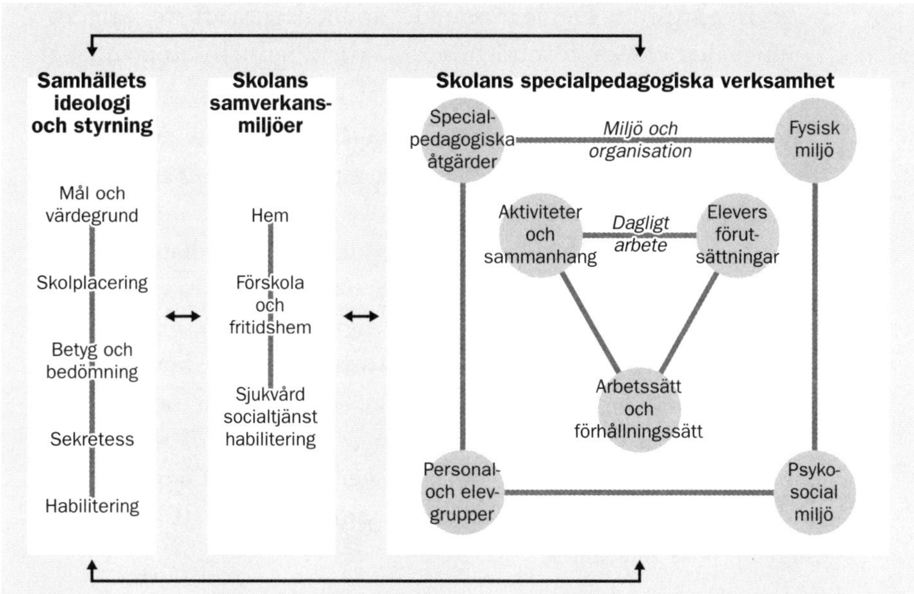

Figur 1: Kommunikation, relationer och samverkan i skolsituationer (Jakobsson, 2002, s. 156). Såväl samhällets ideologi och styrning som skolans samverkansmiljöer och specialpedagogiska verksamhet har betydelse för hur elevers skolsituation gestaltar sig.

Av figur 1 framgår att många olika faktorer inverkar på det som sker i skolan. Modellen innehåller tre övergripande moduler:

1. *Samhällets ideologi och styrning* är formuleringsarenan, där inriktningen på skolans verksamhet avgörs. Den innehåller tolkningar och beslut av mål och värdegrund, skolplacering, betyg och bedömning, sekretess samt habilitering.
2. *Skolans samverkansmiljöer* inverkar direkt eller indirekt i skolsituationen. Den utgörs av samverkan med hem, förskola och fritidshem samt sjukvård, socialtjänst och habilitering.
3. *Skolans specialpedagogiska verksamhet* är realiseringsarenan, där skolans konkreta arbete organiseras, planeras och genomförs. Den innehåller en yttre ram som omsluter ett inre område. Ramen utgörs av skolans miljö och organisation och består av fysisk miljö, psykosocial miljö, personal- och elevgrupper samt specialpeda-

gogiska åtgärder. Det inre området är det dagliga arbetet och det innehåller elevers förutsättningar, aktiviteter och sammanhang samt arbetssätt och arbetsformer.

Var och en av de tre modulerna innehåller alltså ett antal olika aspekter. Moduler och däri ingående aspekter hänger samman i ett komplicerat nätverk, som bildar det totala sammanhang som formar elevernas skolsituationer. Även inom och mellan de olika delarna förekommer kommunikation, relationer och samverkan mellan olika aktörer.

Av modellen framgår att det dagliga arbetet i skolan hör samman med förhållanden inom skolans miljö och organisation, samverkande miljöer samt tolkningar och beslut utifrån samhällets ideologi och styrning på olika nivåer. Det som sker i en enskild skolsituation är därmed en del av ett mycket större sammanhang i ett komplicerat nätverk av relationer.

Den här boken

Den här boken är indelad i tre delar som alla har beröring med hela modellen, men med huvudsakligt fokus på olika moduler. Modellen konkretiseras genom många exempel från observationer av olika typer av skolsituationer.

- I *Del I, Utgångspunkter,* introduceras bokens innehåll. Denna del anknyter främst till modulen *Samhällets ideologi och styrning* i figur 1. I kapitel 1 presenteras det specialpedagogiska kunskapsområdet. Det inleds med en historisk tillbakablick på samhällets syn på funktionsnedsättningar. Olika specialpedagogiska perspektiv och synsätt beskrivs och problematiseras. Centrala begrepp och företeelser inom det specialpedagogiska området – såsom normalitet och avvikelse, integrering, inkludering och segregering, delaktighet och lärande samt makt och ansvar – presenteras och diskuteras. Kapitlet avslutas med en internationell utblick kring funktionsnedsättningar.

  Kapitel 2 behandlar samhällets ideologi och styrning. Det inleds med en presentation av internationella och nationella dokument som visar samhällets förhållningssätt till funktionsnedsättningar. Därefter beskrivs aktuellt innehåll i de lagar och förordningar som styr skolans verksamhet för elever i behov av särskilt stöd.

Kapitel 3 behandlar teorier och synsätt kring diagnoser. Diagnosbegreppet problematiseras. Forskning kring föräldrars och skolpersonals uppfattningar om diagnosens funktion och betydelse i hem och skola redovisas.

- I *Del II, Funktionsnedsättningar och diagnoser i ett pedagogiskt perspektiv,* går vi djupare in på de vanligaste typerna av funktionsnedsättningar och diagnoser. Denna del anknyter främst till modulen *Skolans specialpedagogiska verksamhet* i figur 1. Här behandlas pedagogiska konsekvenser av olika funktionsnedsättningar var för sig, det vill säga vad som är viktigt att känna till som lärare för att skapa en bra lärandemiljö för elever med en viss typ av funktionsnedsättning.

  I kapitel 4 beskrivs möjligheter och hinder i elevers läs-, skriv- och matematikutveckling. Läs-, skriv- och matematiksvårigheter kan, förutom att utgöra ett hinder i sig, också ingå i andra typer av funktionsnedsättningar.

  I kapitel 5 behandlas utvecklingsstörning, i kapitel 6 beskrivs neuropsykiatriska funktionsnedsättningar som ADHD, autism, Aspergers och Tourettes syndrom; och i kapitel 7 tas fysiska funktionsnedsättningar såsom syn-, hörsel- och motoriska funktionsnedsättningar upp. I kapitel 5–7 beskrivs först funktionsnedsättningen i sig och vad den innebär för individens vardagsliv och därefter skiftar vi till ett pedagogiskt perspektiv. Då beskrivs vad man som pedagog behöver tänka på när det gäller att organisera och planera det pedagogiska arbetet.

- I *Del III, Specialpedagogik i praktiken,* vidgas perspektivet till att gälla specialpedagogiskt arbete mer generellt. Den specialpedagogiska verksamheten ses ur ett helhetsperspektiv. Denna del anknyter både till modulerna *Skolans samverkansmiljöer* och *Skolans specialpedagogiska verksamhet* i figur 1.

  I kapitel 8 tas vikten av bred samverkan kring elever i behov av särskilt stöd upp. Kapitel 9 behandlar skolans specialpedagogiska verksamhet, det vill säga hur olika aspekter inom såväl skolans miljö och organisation som i det dagliga arbetet inverkar på skolsituationen. Fokus är inställt på det pedagogiska bemötandet i relation till funktionsnedsättningar, och inte i första hand på funktionsnedsättningen i sig.

I *Avslutning – hur gick det för Agnes?* sammanfattas innehållet med hjälp av figur 1; och vi ger förslag på hur den kan användas som praktiskt pedagogiskt analysverktyg med syftet att utveckla skolans pedagogiska verksamhet.

Vi återkommer också i avslutningen till Agnes och till hur lärarna i det aktuella arbetslaget förändrade sitt pedagogiska arbete, utifrån specialpedagogens kartläggning och analys av Agnes skolsituation.

DEL I

UTGÅNGSPUNKTER

KAPITEL 1

SPECIALPEDAGOGIK I TEORI OCH PRAKTIK

SPECIALPEDAGOGIK ÄR ETT komplext och tvärvetenskapligt kunskapsområde som inrymmer flera olika synsätt och perspektiv. Det är både ett forskningsområde och ett verksamhetsområde. Specialpedagogiken är också politiskt–normativ eftersom den handlar om »hur samhället och dess medlemmar uttrycker hur människor med avvikelser av olika slag skall ha det nu och i framtiden« (Persson, 1997, s. 4). Den specialpedagogiska verksamheten utformas därför olika beroende på den människo- och kunskapssyn som råder i samhället.

Specialpedagogiska frågeställningar har under 2000-talets första årtionde framför allt handlat om att skapa förutsättningar för samtliga elever till lärande, utan att de tvingas lämna den sociala gemenskapen i klassen. Det brukar benämnas *inkluderande undervisning* och *en inkluderande skola*.

Skolan reagerar, enligt Eva Heimdahl Mattson (2001), på två olika sätt inför elever med funktionsnedsättningar: antingen genom att ignorera funktionsnedsättningen, vilket leder till att undervisningssituationen inte anpassas till elevens förutsättningar, eller genom att betrakta eleven som mycket speciell i gruppen, vilket oftast leder till segregerande åtgärder. Heimdahl Mattson ser inkluderande skolor som en tredje väg »där man observerar, värderar och använder sig av variationen mellan individer som en pedagogisk stimulansfaktor« (s. 15). Specialpedagogisk kunskap enligt den tredje vägen, innebär att läraren har kompetens att möta elevers olikheter och ta ansvar för alla elever.

I utredningen (SOU 2008:109) inför den lärarutbildning som infördes hösten 2011 skrivs inte om en skola för alla eller inkludering; under rubriken *Specialpedagogik* står främst en beskrivning av specifika funktionsnedsättningar, vilket tyder på en återgång till ett mer individinriktat synsätt. Den därpå följande propositionen (2009/10:89) är vidare i formuleringen och överlåter åt de enskilda lärosätena att bestämma det specialpedagogiska innehållet i utbildningen. I praktiken övergår dock ett synsätt inte helt i ett annat, utan olika synsätt uppträder ofta samtidigt och kompletterar varandra, till och med på samma skola.

I styrdokumenten för den svenska skolan är elever i behov av särskilt stöd ett prioriterat område. Bedömning av vilka elever som är i behov av särskilt stöd samt hur stödet ska utformas är därför viktiga frågor både för skolledare och för lärare att ta ställning till. Specialpedagogisk verksamhet utgår ofta från ställningstaganden till svåra och komplexa dilemman. Anpassning av arbetssätt och arbetsformer, och olika åtgärders för- och nackdelar samt förväntade konsekvenser, måste vägas mot varandra. Sådant som kortsiktigt verkar vara bra kan i ett mer långsiktigt perspektiv leda till negativa konsekvenser. Specialpedagogiska frågeställningar handlar om normalitet och avvikelse, integrering, inkludering och segregering, delaktighet och lärande, makt och ansvar samt konsekvenser av olika synsätt och perspektiv. De handlar om vad som är betydelsefullt för elevers möjligheter till lärande i en social gemenskap och för att kunna hantera elevers olikheter. Det är viktigt för alla lärare att observera, analysera och reflektera kring vad som riskerar att leda till svårigheter samt hur svårigheter kan motverkas. En analyserande och reflekterande hållning medför att man kan dra slutsatser kring det pedagogiska arbetet för att kunna arbeta förebyggande, så att svårigheter inte uppstår för enskilda elever.

Men vad som betraktas som de bästa svaren på de frågeställningar och dilemman som skolpersonal ställs inför hör också samman med den människosyn som råder i samhället i stort. Svaren förändras därför över tid och skiljer sig åt mellan olika samhällen, beroende på hur samhället ser på människor med funktionsnedsättningar. Innan vi går in på specialpedagogik i dag inleder vi därför med en historisk tillbakablick på hur synen på funktionsnedsättningar förändrats över tid i det svenska samhället och den svenska skolan.

Ett historiskt perspektiv

Historiskt har man under olika tidsperioder betraktat människor med funktionsnedsättningar på varierande sätt. Det är något som också har avspeglats i terminologin. En anledning till ändrad terminologi kan vara nya rön inom forskning. En annan kan vara att termen anses väcka negativa associationer och/eller att de som själva fått en viss diagnos vänder sig emot beteckningen. Ytterligare en orsak har att göra med samhällsförändringar och förändringar i synsätt i samhället.

Ett tydligt exempel är beteckningen utvecklingsstörning som nu är en term för intellektuell funktionsnedsättning i kombination med bristande förmåga att klara den dagliga livsföringen. Tidigare har det funnits många såväl officiella som inofficiella termer för samma problematik, såsom idiot, efterbliven och sinnesslö. Sinnesslöa indelades till och med i bildbara och obildbara. Det speglar ett synsätt som medförde att personer på tidig utvecklingsnivå inte hade rätt till skolgång. Nu finns det både de som vill byta ut termen utvecklingsstörning och de som över huvud taget inte vill ha någon kategorisk benämning. Vissa av de termer som används i dag kommer med all sannolikhet att vara inaktuella inom några år. Vanligen brukar beskrivningar av likartad problematik bestå under en längre tid än själva beteckningen.

Synsätten kan också skilja sig åt mellan olika verksamheter och sammanhang eller i relation till olika ideologiska, politiska och ekonomiska förhållanden. Till exempel ser en läkare inte på samma sätt på ett barns funktionsnedsättningar som en lärare, då deras verksamheter har olika syften. Läkarens uppgift är att undersöka, diagnostisera och behandla, medan lärarens är att åstadkomma lärande och delaktighet för alla elever. WHO i ICF har presenterat två modeller som beskriver samhällets syn på människor med funktionsnedsättningar: *den medicinska modellen* och *den sociala modellen*. De följer historiskt på varandra men förekommer också vid samma tidpunkt som två konkurrerande perspektiv (Socialstyrelsen, 2003).

Under den första delen av 1900-talet gällde ett medicinskt synsätt i samhälle och skola. Enligt *den medicinska modellen* sågs funktionshinder som individproblem som krävde medicinsk behandling. Den gavs bäst av professionellt tränade yrkesutövare. Behandlingen syftade till bot, anpassning eller förändring av den enskilde. I linje med detta synsätt växte stora institutioner upp där barn och vuxna med svåra funktionsnedsättningar vistades under längre perioder och fick professionell vård och behandling. Föräldrar uppmanades att lämna barn med funktionsnedsättningar i experternas händer. Det var inte ovanligt att personer blev kvar hela livet i institutionsvård. Först på 1960-talet förändrades synsättet, institutionerna avvecklades och det blev alltmer naturligt för föräldrar att själva ta hand om sina barn.

Skolsvårigheter beskrivs också i skolans officiella dokument fram till 1970-talet som en defekt hos individen. I skolan kom det medicinska synsättet till uttryck genom specialundervisning enskilt eller i grupp skild från den ordinarie klassen eller gruppen. Många olika typer av specialklasser och särskilda undervisningsgrupper för elever med liknande funktionsnedsättningar eller typ av svårigheter bildades. Speciellt utbildade lärare undervisade i dessa klasser och grupper, exempel är *skolmognadsklasser, hjälpklasser, observationsklasser* och *läsklasser* (Brodin & Lindstrand, 2010).

En annan form av specialundervisning kallades *klinikundervisning*. Elever vistades på »kliniken« under en del av skoldagen eller vissa lektioner i veckan. Det vanligaste var att elever fick specifikt stöd och träning i exempelvis läsning och matematik, ofta i form av individuella, systematiska träningsprogram. Eleven tränade främst på isolerade moment skilt från det sammanhang där kunskaperna skulle användas. Följden blev att eleven för att få den specifika träningen samtidigt missade det som de andra eleverna i klassen arbetade med när han/hon var på kliniken.

Enligt *den sociala modellen*, som växte fram på 1960- och 1970-talen har funktionshinder en social innebörd och form som bestäms av förhållanden i miljön. Det är alltså den omgivande miljön som styr villkoren för om en funktionsnedsättning utgör ett hinder för individens möjligheter till delaktighet eller inte. Professionella insatser kan behövas för att uppmärksamma detta, men de avgörande åtgärderna är ett allmänt och politiskt ansvar på samhällsnivå.

Sådana åtgärder handlar om bemötande och anpassning, det vill säga om att förändra miljön så att den erbjuder delaktighet i stället för utanförskap. Exempelvis kan en automatisk dörröppnare och en hiss göra att en person som är rullstolsburen utan problem kan ta sig till en lokal som ligger två trappor upp i ett hus.

I skolan kommer det nya synsättet till uttryck främst genom tanken om »En skola för alla«, som lanserades i SIA-utredningen (SOU 1974:53) om skolans inre arbete. I Sverige kom det att handla om alla elevers rätt att, oavsett funktionsnedsättning eller utvecklingsnivå, få sin utbildning i närmaste skola tillsammans med de andra eleverna i grannskapet. Alla barns rätt till skolgång förverkligades i Sverige år 1968, då träningsskolan inom särskolan inrättades för elever med grav utvecklingsstörning och för elever med flerfunktionshinder, det vill säga elever med många olika funktionsnedsättningar samtidigt.

I läroplanerna Lgr 80 (1980) och Lpo 94 (1998) förespråkades en skola för alla, där alla elever så långt möjligt ska få sin undervisning inom den ordinarie klassens ram. Dessa grundtankar kvarstår i den nya läroplanen för grundskolan, förskoleklassen och fritidshemmet (Lgr 11, 2011). Synsättet innebär att elever i största möjliga utsträckning ska få det stöd de behöver inne i klassrummet. När en elev får svårigheter är det därför främst skolans arbetssätt som ska prövas. Först när alla möjligheter att förändra och anpassa undervisningen har prövats ska individuella insatser övervägas. Ett tecken på det förändrade synsättet var att den tidigare speciallärarutbildningen lades ned och en ny utbildning till specialpedagog startade år 1990. Specialpedagogens roll är vidare än den tidigare speciallärarens, då specialpedagogerna ska arbeta både direkt med elever och indirekt genom handledning i pedagogiska frågor till lärare och lärarlag. De ska också arbeta med skolutveckling i syfte att utveckla den pedagogiska verksamheten så att den bättre svarar mot alla elevers behov av stöd.

Efter att den sociala modellen förespråkats under mer än tjugo år började det individuella synsättet under 1990- och 2000-talen åter att komma mer i fokus. Orsakerna kan sökas såväl i ekonomiska neddragningar som i olika gruppers upplevelser av att deras behov av stöd inte tillgodosetts tillräckligt. Som ett försök att förena de olika synsätten kring funktionsnedsättningar utvecklade WHO »Klassifikation av funktionstillstånd, funktionshinder och hälsa« eller förkortat ICF (*International Classification of Functioning, Disability and Health*, Socialstyrelsen, 2003; ICF beskrivs i kapitel 2).

Inom skolans område upplevs att specialpedagogen inte helt kunnat ersätta speciallärarens tidigare roll. En ny speciallärarutbildning med två olika inriktningar inrättades därför år 2007. De nya speciallärarna får en utbildning som har stora likheter med specialpedagogernas, men med den skillnaden att utbildningen ska ge fördjupade kunskaper inom svenska eller matematik. Syftet är att speciallärarna ska bidra till att utveckla arbetet med elevers språk-, läs- och skrivutveckling eller matematikutveckling. År 2011 inrättades ytterligare fyra inriktningar: mot hörselskada eller dövhet, synskada, grav språkstörning och utvecklingsstörning. Specialpedagogen och specialläraren kompletterar därigenom varandra.

Specialpedagogiska perspektiv

Specialundervisningens och specialpedagogikens historiska utveckling har lett fram till den mångfald av synsätt som numera innefattas i begreppet *specialpedagogik*. Under olika perioder har olika perspektiv dominerat. Specialpedagogisk forskning i Sverige dominerades fram till 1970-talet, i linje med samhällets syn på människor med funktionsnedsättningar, av handikappforskning inom ett medicinskt-psykologiskt paradigm. När fokus därefter riktades mot förhållanden i omgivningen som en möjlig orsak till hinder och svårigheter, kom forskning kring funktionsnedsättningar, funktionshinder och handikapp att utgöra *ett* av flera områden inom den specialpedagogiska kunskapsbasen. En breddning av antalet perspektiv samt en samverkan med andra discipliner och forskningsinriktningar sågs som nödvändig för den fortsatta specialpedagogiska teoriutvecklingen.

Samtidigt som nya perspektiv kommit till lever gamla traditioner och tänkesätt kvar i människors medvetanden som »frusna ideologier«. De »kan väckas till liv och leda till en omprövning av praxis i exempelvis tider av spänning och nya problem« (Skolverket, 1998,

s. 12). Nutida specialpedagogik utgör därmed ett brett tvärvetenskapligt kunskapsområde som hämtar sina teorier från olika discipliner. Det innebär att om man frågar olika personer vad specialpedagogik är så får man olika svar, beroende på vilket perspektiv de utgår från. På grund av den komplexa problematik som specialpedagogiken har att hantera är det därför inte möjligt att definiera en enstaka teoretisk utgångspunkt för att förstå specialpedagogiken; den hämtar sina teorier bland annat från pedagogik, medicin, psykologi, sociologi och filosofi utifrån den frågeställning det handlar om. Den stora utmaningen och den mest framkomliga vägen är därför att etablera samverkan mellan olika discipliner kring viktiga frågeställningar (Ahlberg, 2001; 2009).

Olika forskare har presenterat det specialpedagogiska forskningsfältet på skilda sätt. I det följande introduceras några perspektiv som varit vägledande för resonemangen i den här boken.

Systemperspektiv

Urie Bronfenbrenner (1979) ansåg att barn konstruerar sin verklighet i samspel med miljön. För att förstå barns lärande och utveckling är det därför nödvändigt att studera utvecklingens ekologi, menade Bronfenbrenner. Som en reaktion mot den ensidigt individinriktade forskningen inom utvecklingspsykologin, utvecklade han på 1970-talet en *utvecklingsekologisk miljömodell*.

Bronfenbrenner tänker sig ett sammanhängande system som består av fyra koncentriska cirklar, där den ena ryms inuti den andra som i en rysk docka. Längst in finns barnet i sin omedelbara närmiljö – *mikrosystemet* som innefattar de viktiga personer och objekt som barnet samspelar med dagligen. Här ingår också den fysiska miljön i skolan och lek- och boendemiljö, samt tillgång till dator, hjälpmedel och leksaker. De utanförliggande cirklarna utgörs av *meso-*, *exo-* och *makrosystemen*.

Mesosystemet handlar generellt om samspelet mellan de olika miljöerna. Viktiga faktorer är till exempel graden av likhet mellan hem och skola, kommunikationen mellan dem och deras kunskap om varandra; men också familjens kunskap om hur skolan arbetar och skolans kunskap om barnets hemmiljö.

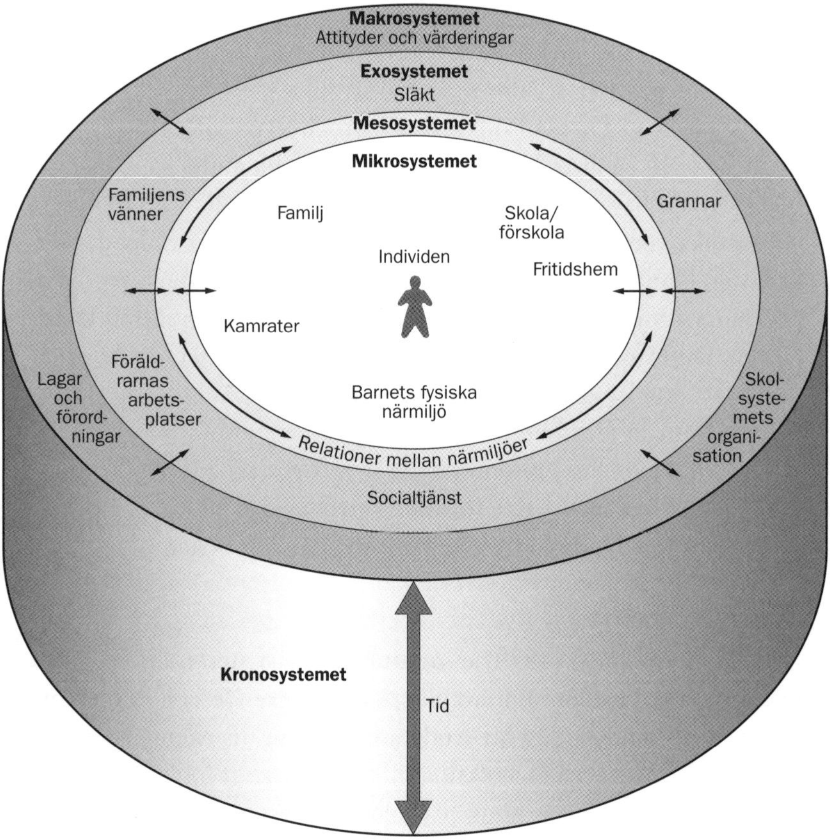

Figur 1.1: Bronfenbrenners utvecklingsekologiska modell. Modellen visar hur ett barns utveckling påverkas av ett nätverk av olika system i miljön runt barnet.

Exosystemet beskriver samspel som barnet sällan eller inte alls deltar i men ändå påverkas av i den lokala närmiljön. Om en förälder till exempel har en stressig arbetssituation så påverkar det barnet. Det innefattar också samhällsinstitutioner på lokal nivå, som kommunens skolorganisation och socialtjänstens individ- och familjeomsorg.

Makrosystemet handlar om övergripande påverkansfaktorer på samhällsnivå.

Kronosystemet eller tiden är också en viktig påverkansfaktor. Det har stor betydelse vid vilken tidpunkt i livet en diagnos ges. När en åtgärd sätts in och hur länge den varar är av betydelse för resultaten av åtgärden. Att få en assistent vid tretton års ålder, som följer en under hela gymnasietiden, har till exempel sannolikt en mycket större påverkan än att få en assistent under en termin då man är nio år.

Miljöerna på mikronivå påverkar barnet direkt vad gäller aktiviteter, roller och relationer, medan påverkan utåt i modellen blir alltmer indirekt. Detta är ett interaktionistiskt sätt att se på socialisation och utveckling. Allt hänger samman i en helhet och påverkan sker åt olika håll både inom och mellan de skilda nivåerna. Den utvecklingsekologiska modellen har beskrivits och använts i många studier inom det specialpedagogiska fältet.[1]

Bronfenbrenner menade att både biologiska och miljömässiga förutsättningar är viktiga att studera, men att det framför allt är samspelet mellan biologiska och sociala krafter som man bör fokusera på. Likaså betonade han betydelsen av att studera ömsesidiga relationer mellan två miljöer; och han varnade för risken med att forskning ofta visar på förenklade samband. Till exempel fokuserar de flesta studier om samarbete mellan hemmet och skolan på föräldradeltagande i skolan, och inte på den ömsesidiga interaktion som äger rum mellan hem och skola. Bronfenbrenner framhåller vikten av att identifiera processer och faktorer som leder till att hemmet och skolan genom samverkan blir arenor för lärande och utveckling.

Bernt Gunnarsson (1999) ser utifrån ett utvecklingsekologiskt perspektiv skolmiljön i sig som en övergripande struktur med delstrukturer som består av olika arenor med varierande aktivitets-, roll- och relationsmönster. Gunnarsson går så långt att han betraktar varje avgränsad undervisningssekvens som ett system. Han menar att varje byte av lärare och undervisningsform under skoldagen innebär ett förändrat mikrosystem för eleven med förändrade upplevelser av

---

1 För en mer utvecklad beskrivning av den utvecklingsekologiska modellen se Gunnarsson (1999), Brodin & Lindstrand (2010) eller Hwang & Nilsson (2011).

aktiviteter. Då elever upplever enskilda händelser på olika sätt, ger de upphov till olika lärande och handlingar hos olika elever.

Mikrosystemen utgör tillsammans skolmiljön respektive hemmiljön. Gunnarsson betonar betydelsen av kontakterna i mesosystemet mellan dessa två miljöer. I exosystemet placerar han in skolans organisation och resurser liksom föräldrarnas arbetsförhållanden. Den yttre strukturen – makrosystemet – inbegriper läroplanen och styrningen av skolan liksom den pedagogiska traditionen och synen på segregering. Speciellt framhåller han den pedagogiska traditionens betydelse för elevers lärande och utveckling, och menar då uppfattningar av elever antingen som passiva mottagare eller som delaktiga och aktivt ansvarstagande för det egna lärandet.

Gunnarsson ser lärandet i skolan som en process, där elever konstruerar kunskap i samspel med omgivningen, alltså en aktiv konstruktion av den verklighet de själva deltar i. Lärandet består då inte bara av en traditionell kunskapsdimension utan har också en social och emotionell innebörd. Det blir därigenom en process där kunskapsutveckling och social-emotionell utveckling hör ihop som två aspekter av en och samma lärandeprocess. Han visar, utifrån intervjuer med elever, föräldrar och lärare, på faktorer som bör utmärka en skolmiljö vilken främjar samtliga elevers möjligheter till lärande. Det handlar om samspelet mellan en *yttre kontroll* (med en ömsesidig respekt mellan skolmiljöns medlemmar, där lärarna ansvarar för en tydlig struktur i lärandeprocessen i samverkan med hemmen) och en *inre frihet* (där eleverna ses som ansvariga för sitt eget lärande och sitt handlande).

Den yttre kontrollen och den inre friheten är ömsesidigt beroende av varandra och den inre friheten utvecklas i dialogen mellan lärare och elever. Gunnarsson menar att det är viktigt »att analysera vilka strukturer, relationer och innehåll som krävs för att en situation ska bli till en positiv lärandeprocess för *alla* barn« (1999, s. 80). Den vuxnes ansvar är att skapa de yttre förutsättningar som möjliggör barnets ansvarstagande för det egna lärandet. Lärandeprocessen och lärandets grundläggande villkor benämns av Gunnarsson som *lärandets ekologi*.

Pia Björklid och Siv Fischbein (1996) beskriver samspelet mellan individförutsättningar och miljöpåverkan i fyra kunskapsfält: *det psykologiska, det biologiska, det sociologiska* och *det fysiska*. De visar på interaktionen inom och mellan olika vetenskapliga discipliner och kopplar till interaktionistiska utvecklingsteorier utifrån såväl individ- som miljöperspektiv. Fischbein (1996) menar att specialpedagogikens uppgift är att förena »det individuella (det psykologiska och det biologiska) och det omgivande (den sociala och den fysiska miljön)« (s. 93). Enligt Fischbein sker ett samspel mellan en påverkansdimension och en individ- och elevdimension. Dimensionerna möts i skolsituationer i olika typer av lärandesituationer och pedagogiska strategier, med varierande utfall beroende på det perspektiv som valts.

Kategoriska och relationella perspektiv

Ingemar Emanuelsson, Bengt Persson och Jerry Rosenqvist (2001) beskriver i en forskningsöversikt specialpedagogik utifrån två motsatta perspektiv: *det kategoriska* och *det relationella*. De visar på skilda konsekvenser för specialpedagogisk verksamhet och forskning beroende på vilket perspektiv som valts som utgångspunkt. Forskning inom ett kategoriskt perspektiv är kortsiktig genom sin koncentration på problem definierade på skolans och undervisningens villkor, till exempel individuella elevers svårigheter eller funktionsnedsättningar. Därigenom blir forskningen ofta direkt och praktiskt inriktad mot metodiska förslag till åtgärder riktade till individer.

Det relationella perspektivet innefattar såväl individen som den omgivande miljön på olika nivåer, som grupp-, skol- och samhällsnivå. Det sätter ljuset på komplexiteten och specialpedagogikens relationella karaktär, det vill säga relationen mellan faktorer på olika nivåer. Forskning inom ett relationellt perspektiv fokuserar exempelvis på konsekvenser av långsiktig specialpedagogisk verksamhet i ett samhällsperspektiv samt på hur begrepp som normalitet, avvikelse och differentiering förstås. Forskarna anser att det är viktigt för fortsatt teoriutveckling med »samverkan och dialog mellan företrädare för forskning inom båda perspektiven« (s. 133).

Moira von Wright (2000) beskriver *ett punktuellt* och *ett relationellt perspektiv* som påminner om de tidigare beskrivna perspektiven (kategoriskt och relationellt). von Wright är dock mer specifikt inriktad mot det som sker direkt i mötet mellan människor i pedagogiska situationer. Till skillnad mot Emanuelsson et al. (2001) ser von Wright inte nödvändigtvis de båda perspektiven som motsatta, utan mer som olika infallsvinklar som leder till skilda konsekvenser. Hon riktar uppmärksamheten mot det som sker i mötet mellan människor, exempelvis i det pedagogiska mötet mellan lärare och elever.

I ett punktuellt perspektiv utgör enskilda elevers konstaterade behov och förutsättningar utgångspunkt för olika åtgärder och handlingar, vilka ofta planeras utan anknytning till den situation där de ska genomföras. Ett relationellt perspektiv däremot innebär, enligt von Wright, att det är i relationerna i själva mötet mellan människor i den pedagogiska situationen som behov och förutsättningar skapas. Undervisningssituationer kan därmed inte detaljplaneras i förväg utan uppstår i mötet och skapas genom kommunikation och social interaktion mellan individerna i den aktuella situationen. von Wright ser lärandet som en social process som förutsätter att alla inblandade är delaktiga och medskapande i situationen.

Kommunikativt relationsinriktat perspektiv

Det kommunikativa relationsinriktade perspektivet (KoRP), som utvecklats av Ann Ahlberg (Ahlberg, 2001; Jakobsson, 2002; Nordevall et. al., 2009) är också en form av relationellt perspektiv med nära anknytning till de tidigare beskrivna perspektiven. Forskningsintresset är riktat mot såväl skolan som institution och organisation som mot skolans sociala praktik och den individuella eleven. Forskning inom detta perspektiv studerar såväl strukturella aspekter av skolans verksamhet som den enskilda elevens lärande och delaktighet i skolans gemenskap. Elevers skolsituation granskas i relation till hela skolans verksamhet och till den sociala praktik i vilken svårigheter uppkommer.[2]

Forskningen inriktas mot att synliggöra de språkliga och sociala sammanhang som formar skolans verksamhet – kommunikativa kontexter – samt att studera kommunikationen i dessa. Man foku-

---

2 Helhetsmodellen i figur 1 kan användas som tankemodell i ett kommunikativt relationsinriktat perspektiv.

serar på lärande och delaktighet samt kommunikation och relationer på olika nivåer och i olika sammanhang av skolans verksamhet. Perspektivet har influenser från ett sociokulturellt perspektiv (Säljö, 2010) genom att skolan betraktas som en social praktik med speciella normer och meningssystem.

Ett grundantagande är att lärande i skolan sker i samspel mellan elever och omgivning. Lärande och kunnande kan inte i första hand förstås som egenskaper hos individen, utan är något som skapas i interaktionen mellan människan och det sammanhang, den historiska och sociokulturella miljö, där hon ingår.

Dilemmaperspektiv

Claes Nilholm (2007) beskriver tre olika perspektiv på specialpedagogik. De två första överensstämmer i stort sett med de tidigare beskrivna kategoriskt och relationellt perspektiv. Nilholm kallar dem för *kompensatoriskt* och *kritiskt perspektiv*. Det senare uppstod som en kritik mot det första, som innebar ett snävt medicinskt/psykologiskt synsätt med fokus på individens brister och problem. Specialpedagogikens uppgift blir då att kompensera för och avhjälpa brister hos individen. Det kritiska perspektivet lyfter i stället fram att det är samhällets värderingar och skolans oförmåga att anpassa undervisningen till alla elevers förutsättningar och behov som skapar behovet av kategorisering och segregerande åtgärder.

Specialpedagogiken i sig får därigenom en marginaliserande effekt, och målet enligt det kritiska perspektivet är att specialpedagogik inte längre ska behövas. Nilholm ser detta som en utopi och beskriver därför ett tredje perspektiv, som han benämner *dilemmaperspektiv*. Ett dilemma beskrivs i Clark, Dyson och Millward (1998) som ett problem som inte har någon klar lösning. En önskad lösning på ett område motverkar något som är viktigt på ett annat område. Dilemmat handlar alltså om att en och samma åtgärd har både för- och nackdelar. Dialog kan öka förståelse och leda till nya handlingsalternativ även om många frågor inte har någon slutgiltig lösning.

Nilholm (2007) beskriver dilemman som motsättningar som egentligen inte går att lösa, men som fortlöpande kräver ställningstaganden. Enligt dilemmaperspektivet betonas komplexiteten och motsägelsefullheten i utbildningssystemet och skolans verksamhet. I många frågor finns ingen slutgiltig bästa lösning. Å ena sidan ska alla elever till exempel uppnå samma mål, men å andra sidan ska skolan anpassa sig till varje elevs förutsättningar. Nilholm menar att det är viktigt att skapa kunskap om hur dessa motsättningar tar sig uttryck i den konkreta skolverksamheten. När olika mål kolliderar med varandra gäller det att, med denna kunskap som grund, göra en avvägning av vad som är den bästa lösningen i en viss situation. Vi återkommer till detta i slutet av kapitlet.

Centrala begrepp inom det specialpedagogiska kunskapsområdet

Normalitet och avvikelse

Normalitet och avvikelse är relativa begrepp, som får sin betydelse först i det sammanhang där de uppträder och i förhållande till de personer som utgör jämförelsegrupp. Ett exempel är en skola för elever med hörselnedsättning och dövhet, där all kommunikation bygger på tecken. Där är det naturligt för eleverna att kommunikation sker genom tecken. Under en musiklektion stirrar eleverna förvånat på en tillfällig besökare, för att hon inte har något tecken för sitt namn och inte vet vad hon ska göra när det blir hennes tur att »sjunga« sitt namn i namnvisan. Hon ses av eleverna som avvikande från det som är normalt i den situationen. Vad är normalt och vad är avvikande? Vem blir betraktad som normal eller avvikande i olika sammanhang och på vilka grunder? Svaret på de här frågorna är att det varierar beroende på vilket samhälle, sammanhang eller i vilken miljö man befinner sig.

I förslaget till en tidigare lärarutbildning (SOU 1999:63) står att: »Specialpedagogisk forskning visar att skolan inte förmår ta tillvara den normala variationen av olikheter hos eleverna i undervisningen« (s. 199). Gränsen mellan det som betraktas som normal variation och det som betraktas som så avvikande att det finns behov av särskilda åtgärder i skolan, varierar mellan olika skolkulturer och sammanhang. Olika jämförelsepunkter eller normaliteter gäller i skilda samhällen, skolformer och mer specifikt i varierande typer av skolor, klasser och grupper. Det som definieras som normalt är alltså beroende av den samhällssyn som råder och den skolform, klass eller grupp eleven ingår i.

Samma problematik kan upplevas helt olika beroende på den elevgrupp man jämför med. Detta kan innebära helt olika ställningstaganden med olika konsekvenser som följd, beroende på vad som anses som normalt inom jämförelsegruppen. Ett exempel är en lärare som säger att det är lättare att tala med föräldrar till elever i särskolan än i grundskolan när det gäller sådant som upplevs som problematiskt. Genom att föräldrarna har placerat sitt barn i särskola finns en gemensam bekräftelse på att något är avvikande hos barnet. Det legitimerar samtal om barnets svårigheter. Läraren, som också har erfarenheter från grundskolan, tycker att det är känsligare att ställa frågor till föräldrar med elever i grundskolan. Exemplet visar på lärarens uppfattning om två olika normaliteter, där det normala i grundskolan är att elever ska betraktas som normala, medan det normala i särskolan är att elever betraktas som avvikande.

Att skilja ut och definiera det som inte är normalt i förhållande till jämförelsegruppen kan ibland vara betydelsefullt, till exempel när det gäller att hävda en elevs behov av särskilt stöd. En diagnos kan i detta sammanhang ha stor betydelse vid diffusa problem i vanliga grundskoleklasser, kanske främst i samband med koncentrationssvårigheter och avvikande beteende hos eleven (Jakobsson, 2002). Diagnosen leder ofta till att man fokuserar mer på den eleven än på andra elever i till synes större svårigheter.

Elever med mer uttalat stödbehov, på grund av väl synliga och grava funktionsnedsättningar, får däremot oftast det stöd de behöver oavsett om de har en diagnos eller inte. För elever som är placerade i särskilda undervisningsgrupper och i särskolan har diagnosen vanligen mycket liten betydelse. Det kan vara en konsekvens av att avvikelsen en gång för alla definierades i samband med skolplaceringen. Diagnosens funktion och betydelse varierar alltså mellan olika skolformer och typer av undervisningsgrupper.

Skolpersonal som under många år arbetar med liknande elevgrupper, oavsett vilken elevgrupp det rör sig om, löper risk att utveckla en begränsad normalitetsuppfattning. Samma sak gäller elever som under hela sin skoltid är hänvisade till en speciellt utvald elevgrupp. En vidgning av normalitetsbegreppet för både skolpersonal och elever, genom samverkan mellan exempelvis särskola och grundskola samt mellan olika typer av klasser och undervisningsgrupper, är därför ett viktigt medel i strävan mot målet en skola och ett samhälle som inkluderar alla.

Integrering, inkludering och segregering

Integrering betyder »sammansmältning av olika delar till en helhet«. Det är vanligt att skolpersonal talar om »integrerade elever«. Med det menas elever som är mottagna i särskolan men som får sin undervisning i en grundskoleklass. Vi menar att om det ska ske en sammansmältning av olika delar till en helhet så borde det vara *situationer* som är integrerade och inte enskilda elever. Att tala om integrerade elever uttrycker att de egentligen inte hör dit utan placeras in i något som redan är färdigt. Begreppet *inclusion* används ofta i stället för integrering. Det betyder inberäknad eller medräknad, vilket innebär att alla ingår i samma helhet från början. Begreppsbytet är ett försök att förändra synsättet i riktning mot ett mer inkluderande synsätt, där alla har rätt att ingå i samma gemenskap.

För många föräldrar är valet av skolplacering ett svårt dilemma. Utifrån ett ideologiskt och politiskt normativt perspektiv kan valet tyckas enkelt. En skola för alla och en inkluderande undervisning innebär att alla ska ha rätt att ingå i samma helhet. För den enskilda eleven och elevens föräldrar däremot är valet ibland svårt. Föräldrarnas önskemål och val grundas i vad de anser viktigast för barnet. Konsekvenser av valet kan för barnet innebära trygghet och gemenskap eller otrygghet och utanförskap, omvårdnad eller pedagogiska utmaningar, att kunna delta på samma villkor som övriga elever eller att vara särskiljd och inte hänga med.

Elever som är mottagna i särskola men placerade i grundskola kallas ibland för *integrerade* eller *inkluderade särskoleelever*. Dessa elever behöver ofta mycket stöd individuellt och i klassen för att efter hand skolas in till att alltmer kunna delta i klassens arbete. Det kan innebära att det pedagogiska arbetet i klassen behöver förändras på grund av den aktuella elevens behov. Så sker inte alltid och det förekommer att grundskolan misslyckas med integreringen och eleven flyttas över till särskolan.

Föräldrar till elever som under sin skoltid flyttat från grundskola till särskola eller till en särskild undervisningsgrupp beskriver ofta att det gått bra i grundskolan under de första skolåren (Jakobsson, 2002). Därefter har barnens känsla av utanförskap och av att vara annorlunda efter hand förstärkts, i takt med att de blivit medvetna om de egna begränsningarna jämfört med övriga elever i klassen. Föräldrarna berättar hur de andra eleverna både kunskapsmässigt och socialt drar ifrån och att det blir allt svårare för barnet att hitta jämbördiga kamrater. Många menar att det är svårare för barnet att passa in socialt än kunskapsmässigt men motsatsen förekommer också. En överflyttning till särskolan eller till en särskild undervisningsgrupp upplevs därför, i alla fall kortsiktigt, av elever och föräldrar oftast som positivt för såväl känslan av delaktighet i en social gemenskap som för lärandet. Dock inte alltid på lång sikt, vilket framgår av att det finns föräldrar som flera gånger under barnets skoltid väljer att byta skola, grupp eller skolform för sitt barn. Föräldrarna beskriver att de vid varje byte fått uppfattningen att allt ska bli mycket bättre än tidigare. Efter ett tag upplever de dock, gång på gång, att de inte får förståelse för barnets problematik. Barnet får inte tillräcklig intellektuell stimulans, är socialt isolerat eller får inte utlovat stöd, menar föräldrarna. De letar då vidare efter den optimala skolplaceringen. Det många föräldrar önskar är en skola där deras barn, i enlighet med visionen om en skola för alla, får stöd som möjliggör både delaktighet och lärande.

Delaktighet och lärande

Delaktighet och lärande är centrala begrepp i skolan. Delaktighetsbegreppet har många olika nyanser och nivåer, vilka har studerats av olika forskare. Enligt Ahlberg (2009) handlar forskning kring delaktighet om exkluderings- och inkluderingsprocesser, det vill säga villkor och förutsättningar för människors delaktighet på samhälls-, organisations-, skol- och individnivå. I ICF definieras delaktighet enligt Socialstyrelsen (2003) som »en persons engagemang i en livssituation« och delaktighet kopplas till »lärande och att inhämta kunskap« som en av nio olika livssituationer.

Jakobsson (2002) identifierar två olika typer av delaktighet som har betydelse för elever i skolan: *pedagogisk delaktighet* och *social delaktighet*. Pedagogisk delaktighet innebär att elever är delaktiga i en arbetsgemenskap, antingen genom att de utför samma arbetsuppgifter som övriga elever i gruppen eller genom att arbetssättet tillåter att olika elever arbetar med olika arbetsuppgifter. Social delaktighet yttrar sig genom att eleverna är delaktiga i den sociala gemenskapen, inte bara när skolpersonal styr utan också vid fria aktiviteter på raster och på fritiden efter skoldagens slut. Social delaktighet måste i högre grad förvärvas av eleven själv, då vuxna har mer begränsat inflytande över det som sker i kamratgrupper och i ungdomskulturer.

Ett dilemma i anslutning till delaktighet och lärande handlar om elevers deltagande i gemenskapen i den grupp där de har sin tillhörighet samtidigt som de har behov av speciella insatser. För elever som är i stort behov av särskilt stöd, träning eller behandling är det många olika aktiviteter som ska hinnas med under skoldagen. Var, när och hur ska elever få stöd, träning och behandling av särskild personal inom skolan eller från habiliteringen? När måste eleven lämna gemenskapen i gruppen och när kan åtgärderna integreras i gruppens arbete? Vad ska få lov att styra om och när eleven måste lämna gruppen – personalens eller klassens schema eller elevens egna önskemål och behov? Sådana frågor har inga givna svar. De måste besvaras i förhållande till varje enskild skolsituation.

Det grundläggande arbetssättet i gruppen som helhet har betydelse för möjligheterna för elever i behov av särskilt stöd att delta och samtidigt få sitt stödbehov tillgodosett. Vid gemensamt arbete som styrs direkt av läraren kan elever som inte »hänger med« antingen bli beroende av en vuxen som sitter bredvid och hjälper till eller också är de hänvisade till alternativa uppgifter. Ibland placeras elever »utanför« klassrummet, för att arbeta »i sin egen takt« ensamma eller tillsammans med assistent eller speciallärare. Ibland får elever lämna arbetet oavslutat, när hela gruppen samtidigt går vidare till nästa uppgift. Arbetssättet medför därigenom att elever blir avvikande.

Konsekvensen vid ett sådant arbetssätt blir att eleven inne i klassrummet i bästa fall uppfattas som delaktig i gruppgemenskapen, genom att befinna sig i samma rum som övriga elever i gruppen. Skillnaden mellan krav och förutsättningar är dock så stor att eleven inte är delaktig i sitt eget lärande utan »lotsas« genom uppgifterna.

Vid placering utanför klassrummet är eleven eventuellt delaktig i sitt lärande beroende på hur det individuella stödet ges, men han/hon är då inte delaktig i gruppens gemenskap. Om eleverna i gruppen däremot arbetar i egen takt och med olika uppgifter är det möjligt att ge stöd utifrån direkt upplevda behov i det sammanhang där eleverna befinner sig, utan att de för den skull behöver lämna den sociala gemenskapen i klassrummet. Om arbetssättet är sådant att det förutsätter att eleverna aktivt deltar i planering och genomförande av det egna arbetet, framstår inte skillnaderna mellan elevers olika individuella förutsättningar lika tydligt. I detta sammanhang är det viktigt att beakta att olika elever har behov av olika grad av tydlighet och struktur. Elever kan bli aktivt delaktiga i sitt eget lärande genom reflekterande samtal enskilt eller i gruppen. Vid denna typ av arbetssätt får eleverna stöd att anpassa uppgifterna i tid och svårighetsgrad, så att skillnaderna mellan krav och förutsättningar blir lagom pedagogiskt utmanande.

Många elever behöver mycket stöd när de planerar vad de ska arbeta med, såväl kring hur de ska lägga upp arbetet som under genomförandet. Stödet kan ges på elevens villkor och den skriftliga plan eleven själv varit med om att upprätta är central och styrande för arbetet. Det medför att ingen elev blir avvikande genom att inte klara samma uppgifter på samma tid som andra, eftersom alla elever arbetar med olika uppgifter på varierande sätt och med skilda källor. Vilket arbetssätt som tillämpas kan alltså vara avgörande för elevers möjligheter till såväl delaktighet som lärande. En pedagogisk utmaning är att försöka skapa lärandemiljöer där elever får det stöd de behöver för att, i så stor utsträckning som möjligt, kunna delta i gruppens arbete och gemenskap på ett sådant sätt att fördelarna överväger eventuella nackdelar.

Makt och ansvar

Utmärkande drag i kommunikationen mellan olika aktörer i en skolsituation kan uttryckas med begreppen makt och ansvar. Jakobsson (2002) identifierar två olika typer av maktrelationer: *Hierarkiska maktrelationer* är formella och yttrar sig i form av konsekvenser av organisatoriska eller ekonomiska beslut, som tagits av skolledning eller tjänstemän och politiker på olika beslutsnivåer och som skolpersonal, föräldrar och elever måste anpassa sig till. Genom beslut på kommunnivå får exempelvis en elev med rörelsenedsättning i träningsskolan sin skolgång i en angränsande kommun. Orsaken är att en träningsskola anpassad för elever med rörelsenedsättning byggts i grannkommunen. Föräldrarna har därigenom svårt att påverka sitt barns skolplacering. *Horisontella maktrelationer* är informella och uppstår i den sociala praktiken. Obalans i makt mellan olika aktörer på samma nivå är vanligt förekommande. I kommunikationen mellan hemmet och skolan kan den leda till att ett barn placeras i särskola mot föräldrars vilja, och ett annat i grundskola tvärtemot skolpersonalens rekommendationer.

Föräldrar, habiliteringspersonal, olika »experter« inom skolan eller eleven själv kan ha en styrande inverkan. Elever med små möjligheter till inflytande i skolsituationen kan få makt över de vuxna genom att spela ut dem mot varandra eller genom att exempelvis vägra äta i skolan eller hemma. Det resulterar i oro hos skolpersonal eller föräldrar och orsakar ibland konflikter. Föräldrarna styr skolpersonalens förhållningssätt till barnet genom beskrivningar av otäcka händelser – som kramptillstånd – som kan inträffa om skolpersonalen inte beaktar det som de menar är viktigt för barnet. Skolpersonal styr över föräldrar genom att dessa försätts i ett underläge vid utvecklingssamtal eller elevvårdskonferenser med många experter. Skolledare utövar makt över föräldrar vid frågor om skolplacering genom att hänvisa till bristande resurser. Habiliteringspersonal och arbetsterapeuter styr över skolpersonal, som är beroende av det stöd de bidrar med. Dessa och ytterligare varianter av obalans i makt har identifierats.

Maktrelationerna mellan hemmet och skolan framstår som mest avgörande. Tre varianter förekommer: hemmet bestämmer, skolan bestämmer samt att hemmet och skolan bestämmer tillsammans.

Det mest fruktbara för fortsatt samarbete är när föräldrar och skolpersonal möts som jämlika parter och beslutar tillsammans. Det händer att såväl hemmet som skolan »lierar sig« med andra aktörer för att få stöd eller ge tyngd åt sina önskemål eller ståndpunkter. Läkarintygets eller diagnosutlåtandets betydelse i samband med att föräldrarna kräver särskilt stöd för sitt barn framgår genom yttranden av föräldrar som: »Då skrev en läkare ett intyg och då ...« Det förekommer också att skolan lutar sig mot utredningsresultat och diagnosutlåtanden vid ställningstaganden mot föräldrars önskemål. Det är inte självklart vems ord som ska väga tyngst när det förekommer olika uppfattningar.

Ansvarsfördelningen mellan skilda verksamheter, mellan hemmet och skolan samt mellan olika aktörer inom skolan, varierar också mellan olika skolsituationer. I många avseenden finns formellt angivna regler, exempelvis för hemmets och skolans ansvar, men i praktiken förekommer stora variationer. När kommunikationen inte fungerar blir ansvarsfördelningen ibland diffus och rollfördelningen otydlig. Relationerna mellan föräldrar och skolpersonal blir då sårbara. När den ena parten inte tar ansvar på det sätt den andra parten förväntar sig, är risken stor att det skapas osäkerhet, missförstånd och konflikter, vilket kan få negativa konsekvenser för eleverna. Otydliga gränser kan leda till att skolan tar över sådant som formellt betraktas som hemmets ansvarsområde. Det kan också leda till att hemmet tar över skolans ansvar.

Specialpedagogik i praktiken – elever *med* eller *i* svårigheter?

Skilda synsätt kring orsaker till elevers svårigheter kan uttryckas som skillnaden mellan uttrycken elever *med* svårigheter och elever *i* svårigheter (Emanuelsson et al. 2001). Uttrycket *elever i svårigheter* innebär att fokus flyttas från att bara gälla eleven som individ till att också innefatta förhållanden i hela skolsituationen. Det sker genom specialpedagogens medverkan i följande exempel:

Olle går i årskurs 7 i grundskolan. Det går inte så bra för Olle i skolan. Under sina sex första skolår har han fått mycket extra stöd i matematik, läsning och skrivning av speciallärare både inne i klassrummet och enskilt i speciallärarens rum. Nu vill han inte längre gå ifrån klassen utan vill vara med de andra. Det blir ofta stökigt omkring honom och lärarna känner sig maktlösa, då de inte kan få honom att arbeta. Flera hävdar att han inte borde gå i en vanlig klass och att hans svårigheter behöver utredas så att en diagnos kan ställas.

Det är dags för höstens utvecklingssamtal och lärarna skriver omdömen som Olles mentor läser upp för honom och föräldrarna. Det ena omdömet är mer negativt än det andra och till slut säger Olles pappa ifrån: »Ni hittar bara fel på Olle och har aldrig något positivt att säga om honom. Om inte ni kan ordna en bra skolgång för Olle så flyttar vi honom till en annan skola.«

Specialpedagogen blir då inkopplad och det bestäms att hon ska följa Olles klass under en vecka för att få en bild av hans totala skolsituation. Målet är att försöka hitta ledtrådar som kan hjälpa lärarna att finna sätt att bemöta honom i olika lärandesituationer. Redan efter första lektionen framstår det tydligt för specialpedagogen att Olle har svårt att komma i gång med en uppgift, när han inte får en konkret personlig instruktion. När veckan har gått har specialpedagogen fått en ganska bra bild av lärarnas sätt att bemöta Olle och hans sätt att hantera olika situationer i skolan. Hon drar slutsatsen att hur det fungerar främst handlar om pedagogiska aspekter, det vill säga bemötande, innehåll, arbetssätt och arbetsformer.

Specialpedagogen samlar arbetslaget och presenterar vad hon kommit fram till. Hon underbygger det med konkreta exempel från olika situationer. Olles skolsituation kan sammanfattas i teman som oro och rädsla, kollektiva situationer och instruktioner, att komma i gång, uppmärksamhet, att vara en i klassen, självbild, sociala relationer samt förtroendeuppdrag. Olle blir orolig när han inte förstått en uppgift och har svårt att komma i gång när instruktionerna är otydliga. När han får tydliga och personliga instruktioner däremot tar han sig an uppgifter med stort engagemang. Hans uppmärksamhet är beroende av om undervisningen är konkret med bilder eller föremål och innehållet knyter an till något han har erfarenhet av.

Han vill vara som alla andra i klassen och lyser upp när någon uppmärksammar honom som person. Han har många sociala relationer med personal i skolan som inte är lärare. Han är klassens fixare och åtar sig gärna förtroendeuppdrag, som att ha hand om klasskassan.

Specialpedagogens presentation får lärarna att inse att de själva kan göra något för att det ska fungera bättre för Olle i skolan. De bestämmer sig för att försöka motverka att svårigheter uppstår genom att ta hänsyn till det som kommit fram i kartläggningen. Vid en uppföljning efter en månad visar det sig att det fungerar mycket bättre i Olles skolsituation. Den negativa cirkeln är bruten och lärarna har börjat utveckla redskap för att bättre hantera olika situationer som uppstår. Arbetslaget träffas regelbundet under kommande läsår för att under ledning av specialpedagogen följa upp arbetet i Olles klass.

Lärarna i exemplet utvecklar genom specialpedagogens observationer och den fortlöpande handledningsprocessen efter hand ett specialpedagogiskt förhållningssätt som innebär att allt färre problematiska situationer uppstår kring Olle. Olle förvandlas i deras ögon från *en elev med svårigheter* till *en elev i svårigheter*. Deras synsätt förändras från att de tidigare sett Olles svårigheter som enbart ett individproblem till att i första hand se dem som ett pedagogiskt problem. De har tillsammans börjat reflektera över det egna förhållningssättet och det pedagogiska bemötandet av Olle. Specialpedagogens observationer hjälpte dem med andra ord att se hans svårigheter ur ett pedagogiskt perspektiv.

Exemplet ovan visar på skilda synsätt och på förändringar som genomförs på individ- och gruppnivå. Olika synsätt kring elever i behov av särskilt stöd blir också synliga på en organisatorisk nivå, i motiveringar för elevers skolplacering samt genom de varierande typer av klasser och grupper som förekommer i den svenska skolan. Specialpedagogiken kan sägas ha dubbla motiv: dels att ge elever det stöd de har behov av, dels att befria den vanliga undervisningen från problem. Det specialpedagogiska bemötandet är till viss del konsekvenser av politiska, ekonomiska och organisatoriska beslut och ställningstaganden på kommun- och skolenhetsnivå.

Exempelvis visar en kommun upp sitt synsätt kring elever i behov av särskilt stöd, om särskolan och samtliga särskilda undervisningsgrupper i kommunen centraliserats till en skola. För de aktuella eleverna innebär det att de inte får gå i samma skola som de andra barnen i deras närområde och därmed har svårare att knyta kamratkontakter på fritiden.

På skolenhetsnivå framgår skolledningars synsätt av organisatoriska ställningstaganden genom de olika typer av klasser och grupper som finns på skolan. Får elever stöd i sin ordinarie klass eller i en särskild undervisningsgrupp med elever med liknande problematik? Ibland är det nödvändigt att elever får stöd vid sidan av klassens arbete; men sker det slentrianmässigt och ogenomtänkt eller utifrån en genomtänkt strategi med tydliga mål? Det är viktiga frågor att ta ställning till. Specialpedagog och speciallärare kan här bidra, utifrån sitt uppdrag att arbeta både direkt med elever och indirekt för att stödja skolledning och lärare i arbetet kring elever i behov av särskilt stöd.

Att ge ett generellt svar på vilken stödform som är den mest lämpliga ser vi som omöjligt. Organisationsformen vid stödinsatser måste noggrant övervägas, då den inverkar på såväl delaktigheten som lärandet. Bedömning av hur stöd bäst ges måste göras såväl i förhållande till den enskilda elevens behov som till förutsättningar och förhållanden i den omgivande skolmiljön.

Många av de frågor lärare ställs inför har alltså inga rätta eller felaktiga svar, utan de är av dilemmakaraktär. Ibland kolliderar till och med olika mål och stödinsatser i skolan och motverkar därmed sitt syfte. En lärare ger ett exempel på ett sådant dilemma: Han säger att en elev borde vara mer i klassen för att träna upp sin sociala kompetens och inte bli så särbehandlad. Samtidigt säger han att eleven inte kan vara där när han är ensam lärare i klassrummet. Eleven måste ha någon som är med honom, så han inte blir sittande när många behöver hjälp. Det är orsaken till att han får vara hos specialläraren när det är eget arbete. Olika mål kolliderar också för en elev som inte får vara med när klassen arbetar med sociala relationer genom forumspel, eftersom det samtidigt är stavningslektion hos specialläraren.

Det innebär att en elev som ofta hamnar i konflikter, och som har svårt att ta andras perspektiv och ingå i sociala samspelssituationer, inte får delta när just detta behandlas i en meningsfull och social lärandeprocess. Ytterligare exempel på när olika mål kolliderar är elever som uttrycker motvilja mot att lämna klassen, samt frustration och oro när de kommer tillbaka och upptäcker vad de gått miste om medan de varit i »Lilla gruppen« eller hos specialläraren. De vill inte missa när något sker i klassen, vare sig det är socialt eller pedagogiskt.

Att analysera och reflektera kring de organisatoriska, ekonomiska och pedagogiska motiveringar som ligger till grund för olika ställningstaganden kring elever i behov av särskilt stöd är viktigt för dig som lärare. Kommunikation, relationer och samverkan är avgörande för om stödinsatser verkligen kommer att utgöra *stöd för* och inte *hinder för* delaktighet och lärande. Om den pedagogiska verksamheten kan utvecklas till att inbegripa elevers olikheter på ett sätt som förebygger och motverkar att svårigheter uppkommer, kan behovet av specialpedagogiska åtgärder – i former som innebär att elever måste lämna gruppens gemenskap – minska.

Internationell utblick kring funktionsnedsättningar

Det finns starka samband mellan funktionsnedsättningar och fattigdom. Personer med funktionsnedsättningar antas till exempel utgöra cirka tjugo procent av de absolut fattigaste i världen, enligt Världsbanken (Parnes et al., 2009). Den absoluta majoriteten av personer med funktionsnedsättningar, omkring åttio procent, beräknas leva i den fattiga delen av världen. Fokus i denna utblick kommer att vara på dem.

Många källor beräknar antalet personer med funktionsnedsättningar till sexhundrafemtio miljoner. Exakta siffror över förekomsten av funktionsnedsättningar i ett globalt perspektiv saknas. Ett skäl till det är att begreppet funktionsnedsättning inte är enhetligt definierat. Ett annat skäl är att funktionsnedsättningar är associerade med olika stigman i många länder. Familjer kan därför vara ovilliga att rapportera att de har ett barn med funktionsnedsättning. Till följd av detta förekommer många fall då dessa barn inte registreras och därför förblir okända av skolor samt hälso- och sociala myndigheter. Det är också vanligt att enbart de mest synliga, uppenbara, funktionsnedsättningarna som rörelsehinder, blindhet och dövhet är identifierade, medan intellektuella funktionsnedsättningar som lindrig utvecklingsstörning och neuropsykiatriska funktionsnedsättningar inte uppmärksammas. Därför kan bara ungefärliga siffror av förekomst anges och dessa siffror underskattar förmodligen antalet personer med någon form av funktionsnedsättning.

Orsaksbilden är annorlunda i den fattiga delen av världen än i Europa och USA. Vid fattiga förhållanden finns fler riskfaktorer som kan orsaka funktionsnedsättningar. Undernäring, brist på tillgång till hälsovård, bristande kunskaper om förebyggande och större risk att bli utsatt för oavsiktliga skador eller våld är exempel på sådana faktorer. Krig och väpnade konflikter, aids och utsatthet i farliga miljöer skapar funktionsnedsättningar bland barn. Barn med funktionsnedsättningar i den fattiga världen riskerar att dö i förtid. Av etthundratrettio miljoner nyfödda beräknas fyra miljoner dö under sina fyra första levnadsveckor. Dödlighetssiffran för barn med funktionsnedsättningar som är yngre än fem år kan vara så hög som åttio procent i länder som har en generell barnadödlighet på strax under tjugo procent (Msall & Hogan, 2007).

Att leva under mycket fattiga förhållanden är särskilt hotfullt för flickor med funktionsnedsättningar då de oftare lämnas utan mat och medicinska insatser än pojkar i motsvarande situation. Omkring sex miljoner barn i världen beräknas ha blivit allvarligt skadade eller permanent funktionshindrade genom väpnade konflikter. Andelen funktionshindrade bland gatubarn beräknas till trettio procent (Parnes et al., 2009). Risken att inte uppnå sin fulla kognitiva potential är hög på grund av fattigdomsrelaterade faktorer. Sammanlagt två hundra miljoner barn under fem år i länder i södra Asien och i Afrika söder om Sahara beräknas ha drabbats av detta. Funktionsnedsättning påverkar inte bara individen utan hela familjen, eftersom den som har vårdnaden ofta hindras från att arbeta och få lön, eller från att gå i skolan, då funktionsnedsättningen kan vara associerad med högre levnadskostnader (Gottlieb et al., 2009).

Personer med funktionsnedsättningar har rättigheter enligt FN:s Handikappkonvention (*Convention on the Rights of Persons with Dis-*

abilities, 2007). Exempel på viktiga sådana grundläggande rättigheter är rätten till liv och överlevnad (artikel 10), skydd från exploatering (artikel 16), integritet som person (artikel 17), identitet (artikel 18), yttrandefrihet (artikel 21), respekt för hem och familj (artikel 23), skolgång/utbildning (artikel 24) och högsta möjliga hälsa (artikel 25). Barn har liknande rättigheter med tilläggen rättighet att ha tillgång till en familjemiljö (artikel 9,18) och rättighet att bli hörda (artikel 12,13) enligt FN:s konvention om barnets rättigheter (Utrikesdepartementet, 2006).

Barn och vuxna med funktionsnedsättningar riskerar att bli fråntagna sina rättigheter. Det kan ske i form av att inte få den behandling man behöver och har rätt till, genom bristande tillgänglighet till miljöer och värdefulla erfarenheter, isolering, vanvård, exploatering och övergrepp. Tillgänglighet, jämlika möjligheter och delaktighet är centrala principer i båda dessa FN-konventioner. De kan definieras övergripande som jämlikhet när det gäller tillgång till fysiska, sociala och psykologiska miljöer och jämlika möjligheter att vara delaktig i viktiga roller i livet.

Barn med funktionsnedsättningar är barn med individuella behov och med kapacitet att utvecklas, men de får inte samma möjligheter till skolgång som andra. De har lägre grad av läs- och skrivkunnighet än sina jämnåriga. Omkring två procent av barn med funktionsned sättningar i fattiga länder beräknas gå i skolan. Tre procent av pojkar med funktionsnedsättningar beräknas kunna läsa, medan siffran är lägre för flickor (Parnes et al., 2009). Detta gör att dessa personer har svårt att vara delaktiga i samhället och att göra sin röst hörd.

Då det gäller insatser är identifiering och uppskattning av förekomsten av funktionsnedsättningar ett prioriterat område. Detta arbete pågår i ett antal låg- och medelinkomstländer (Gottlieb et al., 2009). Att tillhandahålla gemensamma definitioner och ett gemensamt språk som är användbart i alla kulturer är en viktig grund för att tillgodose barns behov och kunna jämföra och utvärdera resultaten av insatser.

ICF och barnversionen ICF-CY (som behandlas i kapitel 2) är ramverk för att beskriva och mäta hälsa och funktionsnedsättningar på såväl individuell nivå som i hela populationer, och även för att identifiera barriärer i omgivningen för personer med funktionsnedsättningar (Björck-Åkesson et al., 2010). Genom att påverkansfaktorer i omgivningen beskrivs utgör modellen en grund för att tillgodose barns rättigheter. Medvetenhet om de rättigheter barn och vuxna med funktionsnedsättningar har är en viktig förutsättning för framgångsrika insatser. Eftersom många av de barn med funktionsnedsättningar som uppnår skolålder inte får tillgång till skolgång anses det extra viktigt att stödja en politik som främjar en inkluderande skola (Gottlieb et al., 2009).

Funktionsnedsättningar är så intimt länkade med fattigdom att fattigdomsbekämpning förmodligen inte kan bli effektiv utan att ta hänsyn till detta faktum. I internationellt hjälparbete och arbete med fattigdomsbekämpning bör därför personer med funktionsnedsättningar ses som en integrerad del av utvecklingen – och inte som något separat fenomen.

FÖRSLAG TILL REFLEKTION

- Hur framkommer de olika perspektiven när du diskuterar brännbara skolfrågor med andra pedagoger?
- Vilka dilemman är aktuella i den skolverksamhet du känner till bäst?
- Hur går du och dina kollegor tillväga för att enas om vad ni ska göra, även om ni kanske har skilda uppfattningar?
- Vad betraktas som problemskapande beteende i den verksamhet du känner till bäst?
- Vad kan man göra för att skolpersonal och elever i en specialgrupp inte ska få en begränsad normalitetsuppfattning?
- Vilka risker kan det finnas att lärare tar sig för stor makt i förhållande till vårdnadshavare och elever? Hur kan detta ta sig uttryck?

KAPITEL 2

STYRDOKUMENT OCH SKOLANS ANSVAR

DE KRAV SOM ställs på lärare i dagens skola är omfattande och förändringstakten är hög. Det sker många förändringar inom skolområdet, bland annat handlar det om en ny lärarutbildning, gymnasieskola och skollag, samt nya läroplaner, kursplaner och en ny betygsskala. Inom det sociala området revideras *Lagen om stöd och service till vissa personer med funktionsnedsättning* (LSS). Politiska svängningar påverkar skolans inriktning och innebär också förändringar i synsätt, liksom det ekonomiska läget med neddragningar av resurser inverkar på det konkreta arbetet i skolan.

Nationella prov och anvisningar om pedagogisk dokumentation och uppföljning genom lokal pedagogisk planering (LPP), utvecklingssamtal, skriftliga omdömen och betyg, individuella utvecklingsplaner (IUP) och åtgärdsprogram innebär också ökade krav på lärare. Dessutom ska föräldrar och elever ges möjlighet att vara delaktiga och kunna påverka skolans verksamhet, till exempel vad gäller behov av särskilt stöd. Krav ställs alltså på lärare från många skilda håll: utifrån olika styrdokument och från politiker, skolledning, kollegor, föräldrar och elever. För att kunna hålla rätt på vad som gäller är det därför viktigt för dig som lärare att känna till de olika lagar, förordningar och anvisningar som berör skolans verksamhet, speciellt vad gäller elever som är i behov av särskilt stöd.

Internationella styrdokument av betydelse för skolan

För att åstadkomma ett gemensamt synsätt mellan olika länder, verksamheter och miljöer har olika former av styrdokument tagits fram. På internationell nivå förekommer två olika typer av styrdokument: *normativa instrument* och *begreppsliga instrument*. Normativa instrument är konventioner, rekommendationer och deklarationer samt lagar och förordningar. Begreppsliga instrument utgörs av definitioner och klassifikationer. Den här boken anknyter till flera av dessa dokument. I det följande ges därför exempel på dokument som är viktiga för dig som lärare att känna till.

Barnkonventionen och Salamancadeklarationen – normativa dokument

Normativa instrument som upprättas på internationell nivå har som syfte att skapa ett gemensamt synsätt mellan olika länder vad gäller policy, lagar, förordningar och praktisk verksamhet.

Det mest övergripande styrdokumentet är *FN:s konvention om barnets rättigheter* (Utrikesdepartementet, 2006). En konvention blir till lag i de länder som undertecknar den och därmed lovar att följa den. Konventionen om barnets rättigheter antogs år 1989 och har hittills undertecknats av nästan 200 regeringar. Den innehåller 54 artiklar och fyra av dessa (Artikel 2, 3, 6 och 12) innehåller grundläggande principer. Artikel 2 uttrycker alla barns lika värde, artikel 3 att barnets bästa alltid ska komma i främsta rummet, artikel 6 att barn har rätt till liv, överlevnad och utveckling, och artikel 12 barnets rätt att göra sig hörd och få påverka sin situation. De grundläggande principerna utgör konventionens barnsyn. Barnkonventionens artiklar ska ligga till grund för övriga internationella, nationella och lokala styrdokument som gäller barn i de länder som antagit konventionen.

Ett internationellt styrdokument som riktar sig specifikt mot skolan är *Salamancadeklarationen* (Svenska Unescorådet, 2006). En deklaration har inte lika stark ställning som en konvention. Den är uttryck för en åsikt eller en uppfattning i en särskild fråga och antas av mötesdeltagarna vid ett möte eller en konferens. Salamancadeklarationen antogs vid ett möte anordnat av Unesco (FN:s barnfond) i den spanska staden Salamanca år 1994. 92 regeringar och 25 internationella organisationer ställde sig bakom deklarationen. Den innehåller principer, inriktning och praxis vid undervisning av elever i behov av särskilt stöd. Grundtankar i Salamancadeklarationen är delaktighet och jämlikhet, en skola för alla och inkluderande undervisning eller integrering. Riktlinjer ges för olika nivåer: individ-, grupp-, organisations- och samhällsnivå. Syftet är att åstadkomma ett inkluderande synsätt. Det innebär att alla barn, unga och vuxna, oavsett individuella förutsättningar, ska få tillgång till en likvärdig utbildning i inkluderande miljöer, det vill säga i en skola för alla.

ICD och ICF – begreppsliga instrument

Begreppsliga instrument innehåller klassifikationer och definitioner. Världshälsoorganisationen (WHO) har utvecklat klassifikationer för att beskriva olika aspekter av hälsa. ICD (Klassifikation av sjukdomar och hälsoproblem 1997, Socialstyrelsen, 2010a) klassificerar hälsotillstånd i form av funktionsnedsättningar, diagnoser och skador, medan ICF (Klassifikation av funktionstillstånd, funktionshinder och hälsa, Socialstyrelsen, 2003) klassificerar funktioner och funktionshinder som är relaterade till hälsotillstånd. De båda dokumenten är tänkta att komplettera varandra på så sätt att ICD fokuserar på orsaker till och yttringar av individens funktionsnedsättning eller sjukdom, medan ICF också beaktar den omgivande miljöns möjligheter att minska funktionshindren och främja individens hälsa. ICF har tagits fram i samarbete mellan delegater från många olika länder och organisationer. Syftet med klassifikationerna är att underlätta ett gemensamt synsätt genom ett gemensamt språk som fungerar mellan olika länder, vetenskapliga discipliner och verksamhetsområden. Det har också utvecklats en barn- och ungdomsversion av ICF, som beaktar barnets utveckling i spädbarnsålder, barndom och tonårstid upp till 18 års ålder samt barnets omgivning, ICF-CY (Socialstyrelsen, 2010b). Alla dokumenten finns att hämta på www.socialstyrelsen.se.

Det grundbegrepp som ICF och ICF-CY utgår från är »hälsa«. Den sociala och den medicinska modellen, som beskrivits i föregående kapitel, kombineras i klassifikationen. Därför är utgångspunkten inte sjukdomar och skador, utan i stället uppmärksammas faktorer som har betydelse för hälsa och fungerande. Grundtanken är att hälsotillstånd utgörs av flera dimensioner och faktorer, vilket framgår av modellen nedan.

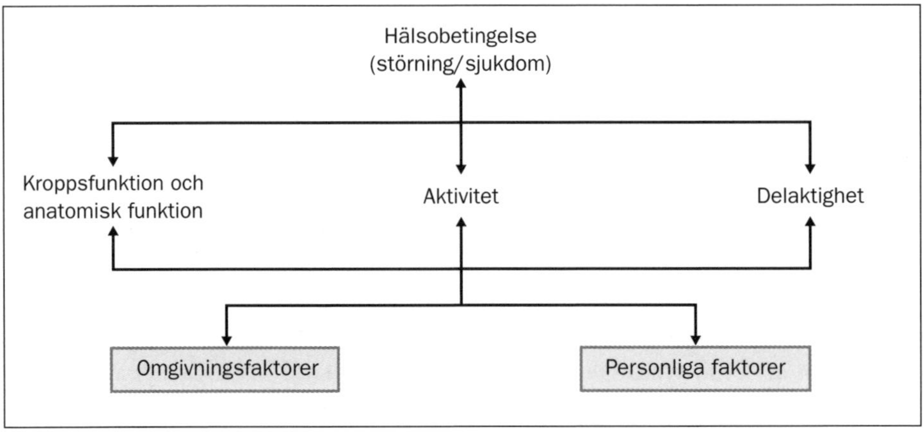

Figur 2.1: Aktuell tolkning av interaktioner mellan komponenterna i ICF (Socialstyrelsen, 2003, figur 1, s. 22). Hälsa formas genom ett komplicerat samspel mellan individuella betingelser och omgivningens bemötande.

Figuren visar att hälsa är beroende av de tre dimensionerna *kroppslig funktion och anatomisk struktur*, *aktivitet* och *delaktighet*. Vidare påverkar omgivningsfaktorer som fysisk miljö, attityder och lagstiftning nivån på en persons hälsotillstånd. Personliga faktorer som kön, ålder, livsstil med mera inverkar också men klassificeras inte i ICF.

Kroppens struktur handlar om kroppens uppbyggnad, till exempel ögats struktur, och kroppens funktion handlar om hur kroppen fungerar, till exempel seendet. Aktivitet är det man kan utföra dels i den miljö man naturligt befinner sig i, dels i en optimalt anpassad miljö. Genom anpassning av miljön kan konsekvenserna av funktionsnedsättningen minskas, exempelvis kan glasögon förbättra seendet. Delaktighet definieras enligt ICF som »en persons engagemang i en livssituation«. Om man ser bra kan man lättare vara delaktig i vissa situationer och aktiviteter. En av de livssituationer som beskrivs under delaktighet är »Lärande och att tillämpa kunskap«. I definitionen ingår också begreppet engagemang, som enligt Socialstyrelsen kan definieras som »att delta, att ingå i eller att vara involverad inom ett livsområde, att vara accepterad eller ha tillgång till nödvändiga resurser« (Socialstyrelsen, 2003, s. 18).

ICF utgör ett nytt sätt att tänka kring funktionshinder och innebär att man inte längre använder begreppet handikapp. En historisk tillbakablick på handikappbegreppets uppkomst och utveckling visar på hur samhällets syn på funktionshinder förändrats. Före år 1980 användes ett definitivt handikappbegrepp som innebar att handikapp oftast sågs som ett medicinskt fenomen, som handlade om individbundna egenskaper, avvikelser eller skador. Individen var handikappad. Detta synsätt lämnades i den officiella retoriken, när WHO år 1980 införde det relativa handikappbegreppet. Enligt detta sågs handikapp som skillnaden mellan omgivningens krav och individens förmåga. Det relativa handikappbegreppet innefattade fyra olika nivåer: *orsaksnivå*, *organnivå*, *individnivå* och *omgivningsnivå*. Annorlunda uttryckt så kan en sjukdom eller ett trauma orsaka en skada på något organ, vilket ger en funktionsnedsättning hos individen; och funktionsnedsättningen blir ett handikapp i vissa situationer och miljöer.

Ett exempel är Anders som skadas så svårt i en trafikolycka att han blir förlamad i underkroppen och blir beroende av rullstol. Det medför att Anders har svårt att ta sig uppför trappor, när det inte finns hiss. Rullstolen och hissen kan undanröja eller minska handikappet. Handikappet framstår därmed på olika sätt och kan minskas eller inte uppstå alls om miljön är anpassad, så att funktionsnedsättningen inte utgör ett hinder. Här talade man om handikappanpassning, vilket blev ett samhällsmål. Det relativa handikappbegreppet fick dock inte den avsedda effekten, det vill säga ett förändrat synsätt där handikappet sågs som kopplat till miljön. Därför påbörjades en revidering som tjugo år senare resulterade i ICF.

Vad har du som lärare för användning av att känna till det synsätt kring funktionshinder som framställs i ICF och ICF-CY? Vi menar att det kan vara till hjälp i arbetet med elever med olika typer av funktionsnedsättningar. Centrala områden i ICF-CY handlar om barnet i familjen, utvecklingsförsening, delaktighet och omgivningsfaktorer. Konkreta fallbeskrivningar ger ledning för tänkande och arbetet kring barn och ungdomar. När man i sin klass har en elev med funktionsnedsättning medför det ofta ett utökat samarbete, inte bara med elevvårdspersonal inom skolan, utan också med personal från andra verksamheter och myndigheter. Det kan vara läkare, psykologer, sjukgymnaster, logopeder, socialsekreterare eller andra yrkesgrupper. Samarbetet kan vara komplicerat, eftersom var och en har sin uppgift och sina utgångspunkter.

ICF-modellen i figur 2.1 (s. 54) kan då användas som en karta som hjälper de inblandade att hålla reda på vad som är deras uppgift och verksamhetsområde. Lärarens verksamhetsområden är främst aktivitet och delaktighet, medan logopedens eller sjukgymnastens är aktivitet och kroppens funktion, och läkarens är kroppens struktur och funktion. De måste dock mötas i ett samarbete som tar hänsyn till alla dimensionerna i helheten.

ICF:s intentioner stämmer också väl överens med den syn på lärandet som uttrycks i styrdokumenten för den svenska skolan. Lärandet ses i de officiella dokumenten som en aktiv, konstruktiv och social process, som förutsätter individens engagemang och delaktighet i en social och pedagogisk gemenskap, tillsammans med andra elever och vuxna i skolan (se till exempel SOU 1992:94; SOU 2008:109).

Lagar, förordningar och anvisningar inom skolområdet

Genom politiska och ekonomiska beslut och ställningstaganden i lagar, förordningar och anvisningar ställer samhället upp ramar som, direkt eller indirekt, styr och inverkar på skolans verksamhet:

- *På nationell nivå* anger riksdag, regering och myndigheter ramarna för den svenska skolans verksamhet genom skollag, skolförordningar, läroplaner, kursplaner och andra centrala direktiv och anvisningar. Det gäller till exempel betyg och bedömning, samverkan, utvecklingssamtal, individuella utvecklingsplaner och åtgärdsprogram. Via Skolverkets hemsida (www.skolverket.se) nås de flesta dokument som styr skolans verksamhet.

- *På kommuncentral nivå* konkretiseras de nationella styrdokumenten för skolan i skolplan och skolorganisation, i skolformer, skolenheter och skolskjutsverksamhet, i resursfördelning, undervisning och hjälpmedel. Lagar och förordningar tillämpas utifrån lokala förutsättningar och tolkningar.
- *På den enskilda skolenheten* utarbetas en lokal arbetsplan och en likabehandlingsplan för genomförandet av de mål som fastställts på kommunal och nationell nivå. Rektor ansvarar för att arbetsplanen upprättas, och den ska utarbetas under medverkan av lärare och övrig personal samt företrädare för eleverna och deras vårdnadshavare. Konkret handlar det om organisering och planering av skolans verksamhet med hjälp av tillgängliga resurser. Liksom skolplanen ska den enskilda skolans arbetsplan kontinuerligt följas upp och utvärderas.
- Den *enskilde läraren eller arbetslaget* gör en lokal pedagogisk planering (LPP) för undervisningen i en årskurs eller ett arbetsområde. Den görs utifrån tolkning av målen i läroplan och kursplaner och innefattar mål, innehåll, arbetsmetoder och redovisningssätt. LPP:n används som utgångspunkt för arbetet med individuella utvecklingsplaner (IUP), varför det är viktigt att det tydligt framgår för eleverna »vad de förväntas lära, hur detta lärande ska gå till och hur deras kunskaper kommer att bedömas« (Skolverket, 2009, s. 8).

Skolformer

Ny skollag, nya läroplaner, ny gymnasieskola och betygsskala med tydligare kunskapskrav gäller för samtliga skolformer från år 2011. Förskola, grundskola, gymnasieskola, grundsärskola och gymnasiesärskola utgör olika skolformer (Skollagen, SFS 2010:800). Varje skolform har en egen läroplan med åtföljande kursplaner (se www.skolverket.se). Särskolan är till för elever med utvecklingsstörning. Den består av en tioårig grundsärskola och en fyraårig gymnasiesärskola.

Inom grundsärskolan utgör träningsskolan en inriktning för elever med grav utvecklingsstörning, ofta i kombination med flera andra funktionsnedsättningar. Nio år är obligatoriska och det tionde året är frivilligt. Gymnasiesärskolan har nationella och specialutformade program samt individuellt program. Alla program är fyraåriga och innehåller kärnämnen och karaktärsämnen.

Det individuella programmet har som syfte att förbereda elever för ett nationellt eller specialutformat program. För elever med grav utvecklingsstörning handlar det om att ge yrkesträning eller verksamhetsträning, eller helt enkelt att möta elevens individuella behov (www.skolverket.se). Gymnasiesärskolans organisation är under utredning och förändringar föreslås i betänkandet (SOU 2011:8). Det innebär att indelningen av individuella program i yrkesträning och verksamhetsträning tas bort. I stället föreslås en indelning i nio nationella program och ett träningsprogram med sex olika ämnesområden.

Beslut om mottagande i grundsärskola ska enligt skollagen (SFS 2010:800, 7 kap. 5 §) grundas på en utredning som omfattar pedagogisk, psykologisk, medicinsk och social bedömning. Det ska ske i samråd med vårdnadshavare. Om de inte ger sitt medgivande ska barnet få sin undervisning i grundskolan såvida det inte finns synnerliga skäl med hänsyn till barnets bästa. Det är också möjligt för elever som är mottagna i särskolan att få sin undervisning i en klass inom grundskolan men läsa efter särskolans kursplaner. De kallas ibland för integrerade eller inkluderade elever. Det är inte ovanligt att elever som är inkluderade i grundskolan under sina första skolår senare flyttar över till särskolan, antingen enligt vårdnadshavares önskemål eller på uppmaning av skolpersonal. Som orsaker till överflyttningen anges både pedagogiska motiv och elevens egen upplevelse. De vanligaste motiveringarna är att »det blev för svårt« eller att barnet »skilde sig för mycket från resten av klassen«.

En förälder beskriver att barnets lärare hade svårt att anpassa undervisningen i klassrummet till barnets behov och nivå, då innehållet »blev mer teoretiskt« efter de första skolåren. Undervisningen skedde därför allt oftare vid sidan av klassen i ett annat rum med assistent eller speciallärare. Eleven kände sig, enligt föräldern, avskild och annorlunda då övriga klasskamrater i olika avseenden »drog ifrån alltmer«.

Skollagen öppnar också för möjligheter för enskilda och organisationer att starta fristående skolor. Skolverket är tillståndsmyndighet och har under de senaste åren tagit ställning till och beviljat många ansökningar om tillstånd till fristående skolor. Detta har medfört att det finns ett stort antal valmöjligheter i många kommuner. Föräldrar, som inte är nöjda med den kommunala skolan, kan söka andra alternativ utifrån vad de anser vara bra för deras barn. Det finns fristående skolor med uttalad pedagogisk profil men också skolor som vänder sig till en viss elevgrupp, till exempel med särskilda talanger, specifika funktionsnedsättningar eller viss problematik.

Pedagogisk dokumentation

Den pedagogiska dokumentation som skolan är skyldig att göra innefattar individuella utvecklingsplaner (IUP) och åtgärdsprogram samt skriftliga omdömen och betyg.

Alla elever i grundskolan ska ha en individuell utvecklingsplan och i gymnasieskolan en individuell studieplan. Den individuella utvecklingsplanen ska vara ett aktivt, framåtsyftande verktyg som medverkar till att eleven når de mål som formulerats i den lokala pedagogiska planeringen.

En individuell utvecklingsplan ska vara ett stöd för elevens lärande och sociala utveckling. Den ska dels innehålla skriftliga omdömen om elevens kunskapsutveckling, dels en planering av hur skolan ska arbeta för att eleven ska utvecklas så långt som möjligt i riktning mot de nationella målen (Skolverket, 2009, s. 6).

Planen upprättas vanligen i samband med utvecklingssamtal. I den individuella studieplanen i gymnasieskolan ska det stå vilket program och vilka kurser eleven valt. För elever som identifierats som elever i behov av särskilt stöd ska dessutom åtgärdsprogram utarbetas. Det är rektors ansvar att se till att åtgärdsprogram upprättas. Begreppet åtgärdsprogram används inom samtliga skolformer inklusive förskolan. Det innebär att det ska utarbetas ett åtgärdsprogram för alla elever som behöver särskilda stödåtgärder, som grund för hur särskilt stöd ska ges. Det är viktigt att skolan gör en noggrann utredning »som tar hänsyn till omständigheter på skol-, grupp-, respektive individnivå när man beskriver elevens svårigheter« (Skolverket 2008, s. 12) som grund för åtgärder.

Åtgärdsprogram ska innehålla mål och strategier utifrån elevens behov och utarbetas av berörd skolpersonal i samråd med eleven och elevens vårdnadshavare. Specialpedagogen leder ofta utredningsarbetet med kartläggning och analys som grund för förslag till åtgärder. I första hand är det förutsättningar i det pedagogiska arbetet som ska förändras för att svara mot elevens behov, men även organisatoriska förändringar kan bli aktuella. Åtgärdsprogram ska liksom individuella utvecklingsplaner kontinuerligt följas upp och utvärderas. De ska skrivas på ett sådant sätt att de inte innehåller sekretessbelagda uppgifter utan kan läsas fristående från utredningen inför upprättandet. Diskussioner pågår dock angående om åtgärdsprogram ska sekretessbeläggas eller ej.

På skolverkets hemsida (www.skolverket.se) presenteras stödmaterial för skolans arbete med IUP, skriftliga omdömen och åtgärdsprogram. Du kan också ta del av forskning kring åtgärdsprogram och pedagogisk dokumentation (Asp-Onsjö, 2008; Andreasson & Asplund Carlsson, 2009).

Lagar som indirekt inverkar på skolans verksamhet

Även lagar som huvudsakligen berör andra samhällsinstitutioner har indirekt betydelse för skolans verksamhet, exempelvis *Offentlighets- och sekretesslagen*, *Lagen om stöd och service till vissa funktionshindrade* (LSS) och *Diskrimineringslagen*.

Offentlighets- och sekretesslagen

Offentlighets- och sekretesslagen (SFS 2009:400) ersätter den tidigare *Sekretesslagen* från 1980. Lagen innehåller bestämmelser om myndigheters handläggning vid registrering, utlämnande och övrig hantering av allmänna handlingar. Den innehåller också bestämmelser om tystnadsplikt och om förbud att lämna ut allmänna handlingar.

Enligt 23 kap. 4 § gäller sekretess »i specialpedagogisk stödverksamhet för uppgift om en enskilds personliga förhållanden, om det kan antas att den enskilde eller någon närstående till denne lider men om uppgiften röjs«. Lagen ger vårdnadshavare trygghet att söka hjälp hos psykolog, kurator eller hos andra myndigheter utan att det kommer till andra personers eller institutioners kännedom. Detta kan i vissa fall försvåra arbetet över myndighets- och institutionsgränser, då viktig information inte utan vårdnadshavarnas medgivande kan överföras från exempelvis socialtjänst eller sjukvård till skolan. Också mellan personal inom olika verksamhetsområden inom skolan kan sekretessregler och tolkningar av dem försvåra samverkan. Exempelvis gäller olika former av sekretess inom skolhälsovård/elevhälsa, för skolläkare/skolsköterska, psykolog/kurator och för pedagogisk personal. Samtycke från den som sekretessen ska skydda ger i vissa fall möjligheter att lämna ut sekretesskyddade uppgifter.

En förtroendefull relation mellan olika yrkesgrupper inom skolan samt mellan skolpersonal och vårdnadshavare är därför viktig. Det kan till exempel vara avgörande för om skolan får betydelsefull information från andra myndigheter eller verksamheter, eller information om tidigare skolgång från andra skolor.

Lagen om stöd och service till vissa funktionshindrade (LSS)

Den första versionen av *Lagen om stöd och service till vissa funktionshindrade*, eller LSS-lagen, kom till år 1993 (SFS 1993:387). Ansvaret för insatserna lades främst hos kommunen. Verksamhet enligt LSS-lagen »skall främja jämlikhet i levnadsvillkor och full delaktighet i samhällslivet« (5 §) för personer:

1. med utvecklingsstörning, autism, autismliknande tillstånd.

(– – –)

3. med andra varaktiga fysiska eller psykiska funktionshinder (– – –) om de är stora och förorsakar betydande svårigheter i den dagliga livsföringen och därmed ett omfattande behov av stöd eller service (1 §).

Målet var att den enskilde skulle få möjlighet att leva som andra. Lagen möjliggjorde för föräldrar till barn som faller inom den angivna personkretsen att ansöka om stöd i sin föräldraroll eller stöd direkt till barnet. I regeringens kommentarer till LSS-lagen betonas att möjlighet att få stöd inte ska vara beroende av en viss medicinsk diagnos eller typ av funktionsnedsättning. Det ska grundas på reellt stödbehov – som inte tillgodoses på annat sätt – och gälla personer som har betydande svårigheter i den dagliga livsföringen. Insatserna ska utformas utifrån önskemål från den person det gäller eller vårdnadshavares önskemål om det är ett barn.

I § 9 anges i tio punkter de tjänster som enligt lagen kan komma ifråga. Stöd som kan vara aktuellt för barn och ungdomar och deras vårdnadshavare är rådgivning, personlig assistent, ledsagarservice, kontaktperson, avlösarservice i hemmet, korttidsvistelse utanför det egna hemmet, korttidstillsyn i anslutning till skoldagen och på lov samt boende i familjehem eller i bostad med särskild service för barn. Psykologiskt och praktiskt stöd kan vara avgörande för föräldrars möjligheter att ge ett barn god omvårdnad och trygghet. Insatserna gäller inte pedagogiska insatser som hör till undervisning. En personlig assistent ersätter alltså inte den ordinarie personalen inom skolan men kan ibland ersätta skolans egna elevassistenter.

Utredningen »Möjlighet att leva som andra. Ny lag om stöd och service till vissa personer med funktionsnedsättning« (SOU 2008:77) föreslår flera förändringar av LSS-lagen. Ett tydligt barnperspektiv förespråkas. Kommittén föreslår att det ska finnas en ny regel i LSS som i linje med artikel 3 i FN:s barnkonvention föreskriver att man ska tänka på barnets bästa vid alla beslut som gäller barn. Vidare ska barn utifrån ålder och förutsättningar ha rätt att tala om vilket stöd de vill ha och få information om olika typer av stöd. Alla personliga assistenter för barn och unga ska kontrolleras i olika register på samma sätt som sker med skolpersonal. Den därpå följande propositionen (2009/10:176) bekräftar utredningens förslag och förändringen trädde i kraft 1 januari 2011.

Diskrimineringslagen

I skollagens första kapitel (SFS 2010:800) uttrycks den värdegrund som ska gälla för den svenska skolan:

> 5 § Utbildningen ska utformas i överensstämmelse med grundläggande demokratiska värderingar och de mänskliga rättigheterna som människolivets okränkbarhet, individens frihet och integritet, alla människors lika värde, jämställdhet samt solidaritet mellan människor.

> Var och en som verkar inom utbildningen ska främja de mänskliga rättigheterna och aktivt motverka alla former av kränkande behandling.
> (- - -)
> 8 § Alla ska, oberoende av geografisk hemvist och sociala och ekonomiska förhållanden, ha lika tillgång till utbildning i skolväsendet om inte annat följer av särskilda bestämmelser i denna lag.

I diskrimineringslagen (SFS 2008:567) finns bestämmelser som har till ändamål att motverka diskriminering och på andra sätt främja lika rättigheter och möjligheter inom utbildningsområdet oavsett kön, könsöverskridande identitet eller uttryck, etnisk tillhörighet, religion eller annan trosuppfattning, funktionshinder, sexuell läggning eller ålder.

Värdegrunden handlar om att skolan ska ge alla elever lika rättigheter och motverka diskriminering och kränkningar. För att förstärka barns och elevers skydd mot olika former av kränkningar tillkom år 2006 den så kallade *Barn- och elevskyddslagen* (SFS 2006:67). Den ersattes år 2009 av *Diskrimineringslagen* (SFS 2008:567), där innehållet från flera tidigare lagar om diskriminering fördes samman i en enda lag. Enligt diskrimineringslagen ska alla skolor ha en likabehandlingsplan. Huvudmannen för verksamheten eller den huvudmannen utser ska se till att det finns en likabehandlingsplan för varje enskild verksamhet. Planen ska syfta till att främja barns och elevers lika rättigheter oavsett kön, etnisk tillhörighet, religion eller annan trosuppfattning, sexuell läggning eller funktionshinder och att förebygga och förhindra trakasserier och annan kränkande behandling. I planen ska planerade åtgärder redovisas. Planen ska dessutom årligen följas upp och ses över (3 kap., 16 §).

Planen ska utgöra ett stöd för ett medvetet arbete med att förebygga och förhindra kränkande behandling. Den ska innehålla en plan för åtgärder för såväl förebyggande arbete som rutiner för ingripande i akuta situationer och uppföljande insatser. Planen ska också ange ansvarsfördelning mellan ledning och personal samt rutiner för hur händelser och åtgärder ska dokumenteras.

Skolans ansvar för elever i behov av särskilt stöd

Enligt styrdokumenten har skolan ett speciellt ansvar för elever som av olika orsaker riskerar att få svårigheter i skolarbetet. Det innebär att elever ska få stöd utifrån sina individuella behov, och framför allt att skolan genom en stödjande och utvecklande lärmiljö ska förebygga och motverka att svårigheter uppstår. Utredningen »FUNKIS – Funktionshindrade elever i skolan« (SOU 1998:66) understryker vikten av att alla lärare har en generell kunskap om funktionshinder för att kunna möta elever med olika typer av funktionsnedsättningar. Enligt FUNKIS ska en professionell skola genom varierat arbetssätt och individuellt bemötande kunna ge alla elever »förutsättningar att nå skolans mål och ingen elev ska behöva stå utanför gemenskap och delaktighet« (s. 15).

En tillbakablick på skolans utveckling under de senaste femtio åren visar att intentioner, som uttrycks i officiella dokument, ofta är svåra att genomföra i praktiken. Synen på svårigheter i skolan har förändrats från att orsaker enbart söktes hos den enskilda eleven, till att orsaker till svårigheter numera i första hand bör sökas i det sociala sammanhanget i hela skolans miljö och i det omgivande samhället. Förslag till specialpedagogiska insatser har förändrats från i första hand organisatoriskt segregerade och individinriktade insatser, exempelvis i specialklasser eller klinikundervisning, till integrering av stödåtgärder inom den vanliga undervisningen.

Skolverket (2001a) beskriver utmärkande drag i en stödjande skolmiljö, som kan öka möjligheterna för elever med funktionsnedsättningar att få stöd inom klassens ram. Det handlar om »en engagerad lärare som stöttar eleven, ett positivt samarbete med hemmet, en struktur för kunskapsöverföring och samarbete inom skolan, tillgängliga lokaler, bra klassrumsklimat, en insiktsfull arbetsledare samt nödvändiga resurser« (s. 6). Elever ska alltså i första hand få stöd inom den klass eller grupp som de tillhör, men enligt skollagen ska det också finnas möjligheter att ge stöd i en särskild undervisningsgrupp. Ett antal olika stödformer förekommer som komplement eller som alternativ till stöd inom klassens ram. Exempel på stödformer som förekommit och förekommer är särskild undervisningsgrupp samt stöd av speciallärare enskilt eller i liten grupp avskilt från den övriga klassen. Stödresurser används också på en del skolor för att skapa mindre grupper samt till nivågrupperingar med grupper med olika studietakt (Skolverket, 1998).

Av skolinspektionens granskning av skolor år 2009 (Skolinspektionen, 2010) framgår, att i praktiken har skolan ibland svårt att leva upp till de intentioner som anges i styrdokumenten. Kritiken gäller bland annat sättet att ge stöd. Det handlar ofta om standardlösningar eller stöd som riktar sig till individen utan analys av den situation där svårigheterna uppkommer. Ett exempel från Jakobsson (2002) är en elev med grav hörselnedsättning som under hela sin grundskoletid gått i en hörselklass. Konsekvensen av detta blev att han inte fick någon lämplig gymnasieplacering. Efter den långvariga vistelsen i den lilla undervisningsgruppen med begränsning av antalet sociala kontakter, vågade eleven inte söka till något nationellt program. De två alternativ som var speciellt anpassade för elever med hörselnedsättning fick för få sökande för att kunna anordnas. Eleven var inte heller välkommen till det individuella programmet inom gymnasieskolan på grund av sin hörselnedsättning. Det enda alternativ som erbjöds var hemundervisning. Efter nästan ett läsår lyckades föräldrarna hitta en fristående skola med en utbildning som beskrevs vara anpassad efter elevers olika behov.

Exemplet visar hur viktigt det är att vid val av en standardåtgärd, som placering i en särskild undervisningsgrupp, också tänka långsiktigt och väga in de konsekvenser placeringen kan få för den fortsatta skolgången och livet efter skoltiden.

FÖRSLAG TILL REFLEKTION

- Hur omsätts styrdokumentens innehåll i skolverksamheten, enligt din erfarenhet?
- Hur kan pedagoger använda sig av innehållet i lagar och styrdokument för att hävda elevers rättigheter?
- Vad kan anses som diskriminering i skolan? Hur ska skolan hantera sitt ansvar för diskriminering mellan elever på fritiden?

KAPITEL 3

DIAGNOSER

FÖR ATT GÖRA tillvaron förklarlig har människor under alla tider haft ett behov av att gruppera och dela in den komplexa verkligheten i kategorier. Ett exempel är användandet av diagnoser som beskriver mönster av olika typer av symtom, avvikelser och funktionsnedsättningar. En diagnos kan behöva ställas som ledning för lämplig medicinsk behandling, men diagnoser används också som argument i sammanhang som inte har någon direkt koppling till diagnosen. Ett exempel är vid styrning av resurser till elever i behov av särskilt stöd. Diagnosen utgör dock bara en av många aspekter hos individen – i omgivningen eller i samspelet mellan individen och omgivningen – som är av betydelse för en elevs skolsituation eller möjligheter att lära och utvecklas.

På gennivå kan två personer ha liknande avvikelser. Så fort man lämnar den nivån uppstår emellertid skillnader mellan individer. På den medicinska och psykologiska nivån börjar omgivningen att inverka. På pedagogisk och social nivå ökar omgivningens inverkan ytterligare och skillnaderna blir ännu större. Därför kan en diagnos inte exakt beskriva en individs problematik utan endast ange riktningen för en fördjupad undersökning, som innefattar både individen och den omgivande miljön.

Användandet av diagnoser och andra beteckningar för en viss problematik förändras över tid. Man kan säga att diagnoser kommer och går. Ett exempel är det som i den här boken benämns som ADHD. Liknande symtom har i Sverige tidigare benämnts som MBD, DAMP, DAMP/ADHD och nu ADHD. Byte av beteckning hör ofta samman med en förändring i beskrivningen av problematiken eller en ny kombination av kännetecken utifrån nya upptäckter och förändringar i samhällssynen.

Tvärtemot anvisningarna i skolans styrdokument förekommer det ibland att en diagnos krävs för att elever ska få rätt till stöd i skolan (Hjörne & Säljö, 2008). Argumenten är att det, när resurserna är begränsade, behövs tydliga gränser för vilka som ska ha rätt till stöd. Diagnosen ger sken av en tydligt definierad beskrivning av den enskilda individen. Detta stämmer dock inte alltid, då det inom samma diagnosgrupp kan förekomma stora individuella skillnader. En diagnos sammanfattar alltså inte en individ utan är en sammanfattande och konstruerad beskrivning på generell nivå. Diagnoskriterier är generella beteendebeskrivningar och de är ofullständiga som arbetsinstrument i pedagogiska sammanhang, då de inte beskriver en människa i interaktion eller samspel med sin omgivning. Därför måste diagnosen alltid kompletteras med en pedagogisk utredning, där stödbehoven utreds. Stöd ska alltså ges »villkorslöst« utifrån de individuella behoven och inte kopplas till några speciella diagnoser eller andra beskrivningar.

Uppfattningarna om diagnosers relevans i pedagogiska sammanhang skiljer sig åt mellan medicinska och sociologiska forskare (Kärfve, 2000; Gillberg, 2005; Hjörne & Säljö, 2008). För ADHD och dyslexi framhåller den medicinska/psykologiska forskningen vikten av tidig upptäckt och diagnos som avgörande för val av relevanta pedagogiska metoder. Den sociologiska forskningen däremot förkastar användandet av diagnoser, främst med hänvisning till att diagnosen är en social konstruktion som sätter en stämpel på individen.[3]

Det är inte så konstigt att uppfattningarna skiljer sig åt mellan de två forskningsperspektiven då de har olika fokus. Den medicinska och psykologiska forskningen avgränsas till individer och individers förutsättningar. Den sociologiska forskningen ser individer i ett vidare sammanhang och fokuserar på sociala processer, den

---

3 För en utförlig beskrivning av historiken kring kategorisering av skolproblem i form av diagnoser och debatten kring ADHD mellan olika forskningsinriktningar, rekommenderas läsning av Hjörne & Säljö (2008).

sociala miljön och förutsättningar i samhället. Pedagogisk forskning beaktar båda perspektiven, alltså både individen och omgivningen. Främst är det skolans miljö och organisation – och det som sker eller förväntas ske i den pedagogiska verksamheten och i samspelet mellan olika aktörer som är inblandade i skolsituationen – som studeras.

Det räcker inte med medicinska och/eller psykologiska utredningar för att skapa en bra skolsituation för en elev. Dessa utredningar kan vara viktiga för förståelsen av elevens individuella förutsättningar men det går inte att hoppa direkt från en medicinsk diagnos till en pedagogisk lösning. Det förekommer att de som utreder ger pedagogiska råd utan att ha varit i klassrummet. Dessa råd ges då endast utifrån den enskilda elevens utredningsresultat och handlar ofta mer om organisation än om pedagogik. Exempel på detta är förslag om placering i liten undervisningsgrupp eller om tillgång till en elevassistent. För att skapa en bra skolsituation måste det också göras en pedagogisk utredning som innefattar *hela* skolsituationen. Bedömningen av pedagogiska konsekvenser bör göras av pedagoger utifrån all insamlad information, varav diagnosen är en aspekt av många.

Diagnos – uttryck för symtom eller orsak

Begreppet diagnos kommer av de grekiska orden dia och gnosis som betyder *genom kunskap*. Det har enligt Egidius *Psykologilexikon* (2008) två olika betydelser:

1. Bestämmande eller konstaterande av att visst tillstånd föreligger enligt någon klassificering som gjorts inom medicinen, psykologin eller vårdvetenskapen.
2. Fastställande av orsakerna till viss sjukdom eller visst reaktionssätt, visst sjukdomstillstånd av psykologisk eller kroppslig natur.

Begreppet diagnos används alltså i två olika betydelser: dels för att beskriva tillstånd som föreligger – det vill säga symtom – dels för att beskriva orsaker. Det innebär att vi får två helt olika typer av diagnoser beroende på om utgångspunkten är symtom eller orsaker. De två olika typerna av diagnoser har alltså olika utgångspunkter och tjänar också delvis skilda syften. *Den symtombeskrivande diagnosens* syfte är att beskriva de symtom som en individ uppvisar som grund för pedagogiskt stöd eller någon form av behandling. *Den orsaksbeskrivande diagnosens* syfte däremot är att visa på orsaker till de funktionsnedsättningar och symtom som en individ uppvisar. I många fall är det svårt att medicinskt eller pedagogiskt göra något åt orsakerna, till exempel en kromosomavvikelse som vid Downs syndrom. Däremot kan man som pedagog göra väldigt mycket för att en elev med denna diagnos ska lära och utvecklas optimalt.

Vad har då pedagogen för användning av att veta om eleven har en orsaksdiagnos eller en symtomdiagnos? Ofta förväxlas orsak och symtom när man tänker kring en elev som uppvisar svårigheter. Man kan till exempel inte säga att en elev har svårt att läsa och skriva för att han har dyslexi, då en dyslexidiagnos bygger på uppvisade symtom. Orsakerna kan variera men de uppvisade symtomen tyder enligt Lundberg (2010) på en funktionsnedsättning inom det fonologiska området. Den moderna hjärnforskningen har kommit en god bit på väg att kunna fastställa orsaker men då diagnosen ställs på symtom blir orsakerna sekundära. En risk med att man som lärare förväxlar symtom med orsak är att man kan känna en maktlöshet och inte se att man pedagogiskt kan göra något åt elevens svårigheter.

Samma person kan ha både en orsaksdiagnos och en symtomdiagnos. Ett exempel är Anders som fått orsaksdiagnosen Fragile X. Orsaken till de symtom Anders uppvisar är att han har en skör X-kromosom. Anders har speciellt svårt med att styra sina impulser och är mycket känslig för när det blir för många intryck på samma gång. Då blir han hyperaktiv och det uppstår ofta svårigheter i sociala situationer. Anders har alltså fått orsaksdiagnosen Fragile X men om man inte hade konstaterat att han har en skör X-kromosom kunde han lika gärna ha fått symtomdiagnosen ADHD. De symtom han uppvisar i vissa situationer liknar de kriterier som anges för denna diagnos (se kapitel 6).

ADHD är en symtombeskrivande diagnos som kan ha flera orsaker, varav en kan vara skör X-kromosom. Exemplet visar på att en och samma orsak kan ge flera olika symtom, liksom att ett och samma symtom kan ha flera olika orsaker. Vilken diagnos ska Anders då få eller kan han samtidigt få båda diagnoserna? Svaret är ja, samma individer kan samtidigt ha både orsaksdiagnoser och symtomdiagnoser, då de är av helt olika natur samt har olika utgångspunkter och syften. Jakobsson (2002) skriver att det är vanligt förekommande att ett barn först har en symtomdiagnos som när orsaken konstateras i stället ändras till en orsaksdiagnos. Orsaksdiagnosen ställs alltså i förgrunden, då den ses som ett bevis på att det »verkligen är något«. Diagnoser med många och komplicerade symtom som förekommer samtidigt kallas *syndromdiagnoser*.

Diagnosers funktion och betydelse ur olika perspektiv

I forskningsarbete är det ofta viktigt att anlägga flera olika perspektiv för att förstå det fenomen som studeras. Eliasson (1997) menar att vi aldrig kan »ta fram fullständiga avbildningar av en komplex social verklighet«, även om vi utgår från flera perspektiv. Vi kan dock »försöka kasta ljus över tidigare *obelysta* områden och aspekter« (s. 30). En diagnos kan förstås på olika sätt av läkare, psykologer, skolpersonal, föräldrar, forskare inom olika discipliner och barnet som fått en diagnos. Det beror på att de olika aktörerna har skilda perspektiv och olika uppgifter. Om vi kan lägga samman deras bilder så får vi en mångfasetterad och mer nyanserad bild. Låt oss titta närmare på de olika aktörernas perspektiv och uppgifter i samband med den process som leder fram till att en elev får en diagnos, till exempel ADHD. Initiativet till en utredning som grund för att en diagnos ställs kan tas antingen av föräldrar eller skolpersonal. Föräldrarna ska alltid vara delaktiga och ge sitt tillstånd. Skolans elevhälsoteam gör vanligen först en basutredning men ställer inte diagnoser. Arbetet med basutredningen leds ofta av en specialpedagog. Om föräldrarna så önskar ställs därefter en remiss för vidare utredning inom hälso- och sjukvården.

Medicinska diagnoser ställs av läkare inom aktuellt område och neuropsykiatriska diagnoser ställs vanligen av ett neuropsykiatriskt team inom barn- och ungdomspsykiatrin. Teamet är tvärfackligt och kan bestå av läkare, psykolog, kurator och specialpedagog. Det finns två olika klassificeringssystem som båda används i Sverige som instrument när diagnoser ställs. Det ena är ICD (*International Classification of Diseases*) som ges ut av WHO. Den andra är DSM (*Diagnostic and Statistical Manual of Mental Disorders*) som är en amerikansk handbok för psykiatrin. Den innehåller standarddiagnoser för psykiatriska sjukdomstillstånd. Med ett antal års mellanrum uppdateras diagnosmanualerna (www.socialstyrelsen.se).

Läkarens eller psykologens uppgift är att undersöka och utreda, samt därefter göra en analys som resulterar i att eleven får en specifik diagnos eller en beskrivning av det som framkommit. Föräldrarna blir först informerade och måste ge sitt tillstånd om utredningens resultat ska överlämnas till skolan. I bästa fall sker en sådan överlämning vid ett möte där föräldrar och representanter för såväl elevhälsa som undervisande personal finns med. Efter detta är läkarens och psykologens uppgift slutförd och nya elever står på tur att utredas. De gör alltså en kortvarig och intensiv insats.

Skolpersonalens uppgift är att dra pedagogiska slutsatser utifrån det som de har fått reda på. Läraren har eleven i sin klass både före, under och efter utredningen och känner ofta en stor frustration, då det är svårt att hantera situationen i klassen på grund av att det kanske händer mycket kring den aktuella eleven. Hos många lärare finns en förhoppning att utredningen ska ge information som gör det lättare att hantera situationen i klassen. Ibland blir det ett vakuum i lärares sätt att tänka när utredningen är påbörjad. De bara väntar på att få veta resultatet. Gav utredningen några viktiga ledtrådar för hur det pedagogiska arbetet kan läggas upp, så att det fungerar bra för både den elev som fått diagnosen och för övriga elever i klassen?

Enligt intervjuer med lärare visar det sig ofta att utredningen inte ger så mycket ny kunskap utan att den mer ger bekräftelse på det man redan vet. »Det är bra att få svart på vitt att man tänkt rätt«, säger lärare i Jakobssons studie (2002). Det visar att lärare inte riktigt litar på sin egen pedagogiska kompetens utan ser det som värdefullt att få den bekräftad av expertis utanför skolan.

Läraren har en kontinuerlig, långvarig kontakt med eleven under flera år och får därmed en djupare relation än läkaren och psykologen. Föräldrarna däremot har barnets hela livsperspektiv i tanken. Funderingar som många föräldrar till barn med funktionsnedsättningar har är: »Hur ska den fortsatta skolgången se ut för mitt barn? Hur ska mitt barn kunna klara sig som vuxen? Kommer barnet att kunna få något arbete eller någon sysselsättning? Ska jag någonsin kunna släppa mitt föräldraansvar? Vad händer när jag inte finns längre?« Föräldrarna har ofta ett livslångt perspektiv och kan i många fall aldrig helt släppa ansvaret även om barnet blivit vuxet, har boende utanför hemmet och är väl omhändertaget.

Forskare kan ha väldigt olika perspektiv med närhet eller distans till de individer som berörs av deras forskning, beroende på vilken typ av forskning det handlar om. Exempelvis är genetikern, som försöker hitta samband mellan skador på vissa gener och ADHD eller dyslexi, mer eller mindre frikopplad från de individer som ingår i undersökningen. Sociologen däremot, som studerar elevers uppfattningar kring diagnosens betydelse för hur de bemöts i skolan, kommer mycket nära individen och kan i många fall få ta del av djupt existentiella tankar. Det kan till exempel handla om elevers tankar kring sådant de aldrig vågat prata med sina föräldrar om, då de inte ville göra dem mer oroliga än de redan var.

Barnet som fått en diagnos står i centrum för de tidigare beskrivna aktörernas intresse och engagemang. Hur uppfattar barnet sin diagnos och allt det som sker i nätverket runt omkring? Vilka förklaringar ger de vuxna? Vad förstår barnet av alla samtal som förs mellan experter och föräldrar – samtal som ofta förs mer eller mindre över huvudet på barnet. Uppfattar barnet den oro som föräldrar och andra i många fall uttrycker mer eller mindre tydligt?

Wrangsjö (1998) skriver under rubriken »Diagnosens psykologi« om diagnosens koppling till identitet och självbild. Barnets självbild och självkänsla kan påverkas antingen negativt eller positivt av diagnosen. Diagnosen kan ge barnet en bekräftelse på att det är annorlunda och inge en känsla av hopplöshet, att inte duga i mötet med omgivningen. Tvärtemot kan diagnosen i stället underlätta om barnet med bibehållen självkänsla får en tydligare självbild som utgångspunkt för fortsatt utveckling, då vissa svårigheter får en förklaring.

Föräldrars känslor och upplevelser

Föräldrars känslor inför att ha fått ett barn med funktionsnedsättningar genomgår olika faser. De kan liknas vid faserna i en krisbearbetningsprocess – *chockfas, reaktionsfas, bearbetningsfas* och *nyorienteringsfas* (Lagerheim, 1998). Beskedet om barnets funktionsnedsättningar och eventuella diagnos innebär för många föräldrar en chock. Reaktionen kan bli ett förnekande som medför att de vänder sig mot den som ställer diagnosen, då de inte tycker att det stämmer eller att de går in i en förlamande sorgefas. Så småningom bearbetar föräldrar på olika sätt vetskapen om att det är något som inte är som förväntat med barnet. Det kan göras genom att de försöker ta reda på allt de kan om diagnosen eller funktionsnedsättningen och vilken hjälp det finns att få. Föräldrarna accepterar efter hand i någon mån att det är som det är och de kan börja se framåt och planera för ett liv med ett barn med funktionsnedsättningar. Samtidigt tar krisförloppet aldrig slut om det handlar om grava funktionsnedsättningar. Det rivs upp på nytt vid viktiga händelser, som till exempel när barnet skulle ha tagit studenten och så vidare.

Hela familjen som system påverkas av ett barns funktionsnedsättningar. Exempel på detta är föräldrar som har svårt att släppa ansvaret till någon annan eller låta barnet bli vuxet och flytta hemifrån samt barn som inte frigör sig från föräldrarna. Syskonen får ibland en speciell situation genom att hänsyn alltid måste tas till syskonet med funktionsnedsättningar. Det är vanligt att syskon intar en vårdande roll och som vuxna väljer ett yrke inom vård och omsorg.

Jakobsson (2002) har intervjuat föräldrar kring deras upplevelser i samband med att deras barn fick en medicinsk diagnos. Föräldrar har varierande upplevelser och känslor inför såväl diagnosen som diagnostiseringsprocessen. De uttrycker antingen sorg över att barnet fått en diagnos eller lättnad över att »äntligen ha fått ett namn på eller en förklaring till barnets funktionsnedsättningar«. Vägen fram till en diagnos beskrivs av många som lång och mödosam och när diagnosen väl ställts, infinner sig en känsla av att äntligen ha nått målet efter oändliga utredningar. Då diagnosen är ställd, känns det på ett sätt bättre, trots att barnets funktionsnedsättningar kvarstår. Tvärtemot förekommer det också att föräldrar är tveksamma till att en diagnos ställs, då risken finns att den blir begränsande för vad omgivningen tror att barnet kan lära sig. En del föräldrar uttrycker också att de upplever en större förståelse från skolpersonalens sida efter att barnet fått en diagnos.

Det är viktigt *hur* beskedet om diagnosen ges till föräldrarna och att de får den information de behöver för att förstå vad den diagnos barnet fått innebär. I annat fall kan föräldrarna känna sig utlämnade åt sig själva med all sin oro och sina funderingar. Det är då inte ovanligt att det blir barnets lärare eller annan skolpersonal som föräldrarna vänder sig till. De blir föräldrarnas samtalspartners vid bearbetning av beskedet om diagnosen samt vid diskussioner kring konsekvenser för skolsituationen av att barnet fått en diagnos. Det är därför viktigt med utförlig information och uppföljning i samband med att besked om en diagnos ges till föräldrar.

Jan Tøssebro och Hege Lundeby (2002) har genom enkäter och intervjuer med föräldrar till förskolebarn med olika diagnoser kommit fram till liknande slutsatser som Jakobsson. Beskedet om diagnosen upplevs av föräldrarna i deras studie antingen som chock eller som lättnad, beroende på om barnet får diagnosen vid födseln eller om det kommer efter en lång period av oro, bekymmer och komplicerade utredningar. Beskedet om diagnosen gör att föräldrarna kan släppa sina funderingar på vad det kan vara. De får en förståelse som gör det möjligt att arbeta mer målinriktat. Det finns information kring diagnosen som de kan söka och använda för att kräva att barnet ska få rätt till stöd.

Forskning om uppfattningar kring diagnosers funktion och betydelse

Flera forskare har studerat föräldrars och skolpersonals uppfattningar kring diagnosers funktion och betydelse. Tøssebro och Lundeby (2002) fann att diagnosen för föräldrarna har betydelse i tre olika avseenden: som lösenord/dörröppnare till samhällets stödsystem, vid sociala relationer för att möta förståelse från omgivningen samt som bekräftelse och förklaring genom att de får ett namn på det som de upplevde inte stämde.

Karin Zetterqvist Nelson (2000) har, med fokus på barn som fått diagnosen dyslexi, intervjuat föräldrar, lärare och barnen själva om deras syn på diagnosen. Hon fann att diagnosen huvudsakligen utgör ett redskap för de vuxna runt barnet, medan den inte har lika stor betydelse för barnet självt. Diagnosen är viktigast för föräldrarna. De framställer den som avgörande i förhandlingar med skolan om ansvarsfördelning och tilldelning av resurser. Lärarnas uppfattningar varierar men de intar en mer avvaktande hållning och ser diagnosen som användbar ur vissa aspekter, till exempel som förklaring till elevens svårigheter eller för att frigöra resurser. Diagnosen har alltså inte samma genomslagskraft hos lärarna som hos föräldrarna i deras syn på barnets möjligheter till lärande. Lärarna ser mer till hur barnet är som elev, oavsett diagnos. Om eleven arbetar hårt och tar ansvar för sitt lärande ses diagnosen som underordnad. Barnet kopplar diagnosen antingen till sig själv som en del av personligheten »det är för att jag har dyslexi som ...« eller till skolan, och håller den då mer på avstånd eller förnekar den helt.

I projektet *Den stora utmaningen* (Tideman et al., 2004) tillfrågades barn, föräldrar, skolpersonal och politiker om diagnosers betydelse. Föräldrarna ansåg att de måste var väldigt aktiva och drivande för att deras barn ska få stöd. Diagnosen kan användas som argument: »En diagnos i kombination med ett aktivt föräldraskap har fungerat som dörröppnare för specialpedagogiska insatser« (s. 133).

Klasslärarna ser eleverna i det dagliga arbetet och är oftast de som identifierar svårigheter och som avgör när och om en elev behöver stöd. De ser inte diagnoser som avgörande. De vill få »mer kunskaper om hur de rent metodiskt ska arbeta med elever, som har behov av olika former av stöd och inte fler diagnoser« (s. 145).

Specialpedagogerna ser både positivt och negativt på diagnoser. En diagnos kan vara till praktisk nytta som argument för resurser och som förklaring till svårigheter. Det finns dock en risk att man låser sig vid diagnosen och inte ser andra förklaringar och handlingssätt, menar de.

Skolledarna är överens om att en diagnos inte ska behövas för att få specialpedagogiskt stöd men i praktiken används den ofta för att garantera resurser. Det medför att om väldigt många diagnoser ställs så tappar de sin styrka som resurstilldelare. Flera skolledare menar att en diagnos kan vara bra för att föräldrarna ska förstå varför deras barn har behov av extra stöd i skolan. Föräldrarna blir mer samarbetsvilliga när de vet att det är något konkret som att deras barn har dyslexi.

Forskningen visar alltså att det finns olika uppfattningar om diagnosers relevans i skolan. Under de två följande rubrikerna går vi närmare in på föräldrars och skolpersonals uppfattningar om diagnosers funktion och betydelse i relation till skolsituationen med utgångspunkt i Jakobssons (2002) studier.

Föräldrars uppfattningar om diagnosen

Uppfattningarna om diagnosens funktion och betydelse i skolsituationer varierar mellan olika föräldrar. Föräldrar vars barn nyligen fått diagnos menar ofta att diagnosen har avgörande betydelse, medan föräldrar till barn som haft diagnos under längre tid ser den som mer förgivettagen. Föräldrarnas uppfattningar kan beskrivas utifrån följande kategorier:

- Diagnosen ger förklaring till och namn på symtomen.
- Diagnosen ger informationsmöjligheter.
- Diagnosen fungerar som påtryckningsmedel.
- Diagnosen mobiliserar kraft.
- Diagnosen bidrar till identitetsutveckling.

De mest framträdande dragen i föräldrars beskrivningar är att de fått en förklaring till barnets symtombild och ett namn på det som de upplever »inte riktigt stämmer«. Ofta känner föräldrar en lättnad över att kunna visa skolpersonal och omgivning att det verkligen »är något« och inte bara inbillning, problematiska familjeförhållanden eller överdrivna bekymmer från föräldrarnas sida.

När man väl fått ett namn på barnets svårigheter ökar också möjligheterna att skaffa information och många föräldrar har tillägnat sig stora kunskaper om diagnosen. Att föräldrar ägnar mycket tid och kraft åt att söka information framkommer genom yttranden som: »Vi har sökt på internet, letat i medicinska artiklar och i Socialstyrelsens databas, för att lära oss mer om sjukdomen och vad man kan göra.« Föräldrarna har oftast varit de som informerat skolpersonalen. De tycker att skolpersonalen fått större förståelse för barnets problematik när de fått veta orsaken, och att de också låtit det få pedagogiska konsekvenser. En förälder säger att sedan lärarna har fått veta, har allt som är viktigt för barnets skolsituation i klassen beaktats och tagits på allvar.

Föräldrarna har också att ta ställning till om, hur, när och i vilken utsträckning de ska informera barnet och barnets klasskamrater om diagnosen. Några väljer att över huvud taget inte informera barnet, en del portionerar ut informationen lite i taget allt eftersom det känns aktuellt utifrån barnets ålder och utvecklingsnivå, medan ytterligare andra informerar om allt de vet från början. Barnens upplevelser av diagnosen varierar därigenom, från att de över huvud taget inte vet om att de har fått en diagnos, till att den utgör en viktig aspekt i deras identitetsutveckling. Yngre elever som fått information om sin diagnos tycks inte bekymra sig så mycket om det: »Hon vet själv om sin diagnos och vi har förklarat vad det innebär men hon verkar inte bry sig om det och känner sig nog inte annorlunda för det.« Elever som inte får information om diagnosen, men väl om den aktuella funktionsnedsättningen, får enligt föräldrarna en förklaring till sina svårigheter i skolan samt förhoppningsvis rätt hjälpmedel: »Det har blivit en lättnad för honom att få veta att det handlar om en hörselnedsättning och han mår mycket bättre nu när han har fått hörapparat.«

En annan viktig funktion som diagnosen har är att den ger möjligheter för föräldrar att mer uttryckligt hävda behovet av särskilt stöd i skolan och personliga hjälpmedel för sitt barn. Flera föräldrar menar att diagnosen är avgörande vid kontakter med sjukvård, myndigheter och skola för att de ska få gehör för behovet av stödinsatser. En förälder beskriver att de länge kämpat för att deras barn skulle få en assistent i skolan utan att få gehör för det. När de kom till skolan med papper på diagnosen, fick barnet assistent och egen dator direkt och mamman fick vårdbidrag, så hon kunde vara hemma på halvtid för att stödja sitt barn.

Diagnosen medför ibland att föräldrar får en enorm kraft att kämpa för sitt barns rättigheter och möjligheter till en bra framtid: »Ingen ska i alla fall kunna säga att vi inte gjort vad vi kan för att hon ska få det stöd hon behöver i skolan och få möjlighet till ett bra liv när hon blir stor.« Andra föräldrar är drivande i arbetet med att skapa föräldraföreningar och nätverk för att sprida information, och ge möjligheter för familjer till barn med samma diagnos att träffas och diskutera skolfrågor och andra gemensamma angelägenheter.

En del föräldrar menar att vetskapen om diagnosen hade fått stor betydelse som hjälp för barnets identitetsutveckling och som förklaring till skillnader mellan det egna barnets utveckling och andra barns. Det förekommer att elever själva, tillsammans med föräldrar eller skolsköterska, informerar i sina klasser om diagnosen och konsekvenser av den. Eva, som fått en diagnos som medför att hon får tillväxthormon, har hållit föredrag i sin klass och visat hur hon tar sprutor. Klasskamraterna blir imponerade av att hon vågar ta sprutan själv. För Eva känns det efteråt skönt att alla vet varför hon är så liten och inte har utvecklats lika mycket som de andra flickorna.

Sammanfattningsvis framstår diagnosen som mer betydelsefull för föräldrar än för skolpersonal. Att barnet får en diagnos innebär för föräldrar att de får ett namn på det som orsakat deras oro, och att de därmed kan inhämta och vidarebefordra information. Diagnosen fungerar enligt många föräldrar som ett effektivt påtryckningsmedel i kontakter med skola och myndigheter, vid begäran om ekonomiska resurser för särskilt stöd eller speciell utrustning till barnet. De upplever också att de blir tagna mer på allvar när barnet har en diagnos.

Skolpersonals uppfattningar om diagnosen

Diagnosen har ingen framträdande roll i skolpersonals beskrivningar av elever och elevers skolsituation. Skolpersonal är sällan delaktig i diagnostiseringsprocessen. Den information skolpersonal får om diagnos och utredningsresultat varierar, från att den över huvud taget inte får veta att eleven fått en diagnos, till att den får kopior på all skriftlig dokumentation föräldrarna har. Därmed varierar också diagnosens betydelse i skolsituationen. Diagnosers funktion och uppfattningar kring elevers behov av särskilt stöd varierar också beroende på skolform och typ av klass eller grupp, samt art och grad av funktionsnedsättning. Skolpersonalens uppfattningar kan beskrivas utifrån följande kategorier:

- Diagnosen i sig är inte avgörande.
- Diagnosen underlättar ett professionellt förhållningssätt.
- Diagnosen ger förklaringar.
- Diagnosen är utgångspunkt eller identifikationsobjekt.
- Diagnosen innehåller frustrerande information.
- Diagnosen skapar oro och osäkerhet.

Diagnosen i sig upplevs oftast inte som så betydelsefull för skolsituationen; det är i stället den problematik som tydligast kommit till uttryck som ställs i förgrunden. Diagnosen kan vara viktig av medicinska skäl men inte av pedagogiska. Ofta är den en bekräftelse på det skolpersonalen redan vet.

I en del särskilda undervisningsgrupper och klasser inom särskolan finns många olika slags sjukdomar och funktionsnedsättningar representerade. Personalen ser det där som naturligt att alla elever är olika och man tänker inte på diagnosen eller sjukdomen i första hand utan på eleverna som individer. När nästan alla elever har olika diagnoser eller funktionsnedsättningar är det ingen som avviker. Alla är olika och har olika behov. Personalen ser ingen anledning till att tänka på något annat sätt. Därför kan en elev i en vanlig grundskoleklass som får en diagnos uppfattas som mer avvikande och speciell än en elev med liknande problematik och samma diagnos i en särskild undervisningsgrupp.

I det senare fallet innebär placeringen i sig att behovet av stöd kan anses tillgodosett. Detta medför att behovet av stöd bedöms helt olika, utifrån det som betraktas som normalt för elevgruppen i den aktuella klassen. Ett exempel är två elever med samma diagnos och med liknande tal- och språkproblematik, där eleven som går i grundskola är högprioriterad för stöd av talpedagog: »Vi har ingen annan elev som har så stort behov av stöd av talpedagog.« Den andra eleven som går i särskola får däremot inget stöd, då många elever har liknande eller större behov: »Vi har bara tio timmar talpedagog och många andra elever har större behov«, säger en lärare.

Att skolpersonal känner till diagnosen kan i vissa fall underlätta ett professionellt förhållningssätt till den problematik som eleven uppvisar. En lärare menar till exempel att om hon vet att det är vanligt att elever med en viss diagnos behöver fråga om samma sak med jämna mellanrum för att komma ihåg, då är det lättare att hantera. Patriks lärare säger till exempel att diagnosen inte gett så många nya kunskaper men de har fått en större förståelse för varför han behöver så mycket bekräftelse. Vid kontakter med föräldrar kan det i vissa fall vara en fördel om båda parter vet att »det är något« och kan ha det som gemensam utgångspunkt för samtal. Det gör det lättare att mötas på ett professionellt plan och man kan vara mer rak i dialogen med föräldrar.

Diagnosen kan ge förklaring och förståelse, och ringa in orsaker till det beteende som elever uppvisar eller svårigheter som uppstår i skolan. Ett exempel är Gustav som är en ordentlig och noggrann pojke. Lärarna undrar varför han har så svårt att lyssna och verkar så osäker. Han tar inte upp böckerna när läraren säger till men tittar på vad de andra gör och försöker göra likadant. När de får veta att han har en hörselnedsättning förstår de varför.

Det förekommer också att lärare ifrågasätter diagnosen och uttrycker funderingar kring vilka symtom som egentligen hör ihop med den aktuella diagnosen. Vad skulle ha förekommit ändå, kopplat till exempelvis kultur och livsföring i familjen? Ibland ser skolpersonal situationen i hemmet som viktigare än diagnosen – en förklaring till elevens beteende och svårigheter: »Jag tror att hemförhållandena styrt utvecklingen mer än diagnosen i det här fallet«, säger en lärare. Svåra upplevelser kan inverka på barns utveckling och beteende. Gretas lärare är tveksam till om diagnosen är riktig då hon tror att Greta blivit präglad av sina hemska upplevelser. Hon har till exempel varit inlåst och blivit misshandlad. »Hur kan man veta vad som är relaterat till diagnosen och vad som har med miljön att göra?« funderar läraren. Hon tänker också att om det är mer miljörelaterat så bör det bli bättre nu när Greta fått det bra i familjehemmet.

För elever som haft diagnos under en längre tid används diagnosen antingen som utgångspunkt för planering av skolgången, men minskar därefter i betydelse, eller så blir det ett identifikationsobjekt som följer eleven upp genom skolåren. Diagnosen bidrar enligt det första förhållningssättet till identifiering av elevens behov, men fortsättningsvis betyder den inte något annat än att skolpersonalen är uppmärksam på vad som är viktigt att beakta. Sofia har varit i samma grupp från förskolan och genom grundskolan. Trots att hon inte klarar samma saker som övriga elever i klassen ingår hon på ett naturligt sätt i gemenskapen. Enligt det andra förhållningssättet ser skolpersonal diagnosen som en tung börda, som både skolan och eleven bär på genom hela skoltiden. Det kan innebära att skolpersonal, som följt en elev under lång tid och engagerat sig djupt i problematiken i skolsituationen, inte ser den utveckling som skett hos eleven. Det kan också inverka begränsande på uppfattningen om elevens fortsatta utvecklingsmöjligheter.

Diagnosen kan även ha en positiv eller negativ betydelse för elevens identitetsutveckling. En lärare menar att en tonårsflickas självkänsla ökat sedan diagnosen ställts. Hon har själv informerat sina klasskamrater och hon verkar mer nöjd med sig själv när hon är medveten om vad hon har att kämpa med, enligt läraren. Tvärtemot beskriver en annan lärare en elev som »bär med sig diagnosen som en tung börda« och kopplar sina svårigheter i skolan till just diagnosen.

Det är vanligt att skolpersonal på egen hand söker information om diagnoser, till exempel via internet. Den information som hittas upplevs inte enbart som klargörande, utan kan också skapa rädsla och förvirring. Information på olika intresseföreningars hemsidor är ofta kortfattad och förenklad med långa listor av symtom och konsekvenser, som beskrivs som allvarliga. Beskrivningen av en diagnos på en generell nivå kan vara frustrerande, om man inte känner igen symtomen hos den elev det handlar om. Likaså kan skolpersonal, som får ta del av utlåtanden från individuella utredningar, uppleva att de beskrivna symtomen inte stämmer överens med deras egna erfarenheter av arbete tillsammans med eleven. Lärare blir rädda att det är något de inte upptäckt eller att de förvärrar något om de handlar fel. Det gäller speciellt vid medicinsk problematik.

Föräldrars oro över att inte lyckas stödja och skapa de bästa tänkbara förutsättningar för barnet kan spridas till skolan. Skolpersonalen blir inbegripen i ett kraftfält av ångest och mystik kring diagnosen, vilket får en förlamande inverkan på hela nätverket runt barnet. Några lärare uttrycker att de är medvetna om vad de är inbegripna i men har svårt att hantera det. De konsekvenser detta får för skolans arbete uttrycks av lärarna främst som en rädsla att göra fel i förhållande till diagnosen och föräldrarnas önskemål. Följden blir en mycket ångestfylld kontakt mellan hem och skola men också i förhållande till eleven, med konsekvenser som att man »inte vågar exponera eleven inför klassen« eller »pressa eleven« av rädsla för föräldrareaktioner. En lärare uttrycker det med orden: »Vi är nog för konflikträdda som inte vågar ta upp det med mamman.« Lärarna lever hela tiden i en osäkerhet om vilka krav de kan ställa. Osäkerhet från skolpersonalens sida inför diagnosens pedagogiska konsekvenser riskerar att leda till ogrundad särbehandling av elever. Utan synbar anledning befrias eleven från att göra det som krävs av övriga elever.

Sammanfattningsvis intar skolpersonal en mer avvaktande hållning till diagnosens funktion än föräldrarna. De ser att den visserligen kan ha ett värde som förklaring och som gemensam referenspunkt att samlas kring och därmed underlätta ett professionellt förhållningssätt. Men information kring diagnosen kan också skapa frustration, oro och osäkerhet i det pedagogiska arbetet, då informationen inte alltid stämmer överens med deras erfarenheter i mötet med barnet i skolan. Skolpersonal framhåller, som tidigare nämnts, inte diagnosen i sig som mest betydelsefull i mötet med eleverna. I stället anser de att lyhördhet för de individuella elevernas möjligheter och begränsningar, samt kunskaper kring pedagogiska konsekvenser av elevers individuella funktionsnedsättningar, är det mest betydelsefulla för möjligheterna att skapa en bra skolsituation.

Diagnosens betydelse i det pedagogiska arbetet

En diagnos får enligt skolans styrdokument aldrig vara en förutsättning för att ge särskilt stöd till elever som behöver det. Att en elev har en diagnos behöver inte betyda att han/hon har större behov av stöd än en elev utan diagnos. Den redovisade forskningen visar att diagnosen i sig inte har någon avgörande betydelse för det pedagogiska arbetet och bemötandet i skolan. Diagnostillhörighet utgör alltså inte ett enhetligt och direkt användbart kriterium i pedagogiska hänseenden.

Variationen är i olika avseenden stor såväl inom som mellan diagnosgrupper. Inga tydliga samband framträder mellan en viss diagnos och vissa förhållanden i skolsituationen, exempelvis viss form av pedagogik, särskilt stöd eller viss typ av skolplacering. Skolplacering görs oftare utifrån elevens individuella förutsättningar som utvecklingsnivå, förekomst, art och grad av funktionsnedsättningar, än enbart utifrån en viss diagnos. Detta är i sig inte så förvånande. Diagnoser innehåller generella beskrivningar av medicinsk och/eller psykologisk art och de ställs på individer, medan det som framträder i skolsituationer också är beroende av förhållanden i den omgivande miljön. Direkta kopplingar mellan en viss diagnos och speciella förhållanden i skolsituationer är därmed svåra att göra. Exempelvis kan en kromosomskada som på genetisk nivå framstår som entydig variera mellan olika individer vad gäller fysiska och psykiska yttringar, liksom liknande fysiska och psykiska tillstånd kan yttra sig på olika sätt i olika skolsituationer beroende på förhållanden i skolmiljön.

Diagnosen kan ha stor betydelse för föräldrars och skolpersonals förståelse samt som påtryckningsmedel för tilldelning av resurser.

Forskningen visar inte att en diagnos i någon större utsträckning ger vägledning för hur det pedagogiska arbetet kan, bör eller ska bedrivas. Det pedagogiska arbetet i skolan blir alltså inte annorlunda på grund av diagnosen i sig. Däremot inverkar arten och graden av förekommande funktionsnedsättningar hos den individuella eleven. De svårigheter som framträder i skolsituationer kan i många avseenden gälla oavsett om elever fått en diagnos eller ej. Det som är typiskt för en diagnos är endast riktigt tydligt i medicinska och psykologiska beskrivningar, men är inte direkt kopplat till om individer får specifika svårigheter i skolan. Kunskap om diagnoser kan utgöra ett värdefullt bidrag till förståelsen av uppkomna svårigheter, genom att peka på vad man bör vara speciellt uppmärksam på. Medicinska och psykologiska kunskaper om diagnoser och funktionsnedsättningar räcker däremot inte för att förklara den komplexitet som råder i skolsituationer och inte heller som vägledning för det pedagogiska arbetets genomförande.

FÖRSLAG TILL REFLEKTION

- Vilken betydelse har diagnoser i skolverksamhet, enligt din erfarenhet?
- Vilken betydelse anser du att de ska ha?
- Vilka fördelar och nackdelar tror/upplever du att en diagnos har för eleven och elevens familj?
- Skulle det vara möjligt/önskvärt att helt undvika användandet av diagnostiska termer i skolan och i stället beskriva hur elever utmanar undervisningssättet, och därmed poängtera att det inte är individen som behöver åtgärdas utan snarare undervisningssätt och organisation av stödinsatser?

DEL II

FUNKTIONSNEDSÄTTNINGAR OCH DIAGNOSER I ETT PEDAGOGISKT PERSPEKTIV

KAPITEL 4

ELEVERS LÄS-, SKRIV- OCH MATEMATIKUTVECKLING

VI LEVER I en skriftspråklig värld där de flesta vardagliga aktiviteter präglas av krav på att man ska kunna läsa, skriva och räkna. För att få information som vi tidigare erhöll genom personliga möten eller telefonsamtal hänvisas vi i dag allt oftare till webbsidor. Vi kan hålla oss välinformerade eftersom informationen finns tillgänglig för alla, men det krävs också att vi kan tillägna oss och tolka den. Skriftspråket ger oss kulturupplevelser och intellektuell njutning; men även för att kunna ta del av det rika kulturutbud som erbjuds i form av till exempel böcker, tidningar och filmer krävs goda språkkunskaper.

Matematiken har fått en ökad betydelse i samhället. För att sköta sin privatekonomi behöver man mer avancerade kunskaper än att kunna räkna sedlarna i plånboken; det ställs krav på självständiga och korrekta bedömningar vid bolån, sparande, på arbetet och i andra sammanhang. Utöver den privata sfären kan matematikkunskaper, liksom en god läs- och skrivkompetens, ge möjligheter till påverkan i demokratiska processer som bland annat inbegriper samhällsekonomi, politik och journalistik.

För elever i skolan är det viktigt att under de första skolåren utveckla sin kompetens inom läsning, skrivning och matematik i så hög grad att de kan följa den fortsatta undervisningen när texter och innehåll efter hand blir mer avancerade. Kompetensen inom dessa områden ska bidra till elevernas utveckling långt efter att de har slutat skolan. De ska ges möjligheter till att bli tänkande och resonerande individer, som kan reflektera, kommunicera, argumentera och analysera, allt i linje med de demokratiska rättigheterna. En konsekvens av det inledande resonemanget är att skolans arbete med elevers läs-, skriv- och matematikutveckling är oerhört viktigt. Kanske är det skolans viktigaste uppgift.

Den tidiga språkutvecklingen

Barnets tal- och språkutveckling startar redan vid födseln: från den första kontakten med föräldrarna till en utvecklad förmåga. Ragnhild Söderbergh (1988) beskriver att barn utvecklar sitt språk utifrån fyra principer:

- I samspel med andra i funktionella sammanhang
- I konkreta vardagssituationer
- Genom att använda språket, pröva, lyssna och dra slutsatser
- Genom att själva få upptäcka hur språket är uppbyggt

Innan det formella lärandet påbörjas i förskola och skola finns ingen uppdelning i olika ämnen i barnets värld. Det upptäcker och utforskar världen med en öppen nyfikenhet och lust att lära; och sortering och kategorisering i olika typer av begrepp och föremål sker på ett utforskande sätt. *Kommunikation* är här det mest centrala begreppet. Lärande och begreppsutveckling av betydelse för språkutvecklingen sker genom kommunikation med människor i omvärlden. När morfar leker tittut med Selma och hon koncentrerat väntar på att han ska titta fram bakom dörren, utvecklas hennes förståelse för att han finns kvar även när hon inte ser honom. Ju fler insikter hon får i att saker eller människor finns även när de inte syns, desto mer utvecklar hon förståelse av betydelse för språkutvecklingen.

Alva sitter på golvet och lägger klossar i en lång rad. Mamma vill hjälpa till och räcker henne en kloss. Alva kastar ifrån sig den och säger nej. När mamma gör ett nytt försök och ger henne en annan kloss tar hon den och lägger i raden. Då inser mamma vad Alva håller på med. Hon sorterar klossarna inte bara efter storlek utan också efter färg. Denna och liknande aktiviteter är betydelsefulla för barnets begreppsutveckling, och utveckling av förståelse för att vi delar in fenomen i världen i olika kategorier.

Barns språk- och kommunikationsutveckling kan enligt Barbro Bruce (2009), beskrivas som en trappa med stegen: *samspel och joller, begrepp och ord, uttal och grammatik, metaspråk och mentalisering* samt *skriftspråk*.

Figur 4.1: Bilden visar de olika stegen i barns språk- och kommunikationsutveckling (efter Bruce, 2009, s. 60, Barns språk- och kommunikationsutveckling).

Språkutvecklingen vilar på en grund som består av de nedre stegen i trappan. Det är viktigt att barn får stöd i denna utvecklingsprocess, då utveckling sker genom samspel och kommunikation med vuxna och andra barn. Det handlar inte om några formella metoder, utan utvecklingen sker genom naturliga samtal kring bilder och innehåll, som när man läser eller tittar i böcker eller för resonemang kring händelser och företeelser i vardagen.

Det näst översta steget – *metaspråk och mentalisering* – handlar om att överbrygga klyftan mellan talat språk och skriftspråk. Det kräver fonologisk medvetenhet och språklig distansering, det vill säga att kunna skilja på språkets innehåll och form. En kritisk punkt i skriftspråksutvecklingen är, enligt språkforskaren Ingvar Lundberg (2010), att barnet utvecklar en fonologisk medvetenhet, det vill säga förståelse av den alfabetiska koden. Ett barn som inte är fonologiskt medvetet kan inte skilja på ett ords innehåll och form. På frågan om vilket ord som är längst, »tåg« eller »sparkcykel«, svarar barnet »tåg« och tänker då inte på det skrivna ordet utan på innehållet. Lundberg poängterar vikten av att i förskolan arbeta med att utveckla den fonologiska medvetenheten med hjälp av språklekar, rim, ramsor och andra språkliga aktiviteter, det vill säga genom lek med språket i olika lustfyllda och lekfulla sammanhang.

Bornholmsmodellen

Bornholmsmodellen är en vetenskapligt utprovad metod för att utveckla den fonologiska medvetenheten hos barn i förskolan (Lundberg, 2007; 2010). Modellen bygger på en stor undersökning från Bornholm på 1980-talet vilken visade att barn som året före skolstart deltagit i språklekar och andra övningar, som syftade till att utveckla fonologisk medvetenhet, fick en bättre läs- och skrivutveckling än barn som inte deltagit i övningarna. Särskilt stor inverkan hade lekarna på barn som bedömts vara i riskzonen för att utveckla läs- och skrivsvårigheter. Undersökningen har sedan genomförts i andra länder med liknande resultat.

Lekar och övningar i Bornholmsmodellen delas in i huvudområdena: att lyssna på ljud, att undersöka ord och meningar, att identifiera första och sista ljudet i ord, att undersöka fonemens värld genom analys och syntes samt att träda in i bokstävernas värld. Det sista området innebär att bokstäver lärs in och kopplas till de tidigare områdena. Barnen är då på väg mot att börja läsa. Lekarna och övningarna beskrivs detaljerat av Lundberg (2007).

Betydelsen av skriftspråklig medvetenhet

Uppfattningarna skiljer sig åt mellan olika forskare huruvida fonologisk medvetenhet är en förutsättning för läsutveckling eller om den utvecklas i anslutning till läsutvecklingen – eller rent av är en följd av den. Läsforskaren Caroline Liberg (i Kullberg & Åkesson, 2007) poängterar vikten av att läs- och skrivlärande sker i funktionella och meningsfulla sammanhang. Hon menar att behovet av att vara fonologiskt medveten, innan den formella läs- och skrivundervisningen startar, är avhängigt av vilken metod som används. Genom att barn får möta skriftspråket på en mängd olika sätt utvecklas deras skriftspråkliga medvetenhet (Björk & Liberg, 1996). I kommunikation med andra och genom eget utforskande upptäcker barnet mer och mer av skriftspråkets möjligheter och användningsområden. De vuxna i barnets närhet har en viktig uppgift i att leda barnet till nya upptäckter.

Skriftspråklig medvetenhet är ett vidare begrepp som, förutom fonologisk medvetenhet och medvetenhet om språkets form i olika avseenden, också inbegriper *funktionell medvetenhet,* det vill säga att man förstått varför man läser och skriver och hur det kan användas i olika sammanhang. Den funktionella medvetenheten utvecklas genom att barnet får uppleva språkets funktion.

Stina, tre år, skriver skrivstilsliknande krumelurer i en lång lista på ett randigt papper. Lillasyster står bredvid och tittar beundrande på det som växer fram på papperet. Stina tittar plötsligt upp och säger till lillasyster: »Alla dom här kompisarna har jag på förskolan förstår du Klara.« Det yttrandet visar att hon förstår att skriven text innehåller information och är på god väg att utveckla medvetenhet om skriftspråkets funktion.

Ett annat exempel är en klass i träningsskolan som ska göra fruktsallad. De bestämmer tillsammans vilka frukter de ska köpa. Eleverna föreslår och elevassistenten skriver en inköpslista. När de ska gå till affären stoppar Erik listan i fickan. Inne i affären frågar assistenten honom: »Vad var det nu vi skulle köpa?« Erik tar upp lappen ur fickan och räcker den till henne. Han kan inte läsa och skriva ännu men han har förstått vad listan har för funktion, alltså att man skriver en inköpslista för att komma ihåg vad man ska köpa.

Att funktionell medvetenhet har betydelse för läsutvecklingen visades i en forskningsstudie redan på 1980-talet (Dahlgren & Olsson, 1985; Dahlgren et al., 2006). Förskolebarns funktionella medvetenhet undersöktes genom att de fick frågor om varför man ska kunna läsa. Svaren kunde delas in i två kategorier: de som såg läsningen som *krav* och de som såg den som en *möjlighet*. De som såg läsningen som ett utifrån kommande krav gav svar som att man måste kunna läsa för annars får man inte gå i skolan, eller att man kan bli lurad på banken när man blir vuxen om man inte kan läsa. De som såg läsningen som en möjlighet hade ett mer näraliggande perspektiv och kunde svara att: »Då kan mamma skriva en lapp så jag vet var hon är när jag kommer hem« eller att »Man kan skriva en lista så man kommer ihåg vad man ska köpa«. Efter ett år i skolan undersöktes barnens läsförmåga och det visade sig då att de barn som ett år tidigare hade sett läsningen som en möjlighet hade utvecklat sin läsförmåga i högre grad. Att de förstått vad läsningen går ut på hade alltså betydelse för deras läsutveckling.

Att vara *skriftspråkligt medveten* eller *litterat* innebär sammantaget att förstå läsningens och skrivningens *Vad? Hur?* och *Varför?* Det handlar dels om ljud- och formsidan som utgörs av avkodning, det vill säga fonologisk medvetenhet, dels om innehållssidan som utgörs av förståelse och språkets kommunikationsaspekt, det vill säga funktionell medvetenhet. Skriftspråklig medvetenhet har betydelse för både läs- och skrivutveckling och matematikutveckling.

Literacy

Ett begrepp som används internationellt i beskrivningar av vad det innebär att kunna läsa och skriva är *literacy*. Det svenska nätverket för literacy översätter Unescos definition av literacy som »förmågan och beredskapen att använda läsandet och skrivandet för att skapa ett innehåll i skriftspråket på ett sätt som svarar mot behoven i ett speciellt sociokulturellt sammanhang« (www.uu.se).

Behoven varierar mellan olika sammanhang och olika typer av skrivande och läsande. Det ställs till exempel olika krav vid skrivande och läsande av privata brev, läroböcker och forskningsrapporter. Caroline Liberg och Roger Säljö (2010) använder begreppet *literacypraktiker* för att beskriva de olika verksamheter där skriftspråk – läsande och skrivande på något sätt – ingår och skapar mening.

En literacypraktik inbegriper inte bara direkt läsande och skrivande utan även »situationer där man talar om något man läst eller skrivit« eller »omsätter något skrivet till en annan uttrycksform som bilder, tabeller, diagram eller ett görande, exempelvis att läsa och följa en instruktion (s. 237). Här ingår också matematisk literacy som tas upp i avsnittet om matematik (se s. 110). I literacypraktiken sker ett möte mellan deltagarna och texten. Deltagarnas tidigare erfarenheter och kunskaper om det specifika ämnet är av stor betydelse för mötet, något som en farmor kan få erfara när barnbarnen försöker inviga henne i Nintendospelens literacypraktik. För att bli en fullständig deltagare krävs att man förstår de spelregler som gäller i den specifika praktiken. Barn möter tidigt många olika textvärldar och nya medier som bidrar till deras literacyutveckling. Carina Fast (2008) som studerat literacy i familj, förskola och skola menar att det är viktigt att skolan tar in barnens egna textvärldar i undervisningen för att skapa kontinuitet i deras lärande.

Att utveckla den skriftspråkliga kompetensen

Forskare har utifrån skilda synsätt definierat läsning på olika sätt. De har konstruerat modeller som belyser vad läsning är, från enkla modeller med två eller tre komponenter till komplicerade modeller som inbegriper flera nivåer, bakomliggande faktorer och mentala processer.

Läsforskaren Karin Taube (2007a) delar in teorier om hur läsning går till i tre huvudgrupper: *bottom-up-teorier*, *top-down-teorier* och teorier om så kallade *interaktiva modeller* (s. 54f):

- Enligt bottom-up-teorier utgår läsningen från inre ledtrådar i texten i form av bokstäver och ljud. Den går alltså från delarna till helheten och resultatet blir förståelse.
- Enligt top-down-teorier utgår läsningen i stället från yttre ledtrådar i form av förförståelse och andra ledtrådar. Den går då från helheten i form av förståelse av innehållet i texten till delarna i form av bokstäver och ljud.
- Enligt interaktiva modeller sker ett samspel mellan yttre och inre ledtrådar när man läser.

Taube menar att det vid all läsning sker ett samspel mellan top-down- och bottom-up-processer.

Under de senaste fyrtio åren har läsinlärningsmetoder som bygger på skilda synsätt ställts emot varandra. Skillnaderna handlar bland annat om ifall utgångspunkten ska tas i helheten eller i delarna, det vill säga om *analytisk* eller *syntetisk läsinlärningsmetod*. Forskning kring lärstilar visar att olika elever lär på skilda sätt och att olika metoder passar olika elever. Erkännandet av interaktiva metoder kan lösa tvisten om vilken metod som är bäst.

För att förtydliga beskrivningen ovan av top-down- och bottom-up-teorier, använder vi oss av en modell av Pehrsson och Sahlström (1999; inspirerad av Pumfrey & Reason, 1991). Den består av en triangel indelad i tre fält med spetsen vänd nedåt. Fälten innehåller uppifrån räknat *Lärandets möjligheter*, *Språk och kommunikation* samt *Skriftens beståndsdelar*.

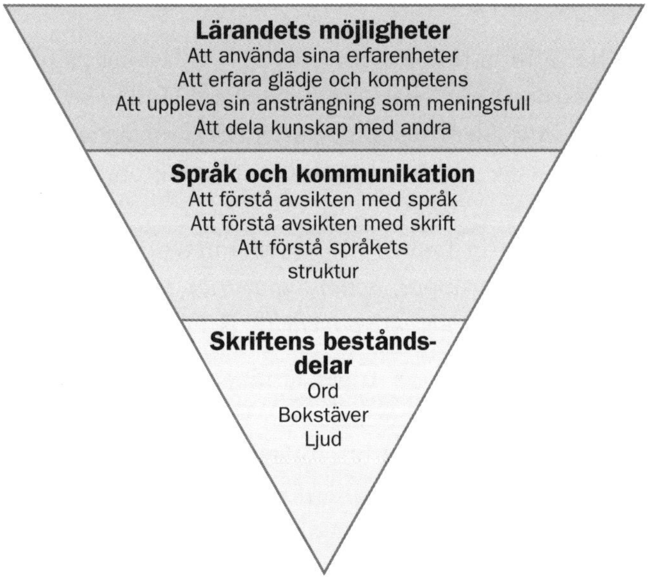

Figur 4.2: Triangeln – att vara litterat (Pehrsson & Sahlström, 1999, s. 81). Att bli litterat underlättas av om undervisningen innefattar alla tre fälten i triangeln.

Om läs- och skrivlärandet endast inriktas mot triangelns nedersta spets, det vill säga mot skriftens beståndsdelar, kan eleven få svårigheter att läsa texter där det krävs en fördjupad förståelse och omvärldskunskap. Det gäller också för matematiklärande, vilket vi återkommer till senare i kapitlet (se figur 4.4, s. 111). Inte heller utvecklas eleven till en god läsare och skrivare om undervisningen främst behandlar kontexten och eleven inte får möjligheter att analysera skriftens beståndsdelar som ord, bokstäver och ljud. För en lyckad läs- och skrivutveckling måste alla tre nivåerna beaktas i det pedagogiska arbetet i en väl avvägd balans, det vill säga i ett samspel mellan top-down- och bottom-up-processer.

Lundberg (2010) menar dock att det inte är någon »lätt avvägning att hitta en lämplig balans mellan övningar som ger god lästeknik och texter som hjälper barn att förstå sig själva och den värld de lever i« (s. 102). Speciellt för barn med långsam språkutveckling ser han det som nödvändigt med systematiskt arbete med skriftkoden.

De flesta forskare är överens om att läsning och skrivning är komplicerade aktiviteter, som också handlar om faktorer utanför själva aktiviteten. De är även överens om att läsning handlar om både avkodning och förståelse. Ett sätt att beskriva läsning kallas »The Simple View of Reading«, det vill säga den enkla synen på läsning (Myrberg, 2007). Enligt denna ses *Läsning* som produkten av *Avkodning* och *Förståelse* (L = A x F). Det innebär att om den ena faktorn är noll, så blir det ingen läsning. Förståelse kräver ett visst mått av förförståelse eller erfarenhet av innehållet: En grupp lärarstuderande fick titta på en virkbeskrivning utan att få information om vad det var. De ombads att läsa texten. Några förstod direkt vad det handlade om, medan andra inte kunde uttyda texten, då de aldrig hade sett en virkbeskrivning eller virkat efter en beskrivning. De var inte »medlemmar« i den aktuella literacypraktiken. Förförståelsen är alltså till hjälp för att man ska förstå en text. I vissa fall kan förförståelsen dock utgöra ett hinder. En student var övertygad om att virkbeskrivningen var ett träningsprogram inför Lidingöloppet.

Samma studentgrupp hade problem med att förstå följande mening i skrift: »Leasa skäl Wien av en check.« När texten däremot lästes upp var det inget problem att förstå: »Lisa stjäl vin av en tjeck.« Det sista exemplet visar att vi använder förförståelsen när vi läser texter och att de associationer vi får leder till att vi får problem med förståelsen, när de inte stämmer med det förväntade. I exemplet är det stavningen av de enskilda orden som leder tankarna i fel riktning och det blir svårt att förstå hela sammanhanget. Att genom samtal skapa en gemensam förförståelse är därför viktigt inför gemensam läsning av texter i klassen.

Både läs- och skrivutveckling följer ungefär samma mönster för de flesta barn, men olika forskare beskriver det på olika sätt. Lundberg (Høien & Lundberg, 2004; Lundberg, 2010) beskriver utvecklingen mot en god läsförmåga i fyra stadier eller steg: *pseudoläsning, logografisk-visuell läsning, alfabetisk-fonologisk läsning* samt *ortografisk-morfemisk läsning.*

Pseudoläsning innebär att barnet »läser omgivningen«: Barnet säger att det står mjölk på mjölkpaketet, även om det är i ett land med ett annat språk, då det vet att ett paket innehåller mjölk. Stina kan läsa upp sin lista med »kompisar på förskolan« fast den vuxne inte kan se vad det står.

Pseudoläsning övergår därefter i logografisk-visuell läsning, då ord läses som bilder. Barnet förstår utifrån ordbilden men har inte knäckt den skriftspråkliga koden. Denna helordsmetod fungerar på ett begränsat antal ord men ordbilderna blir svåra att komma ihåg när ordförrådet utökas.

Övergången till en alfabetisk-fonologisk läsning sker när barnet förstått den alfabetiska principen. Det brukar benämnas med att barnet »knäckt koden«. Att knäcka koden innebär att kunna arbeta med både analys och syntes; det vill säga att kunna utgå från hela ord och analysera beståndsdelarna i form av bokstäver och ljud, samt att kunna smälta samman enskilda bokstäver och ljud till hela ord. Nu inträder ett helt nytt förhållningssätt till skriften, som inte längre är så beroende av omgivningen eller kontexten. Uppmärksamheten riktas mot språkets form och för de flesta väcks ett stort intresse för att läsa och skriva. Att knäcka den alfabetiska koden är ett avgörande moment på väg mot en utvecklad läsutveckling. Det kräver, enligt Lundberg, för många barn en medveten vägledning. Här har läraren en viktig uppgift.

Den fonologiska vägen innebär att barnet ljudar sig fram genom texten. Efter hand skapas en inre föreställning om ordens ortografi, det vill säga det sätt de stavas på. Därmed är det ortografisk-morfemiska stadiet uppnått. Det innebär en ny form av ordavkodning, som bygger på att bekanta ord och orddelar känns igen direkt. De behöver inte längre ljudas fram utan avkodningen sker automatiskt och uppmärksamheten kan helt inriktas mot att tolka textens innehåll. Men de beskrivna stadierna utesluter inte varandra utan överlappar varandra. Även en god läsare behöver ibland återgå till det alfabetisk-fonemiska stadiet och ljuda sig igenom obekanta ord eller komplicerade texter.

Liberg (Liberg, 2006; Kullberg & Åkesson, 2007) utgår från synsättet att språket växer fram och utvecklas i interaktion med andra och att läs- och skrivutveckling sker i en växelverkan med varandra. Det innebär, enkelt uttryckt, att barnet lär sig läsa genom att skriva och skriva genom att läsa. Interaktionen mellan barn och vuxna i olika språkliga aktiviteter är avgörande och läsande, skrivande och samtal om det som läses och skrivs samverkar och förstärker varandra. Det gemensamma samtalet ger liv åt texterna, sätter dem i rörelse och hjälper barnet att bygga egna mentala bilder som stöd för förståelsen. Liberg beskriver skriftspråksutvecklingen i tre faser, från fas 1 med ett effektivt men begränsat läsande och skrivande i form av krumelurskrivande, låtsasläsning, helordsskrivning och helordsläsning, via fas 2 med grammatiskt läsande och skrivande tillsammans med vuxna till fas 3 med ett utvecklat och effektivt läsande och skrivande.

En fullt utvecklad läs- och skrivkompetens innebär att skriftspråket kan användas för att uppnå olika syften i de sammanhang i livet där man befinner sig, alltså i olika sociokulturella sammanhang eller literacypraktiker. Grammatiskt läsande och skrivande tillsammans med vuxna i fas 2 är en god hjälp på vägen. Under den vuxnes ledning utforskar och prövar barnet sig fram i skriftspråket genom att börja skriva och läsa enkla, kända ord och texter. Liberg ser det grammatiska läsandet och skrivandet som ett hjälpmedel när man stöter på problem. Även goda läsare använder det när en text upplevs som svår. Ofta skriver barnet innan det läser, då den kommunikativa aspekten, det vill säga viljan att berätta eller meddela sig, blir tydlig i skrivandet, exempelvis i form av meddelanden eller önskelistor.

Metoder för läs- och skrivlärande

Läs- och skrivutveckling sker alltså inte åtskilt var för sig, utan i en växelverkan. När barnet väl upptäcker bokstävernas värld laborerar det med bokstäver och ljud både genom att skriva och att läsa. Det finns metoder för läs- och skrivlärande som bygger på denna växelverkan. LTG-metoden, det vill säga *Läsning på Talets Grund* (Leimar, 1974), utgör ett exempel. Det är en helhets- eller holistisk metod i fem faser: *samtals-*, *dikterings-*, *laborations-*, *återläsnings-* och *efterbehandlingsfasen*.

Utgångspunkten tas i barnens erfarenhetsvärld. Klassen och läraren samtalar om och formulerar tillsammans en text kring en gemensam upplevelse. Läraren skriver på blädderblock så att alla ser texten. Man läser gemensamt texten flera gånger och läraren hjälper eleverna att identifiera och laborera med ord, bokstäver och ljud. Arbetet med texten sker alltså top-down, då det utgår från helheten och en gemensam förståelse av innehållet i texten. Målet är att språkets beståndsdelar ska upptäckas och den alfabetiska koden knäckas.

En metod som huvudsakligen utgår från språkets beståndsdelar är *Wittingmetoden* (Witting, 1985). De moment som ingår i metoden är *självständighetsarbete*, *symbolinlärning* och *arbete med innehållsneutrala språkstrukturer*. Arbetet sker främst bottom-up, då det startar i bokstäver och ljud som lärs in i en bestämd ordning. Förmågan att identifiera språkljud och bokstäver fokuseras först och förståelsen kommer sedan. Innehållsneutrala stavelser ljudas samman. Hela texter läses först när barnen kan nästan alla bokstäver och motsvarande ljud. Denna mycket summariska beskrivning exemplifierar två olika vägar att arbeta med barns läsutveckling: top-down eller bottom-up. Avsikten är att visa på skillnaden mellan analytiska metoder som utgår från helheten och syntetiska metoder som utgår från språkets byggstenar. Målet i båda fallen är detsamma – en väl utvecklad läs- och skrivkompetens.

Tragetonmetoden bygger på forskning som visar att det är lättare att lära sig skriva än att läsa (Trageton, 2005). Trageton ser det informella lärandet som viktigt. Man väntar därför med formell lästräning och handskrivning, och låter barnen leka med bokstäver och ord på datorn. Så småningom gör de egna texter och böcker som både de själva och andra kan läsa. Grundtanken är att skrivandet skapar läslust och barnet lär sig därigenom att läsa.

En mängd olika metoder har alltså utvecklats och det är viktigt att som lärare vara medveten om de grundtankar som ligger bakom dem.

Motivation och självbild

Forskning visar att *motivation* och *självbild/självförtroende* är betydelsefulla faktorer i läs- och skrivutvecklingen (Taube, 2007a, 2007b). En god självbild kan ge motivation för att lära sig läsa och skriva, liksom motivationen kan avta i takt med att självbilden försämras, till exempel på grund av upprepade misslyckanden. Motivation har att göra med vad läsning och skrivning betyder i elevens liv. Hemmets, förskolans och skolans roll, att ge positiva upplevelser av det skrivna språkets funktion, är viktig för motivationen. Målet är att eleverna så tidigt som möjligt ska uppleva att de är på väg att lära sig läsa och skriva, alltså att de känner sig som »medlemmar i läsarnas och skrivarnas förening«.

Elever som har en långsam läs- och skrivutveckling, som inte förstår varför de måste lära sig och upplever att det är svårt, riskerar att hamna i en negativ spiral. De förlorar mer och mer tron på sig själva och läser därför allt mindre eller undviker att läsa helt. För dem som det går lätt för blir spiralen däremot positiv, då de upplever tilltro till sin egen förmåga och läser ofta och med stor glädje. Därmed får de mer träning och utvecklar sin läsning ytterligare. Taube poängterar vikten av att elever får positiva läsupplevelser och har en stödjande omgivning, så att de utvecklar en tro på att de kan lära sig. Barnens egna textvärldar kan här vara en bra utgångspunkt.

Läs- och skrivsvårigheter – ett mångtydigt begrepp

Läs- och skrivutvecklingen följer ett liknande mönster för de flesta elever, men den går olika fort – och hos vissa går den så långsamt att vi bedömer att eleverna har läs- och skrivsvårigheter. Svårigheterna kan ha olika orsaker och yttra sig på varierande sätt. Följande tio elever, som vi själva mött, uppfattas alla ha svårigheter med läsning och/eller skrivning:

Anna läser och skriver mekaniskt och entonigt men förstår inte vad hon läser.

Caspar förstår det han hör bra men har svårt att läsa och skapa mening ur en text liksom att producera text.

Hassan har stora svårigheter med läsning och skrivning och att förstå språkliga uttryck, men han förstår det han konkret får uppleva eller göra.

Tim tänker konkret och har inte svårt att tyda en text eller skriva, om bara innehållet anknyter till hans erfarenheter.

Paolo har problem med motoriken. När han ska skriva för hand låser det sig fullständigt och texten blir svår att tyda. När han däremot får skriva på dator fungerar det bra.

Fiona är ganska nyanländ från ett annat land. Hon gör stora framsteg med språket, men har långt kvar innan hon behärskar svenskan så bra att hon kan följa undervisningen tillfredsställande.

Greta skriver sida upp och sida ned om mänskliga relationer med kronologiska dialoger men har svårt att förstå faktatexter, se samband och dra slutsatser av det hon läser.

Ludvig blir väldigt fort trött när han försöker läsa. Han orkar bara inte, då det är så mödosamt för honom att tyda texten.

Oliver har stora krav på sig hemifrån och föräldrarna är besvikna över att skolan inte lyckats lära honom läsa tillräckligt fort. Därför läser de mycket hemma med honom men i skolan vägrar han att läsa.

Eriks föräldrar är missbrukare och han lever i en språkligt torftig miljö. Han får ofta uppleva bråk och misshandel hemma och han får ingen hjälp med läsläxan. Han har inte alls kommit så långt som övriga klasskamrater i sin läs- och skrivutveckling.

Lärarna upplever att samtliga tio elever på olika sätt har svårigheter med att läsa och skriva men beskrivningarna visar att svårigheterna skiljer sig åt. Läs- och skrivsvårigheter är alltså inget entydigt fenomen. Elevbeskrivningarna visar att svårigheter kan yttra sig på varierande sätt och ha olika orsaker. Orsaker kan, förutom till den enskilda individens förutsättningar, hänföras till förhållanden i miljön kring eleven. Det kan handla om bristfällig läsundervisning eller andra faktorer i skolmiljön, en otrygg eller kaotisk skol- eller hemsituation, annat modersmål eller brist på språklig stimulans eller missförhållanden i hemmet.

Sårbarhetsmodellen

Forskning kring arvets respektive miljöns betydelse för förekomsten av läs- och skrivsvårigheter har pågått under lång tid men har inte kommit fram till något entydigt resultat, då sambanden är komplexa. Lundberg (2010) presenterar en sårbarhetsmodell som visar att »ju större genetisk belastning, desto mindre miljöbelastning krävs för att man ska hamna i zonen för läs- och skrivsvårigheter« (s. 150). Det innebär att miljön är extra viktig för barn som har en ärftlig belastning för att de inte ska få svårigheter med läsning och skrivning. Samma sak gäller för matematik.

Historiskt har flera försök till indelningar av läs- och skrivsvårigheter i olika kategorier gjorts utifrån forskning. Svårigheter kan dock sällan indelas i renodlade kategorier, då det ofta finns flera bakomliggande faktorer som ger komplicerade samband.

Läsforskaren Ulrika Wolff (2009) beskriver en studie baserad på ett representativt urval av nioåringar, alltså där även elever utan svårigheter ingår. I studien identifierades olika undergrupper av läsare, som kan tjäna som ledning när vi funderar kring elever med läs- och skrivsvårigheter. En utgångspunkt i studien var att »olika typer av läs- och skrivsvårigheter kräver olika pedagogiska insatser och att orsaken till svårigheterna måste ligga till grund för insatserna« (s. 143). En annan utgångspunkt var att läsning, även om den är en komplicerad aktivitet, i grunden består av avkodning och förståelse. Utifrån den sista utgångspunkten kan läsare indelas i elever med:

- God förståelse och avkodning
- Bristande förståelse
- Bristande avkodning
- Bristande avkodning och förståelse

Eleverna fick genomföra uppgifter som kräver olika grad av avkodning och förståelse samt även uppgifter som kräver andra förmågor, till exempel att läsa tidtabeller och diagram. Jämförelser gjordes också med socioekonomiska och kulturella bakgrundsfaktorer. Den statistiska analysen visar att cirka två tredjedelar av eleverna är goda eller medelgoda läsare med jämna läsresultat. Den återstående tredjedelen har varierande grad av avkodningsförmåga, förståelse och andra förmågor jämfört med de olika bakgrundsfaktorerna. En slutsats som kan dras utifrån resultatet är att läsförmåga samvarierar med kön, språk i hemmet, antal böcker i hemmet, föräldrars utbildning, yrke och inkomst. Det tyder på att den språkliga miljön i hemmet har stor betydelse för elevers läs- och skrivutveckling och för uppkomsten av svårigheter. Anmärkningsvärt är att inga jämförelser gjordes med den språk-, läs- och skrivundervisning eleverna tidigare mött i förskola och skola.

Enligt Lundbergs (2010) sårbarhetsmodell är det rimligt att anta att undervisningen är en viktig del av den språkutvecklande miljön och det som pedagogiskt går att påverka. En grupp elever i studien skiljer sig från övriga genom att den socioekonomiska bakgrunden inte verkar ha så stor inverkan. De har särskilt svårt med avkodning och läser väldigt långsamt. Beskrivningen av svårigheterna stämmer enligt Wolff (2009) in på definitionen för diagnosen *dyslexi*.

Dyslexi

Den övergripande termen »läs- och skrivsvårigheter« innefattar allt som har att göra med svårigheter att läsa och skriva, oavsett vad orsaken är och hur den yttrar sig. Dyslexi utgör en undergrupp av läs- och skrivsvårigheter. Det finns olika definitioner av dyslexi, men gemensamt är att det handlar om svårigheter med språkets ljudsystem eller med andra ord fonologiska problem.

Orden är uppbyggda av fonem eller ljud som är språkets minsta beståndsdelar. För att bli en god läsare behöver man utveckla fonologisk medvetenhet, som vi tidigare beskrivit. Oavsett om man ser det som att fonologisk medvetenhet är en förutsättning för att utveckla läs- och skrivförmåga eller att läs- och skrivutveckling medför att man efter hand blir allt mer fonologiskt medveten, så är målet en utvecklad medvetenhet om språkets ljudsystem. Lundberg (2010) beskriver dyslexi enligt följande:

> Det primära problemet för personer med dyslexi brukar vara kopplat till avkodningen. Den fonologiska funktionsnedsättningen gör att avkodningen blir mödosam, långsam och knagglig. Stavningsproblemen vid skrivning är också påtagliga. De problem med förståelse som också kan finnas hos individer med dyslexi är ofta sekundära konsekvenser av den knaggliga avkodningen. Dyslexi är alltså fråga om en funktionsnedsättning på det fonologiska området som gör ordavkodningen svår vid läsning och som också ger sig tillkänna i problem med rättstavningen (s. 140)

Det är inte ovanligt att flera i samma familj eller släkt har dyslexi, vilket enligt Lundberg kan tyda på viss ärftlighet. Problemen, speciellt med stavning, kan bestå upp i vuxen ålder.

*

Sammantaget kan läs- och skrivsvårigheter alltså ha olika orsaker och yttra sig på olika sätt. Ofta är det en kombination av orsaker, som också leder till en kombination av yttringar. Det är därför viktigt att identifiera elever som är i riskzonen för att utveckla svårigheter och att utreda och kartlägga vilken typ av svårigheter det handlar om. Det är en förutsättning såväl för att kunna arbeta förebyggande och motverka att svårigheter uppstår som för att kunna ge rätt typ av stöd. Det finns många olika typer av diagnos- och kartläggningsmaterial som hjälp för lärare att kunna följa elevers läs- och skrivutveckling, och för att utreda läs- och skrivsvårigheter.[4]

De olika materialen skiljer sig åt både vad gäller grundläggande synsätt och vilken information de ger. Det är därför viktigt att kritiskt granska olika material innan man bestämmer sig för vilket som ger den information man önskar få om en elevs läs- och skrivutveckling (Pehrsson & Sahlström, 1999).

Att stödja elevers läs- och skrivutveckling – pedagogiska reflektioner

Elever kommer till skolan med väldigt olika individuella förutsättningar och erfarenheter. Redan i förskolan är det viktigt att uppmärksamma när barn inte är intresserade av att lyssna på sagor eller inte visar intresse för ordlekar, rim och ramsor. Det gäller att arbeta för att de ska upptäcka glädjen i att använda och leka med språket. Betydelsen av hemmets och förskolans språkmiljöer för elevers skriftspråksutveckling har beskrivits tidigare. För elever som inte får tillräcklig språklig stimulans i hemmet måste förskolan och skolan kompensera detta genom ett intensivt språkligt arbete.

Specialpedagogikens viktigaste uppgift är att förebygga och motverka att svårigheter uppstår. Att förebygga och motverka handlar om att stödja varje elev utifrån var den befinner sig i utvecklingen, eller som Liberg (2006) uttrycker det: »att hitta 'den rätta vägen' för den enskilda individen« (s. 187). Det gäller att få elever att upptäcka att det är intressant att läsa och skriva och att de har användning av det.

Ett exempel är Martin, som efter ett år i skolan tyckte det var svårt och tråkigt att läsa. När han upptäckte att det stod om hans

---

4 Se till exempel: *Nya språket lyfter* och *Språket på väg* (Skolverket), *Bornholmsmodellen, God läsutveckling* och *God skrivutveckling* (Natur & Kultur) eller *Nya LUS-boken* (Bonnier Utbildning).

stora fotbollsidol i dagstidningen väcktes hans intresse. Drivkraften att ta del av innehållet tog överhanden över känslorna av att det var svårt och tråkigt att läsa och han utvecklade på kort tid både intresse och kompetens för läsning. För att finna »den rätta vägen« är det viktigt att på olika sätt följa och stödja elevens läs- och skrivutveckling genom att observera, läsa och skriva tillsammans med eleven, samtala om det lästa och skrivna och vid behov använda olika typer av kartläggningsmaterial.

*

I detta kapitel har vi främst inriktat oss på elevers tidiga språkutveckling och den fortsatta skriftspråksutvecklingen, och inte i första hand på svårigheter. Syftet är att framhålla vikten av att stödja eleven på lagom nivå. Det stämmer överens med Lev Semenovič Vygotskijs teori om den proximala eller närmaste utvecklingszonen (2001), som innebär att varje person har en zon som ligger omedelbart över det han eller hon behärskar. För pedagogen handlar det om att ge utmaningar som eleven klarar av med den vuxnes stöd i dag och så småningom kan behärska på egen hand. Om det är för lätt blir det ingen utmaning och om det är för svårt upplever eleven misslyckanden. Upprepade misslyckanden inverkar, som beskrivits tidigare, på självbilden och kan leda till en känsla av att vara en som ingenting kan.

Det synsätt ur vilket lärare tar sin utgångspunkt är avgörande för hur de väljer att stödja elever i deras läs- och skrivutveckling. För femtio år sedan var utgångspunkten ofta ett korrekt skriftspråk och lärare satte röda bockar när elever stavade fel. Eleverna fick rätta stavfelen och träna på de ord som stavats fel. Formen var det som främst fokuserades. På 1970-talet kritiserades detta bristperspektiv och ersattes av ett utvecklingsperspektiv i följande kursplaner och skolpraktik. Skrivandet sågs som en process, där det viktigaste var att elever utvecklade sin förmåga att uttrycka sig i skrift och att de fick ett flöde i sitt skrivande. Funktionen ansågs viktigare än formen. Stavfel rättades sparsamt, men då skrivandet användes i funktionella sammanhang blev det viktigt för eleverna att budskapet gick fram korrekt till mottagaren. Genom elevens egen drivkraft och lärarens stödjande hållning förväntades skrivandet efter hand utvecklas i riktning mot ett alltmer korrekt skriftspråk. Processkrivning, en metod där eleven bearbetar texten i flera steg från första utkast till färdig text, enskilt och med respons från kamrater och lärare, användes av många lärare.

En historisk tillbakablick visar att en pendling mellan ytterligheter med fokus på form eller funktion skett över tid. Ett synsätt ersätts dock sällan helt av ett annat utan olika synsätt förekommer parallellt eller i polemik med varandra. Det har lett till att en mångfald av synsätt nu förekommer samtidigt. Det framgår i rapporten »Emergent Literacy: femton svenska forskares tankar om barns skriftspråkslärande 2006« (Kullberg & Åkesson, 2007). Vi konkretiserar några olika synsätt med hjälp av följande elevtext:

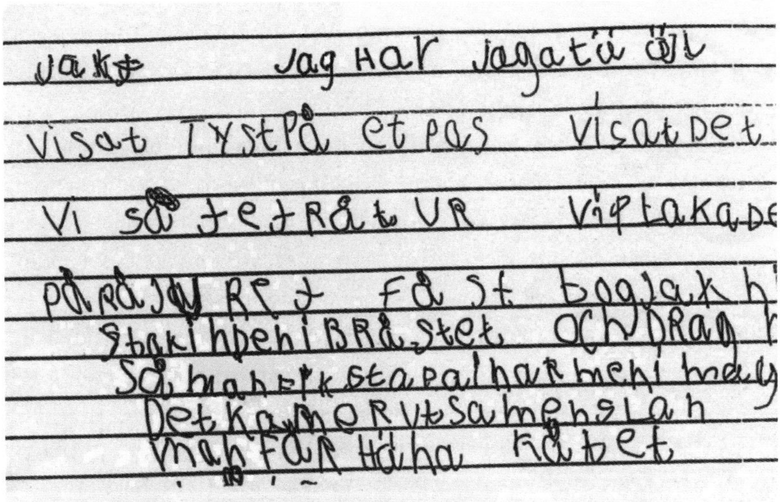

Figur 4.3: Elevtexten kan studeras antingen med fokus på elevens brister eller på hur långt eleven hunnit i sin skriftspråksutveckling.

Texten kan studeras utifrån olika utgångspunkter. Den kan ses utifrån ett bristperspektiv med utgångspunkt i ett korrekt svenskt skriftspråk. Man kan då notera alla brister som finns i texten, alltså vad Lars inte kan, såsom att stava korrekt eller dela in texten i meningar och ord. Den kan också ses ur ett utvecklingsperspektiv. Då kan man notera hur långt Lars kommit i läs- och skrivutvecklingsprocessen, till exempel att han har förstått att skrivande handlar om att förmedla ett budskap och att talet delas in i avgränsade ord när man skriver, att han kan ljuda ihop ord utifrån hur de låter när man talar och att han kan nästan alla bokstäver.

Texten kan också ses med utgångspunkt från ett vidare sammanhang som omfattar kontexten med skrivsituationen, vem Lars är och den miljö eller literacypraktik texten ingår i. Man kan då anta att texten är skriven i skolan och kanhända har läraren sagt att det är viktigt att eleverna skriver tydligt, på varannan rad och att de har mellanrum mellan orden. Lars kommer ihåg detta i början men efter tre rader tar innehållet och det han vill berätta överhanden och han glömmer de formella reglerna. Att Lars har något intressant som han vill berätta framgår tydligt av innehållet. Vem är Lars? Hur gammal är han? Hur ser hans omvärld ut? Vilka erfarenheter har han?

Vi har använt texten i figur 4.3 vid fortbildning för lärare. När vi visat den för verksamma lärare har det ofta utbrutit en diskussion kring Lars ålder. Lärarna har då utgått från den elevgrupp de själva har erfarenhet av. En förskollärare som tittade på texten menade att det är en elev i förskolan som kommit långt i sin skrivutveckling, medan en gymnasielärare trodde att det var en elev inom gymnasieskolans individuella program. När vi frågade vad de byggde sina slutsatser på, visade det sig att förskolläraren tittade på själva texten och såg att eleven var på god väg att utveckla sin skrivkompetens. Gymnasieläraren däremot såg på texten utifrån innehållet och drog slutsatsen att det måste vara en äldre elev med stora svårigheter, då hon såg det som otänkbart att en yngre elev får delta vid jakt. Vi avslöjade att Lars går i årskurs 3 och att han anses ha läs- och skrivsvårigheter och har förlorat tron på sig själv som läsare och skrivare. Han har gång på gång upplevt att de andra eleverna i klassen kommit mycket längre i sin läs- och skrivutveckling.

Om texten ses utifrån ett vidgat perspektiv som innefattar den kontext som Lars är en del av i hemmet, så är det inget konstigt med att Lars, som är tio år, deltar vid en jakt. Genom fadern och hans jaktkamrater har han kommit i kontakt med begrepp och företeelser som ingår i den textvärld som beskriver jakten. Han är van att se när älgar och andra vilda djur slaktas på gårdsplanen och hängs upp och styckas på logen. Slakt är en naturlig del av livet på landet och han kan mycket mer om detta än vad hans lärare gör. Resonemanget visar att en text ingår i en literacypraktik, som innefattar mycket mer än form och innehåll.

Specialpedagogen som tillkallades för att utreda Lars läs- och skrivsvårigheter förstod genom samtal med Lars och hans föräldrar att innehållet i skolans aktiviteter och texter är ganska främmande för honom. Han ser helt enkelt ingen mening med det han förväntas göra i skolan. Dessutom upptäckte specialpedagogen, vilket framgår av textexemplet, att han inte behärskar alla bokstäver med tillhörande ljud. Bland annat använder han konsekvent bokstaven å för att beteckna både å- och ö-ljud. Det senare är enkelt avhjälpt genom en stunds enskild systematisk undervisning varje dag under en period. Vad som är svårare är att få honom att börja tro på sig själv igen och få intresse för att läsa och skriva. Han menar att det inte är någon vuxen i skolan som är intresserad av det han är bra på, motorer, jordbruk och jakt. I skolan handlar det om saker som de andra är bra på men inte han.

När specialpedagogen frågar hur han skulle vilja arbeta med läsning och skrivning får hon väldigt klara svar. Han vill göra studiebesök på bensinstationen och skriva om det. Om han får låna en kamera vill han ta bilder. För att det ska bli fint vill han skriva rent texten på datorn och så vill han att läraren ska hjälpa honom så att det blir rätt stavat. När texten är klar vill han klistra upp den på en stor plansch och ha bilder runt om med pilar till texten. Sedan vill han redovisa för klassen och sätta upp planschen på väggen. Han fick som han ville och redovisningen blev mycket uppskattad av de andra eleverna. Lars fick visa att han kan något som de andra inte kan och den negativa spiral han hamnat i började sakta brytas. Det krävdes dock ett långsiktigt arbete innan den var helt bruten och började vändas till en positiv spiral.

Exemplet visar att det i enlighet med Libergs uttryck gäller »att hitta 'den rätta vägen' för den enskilda individen«. För Lars och andra elever med liknande svårigheter handlar det om att arbeta med utgångspunkt i deras erfarenhetsvärld med motivation, funktion och intresse som ledord. Kan det göras från början så kan många svårigheter förebyggas och motverkas. Det stöds av Liberg, som i sina »pedagogiska implikationer för skolans läs- och skrivutlärning« (i Kullberg & Åkesson, 2007, s. 29) har två punkter som är särskilt viktiga för elever, som i likhet med Lars inte förstått vad det är för mening med att lära sig läsa och skriva:

- Att läs- och skrivlärandet ska ske i funktionella sammanhang, det vill säga i meningsskapande och meningsvidmakthållande sammanhang.
- Att läraren måste lära känna sina elever och den värld de lever i för att kunna skapa meningsfulla sammanhang som är anpassade till var och en av dem.

Wolff (2009) inriktar sig mer direkt på själva läs- och skrivakten och olika typer av svårigheter vid läsning och skrivning. Hon framhåller att när en elev får svårigheter är det viktigt att ta reda på vilken typ av svårigheter det handlar om, för att kunna ge varje elev lämpligt stöd.

Indelningen av läsare utifrån grundelementen förståelse och avkodning visar att läsare kan ha god förståelse och avkodning, bristande förståelse, bristande avkodning eller bristande avkodning och förståelse. Alla elever behöver stöd och uppmuntran, men på olika sätt, för att utveckla en god läs- och skrivkompetens. För elever som har god förståelse och avkodning handlar det främst om att vägleda dem att hitta lagom utmanande texter och att arrangera läs- och skrivsituationer som väcker intresse för ytterligare utveckling av den skriftspråkliga kompetensen.

Elever som har bristande förståelse behöver få möta språket i funktionella situationer som både anknyter till och utvidgar deras erfarenhetsvärld: delta i samtal om texter, reflektera och dra slutsatser inom och utanför texten. För elever med bristande avkodning/dyslexi behövs, enligt Wolff, en systematisk och strukturerad undervisning med träning i avkodningsförmåga. Det handlar om att förstärka kopplingen mellan bokstav och ljud, att träna läsförståelsestrategier och att få flyt i läsningen.

Samtidigt kan dessa elever behöva kompensatoriska hjälpmedel för att kunna ta del av innehållet i undervisningen. Det kan handla om att få läroböcker inlästa, att få anteckningar utskrivna eller att skriva på dator. Det är dock viktigt att den ofta intensiva träningen inte sker på bekostnad av positiva upplevelser av skriftspråkets funktion. Elever med både bristande avkodning och förståelse kan vara elever som generellt har en långsam språkutveckling, till exempel på grund av intellektuella funktionsnedsättningar eller av andra orsaker. Det är viktigt att noga följa dessa elevers utveckling och stödja dem både vad gäller funktion och form så att de utvecklar en så bra skriftspråklig kompetens som det är möjligt för dem.

Sammanfattningsvis gäller det att, oavsett om en elev uppfattas ha svårigheter eller inte, finna den väg som är den rätta för var och en.

Att utveckla den matematiska kompetensen

av Susy Forsmark

På senare år har den engelska termen *mathematical literacy* använts för att fånga bredden i den matematiska kompetensen som fordras för att kunna klara sig i olika situationer som samhällsmedborgare.

Mathematical literacy saknar motsvarande uttryck i svenska språket men motsvarar ungefär *matematiskt litterat* (Skolverket, 2005).[5] Att vara matematiskt litterat definieras i *Programmet för internationell bedömning av elever* (PISA) som förmågan att identifiera, förstå och engagera sig i matematik samt att göra välgrundade bedömningar om matematikens roll i en persons nuvarande och framtida privatliv, inkluderande yrkesliv, socialt liv och livet som en konstruktiv, engagerad och reflekterande medborgare (Skolverket, 2005). Grunderna för att utveckla sådana kompetenser läggs tidigt i livet. Det ska vara skolans främsta uppgift att främja varje elevs utveckling samt att förebygga och övervinna eventuella hinder.

Tidig utveckling av den matematiska kompetensen

Det tidiga mötet med matematik sker vanligast i informella sammanhang där barnet genom sina upplevelser och sinnliga erfarenheter tillägnar sig begrepp och förståelse för matematiska företeelser.

---

5 I denna text kommer uttrycket »att vara matematiskt litterat« att användas som svensk motsvarighet till »mathematical literacy«.

I vardagssituationer, leken, bilder och ramsor lär sig barnen att lösa problem och kommer ofta i kontakt med matematik. På grund av situationens informella karaktär kan det enskilda barnet göra kopplingar, se samband och lösa praktiska problem, och därigenom utveckla sin kompetens. Vi kan återgå till modellen som presenterades under läs- och skrivutveckling (figur 4.2, se s. 94), och tillämpa den på matematikutveckling (figur 4.4).

Mötet med skolmatematiken blir inte sällan formellt och börjar kanske rentav med matematikens minsta beståndsdelar: siffror, symboler och räkneoperationer. Lärandet riktas mot triangelns nedersta spets. Kontextlösa uppgifter presenteras ibland skilda ifrån sitt naturliga sammanhang. Barnen kan då ha svårt att koppla det till den informella matematik som de har erfarenheter av och till de situationer där de har agerat som kompetenta problemlösare. Figur 4.4 representerar de olika nivåer som bör erövras för att man ska kunna bli matematiskt litterat.

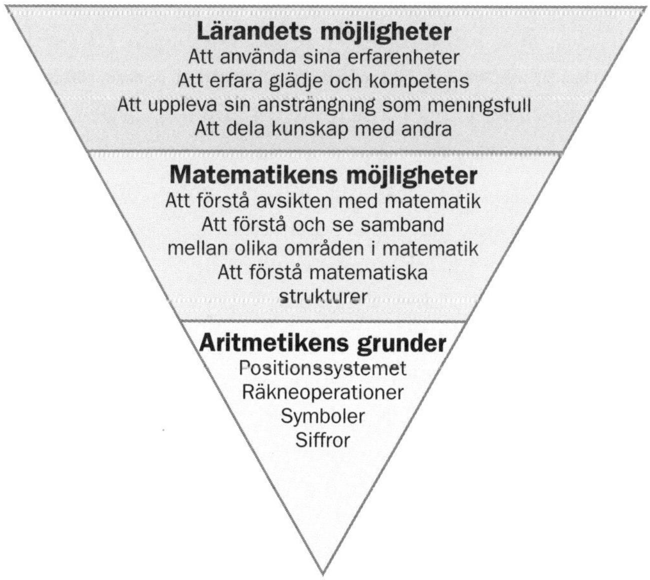

Figur 4.4: Att vara matematiskt litterat (omarbetad efter Pehrsson & Sahlström, 1999, s. 81). Att bli matematiskt litterat underlättas om undervisningen utgår från triangelns övre fält.

Det pedagogiska arbetet under skolans tidiga år borde sträva efter att uppnå balans mellan triangelns olika delar. Det bör rikta barnens uppmärksamhet på och utnyttja deras erfarenheter och intresse när det formella matematiska symbolspråket ska introduceras. Erfarenhet och intresse är signifikativa utifrån det vi i dag vet är av betydelse när det gäller att optimera lärandet.

Forskaren inom specialpedagogik Ann Ahlberg (2001) menar att om mötet med den formella matematiken inte tar vara på elevernas erfarenheter kan det ge dem en negativ bild av deras kompetens och det kan ha negativa följder i kommande lärandesituationer. Hon förespråkar därför arbetssätt och arbetsformer som har barnens självtillit och tilltro till den egna förmågan i fokus. De bör därför utforska, erfara och upptäcka matematiken i många olika sammanhang i omvärlden utifrån egna förutsättningar. De ska också få möjlighet att upptäcka att det finns olika vägar för att komma till ett visst resultat och att det finns många olika sätt att tänka på. Att samtala om hur man går tillväga för att komma fram till ett svar kan vara avgörande när det gäller att stärka barnens självtillit.

När börjar barn förstå tal och antal? Förmågan att med blicken kunna skilja grupper på två eller tre föremål anses vara medfödd och kallas *subitizing* i engelsk litteratur (Löwing, 2008). Barnen kan lära sig att uppfatta grupperade mängder upp till fyra genom att höra, känna eller se. En betydlig ökning i antal föremål som spontant kan urskiljas sker genom att ordna dessa föremål i kända mönster, som till exempel prickarna på en tärning.

Räknandet bygger på fem fundamentala principer som anses vara genetiskt nedärvda (Gelman & Gallistel, 1986). Eftersom dessa principer ligger till grund för förståelse av räkningen kan det vara näst intill omöjligt för ett barn att förstå aritmetiska operationer, innan det har skaffat sig förståelse för alla fem. De fundamentala principerna presenteras i svensk litteratur (Ahlberg, 2001; Löwing, 2008) i följande ordning:

- *Abstraktionsprincipen* innebär förståelse för att föremål i varje avgränsad mängd kan räknas.
- *Ett-till-ett-principen* går ut på att ordna föremål parvis i två olika

mängder och därefter avgöra om dessa mängder innehåller lika eller olika många föremål.

- *Principen om godtycklig ordning* säger att man får samma resultat oberoende av i vilken ordning föremålen räknas eller hur dessa är grupperade.
- *Principen om räkneordens ordning* innebär att man kan räkneordens ordning i talraden och att man tillämpar ett-till-ett-principen genom att para ihop varje föremål med ett räkneord.
- *Antalsprincipen* innebär att det sist nämnda ordet anger antalet föremål i den mängd som har räknats.

Tillägnandet av de tre förstnämnda principerna kan ske utan att barnen har vare sig taluppfattning eller kunskap om talsekvensen. Barnen kan göra tidiga erfarenheter av uppräkning och bli hjälpta av en ramsa som »Ole, dole, doff ...« när de räknar eller sorterar ett begränsat antal. När de får en sko till varje fot eller när de lägger fram en sked till varje tallrik har de möjlighet att träna parbildning. Barnen kan använda sig av namn i stället för räkneord för att till exempel räkna upp hur många barn som kommer på kalaset. Det är genom liknande erfarenheter som de vanligen tillägnar sig insikt om de här principerna. Det kräver dock att de vistas i en numerisk miljö vilket inte är fallet för många barn (Löwing, 2008). Löwing menar att detta bör uppmärksammas och åtgärdas tidigt i syfte att förebygga senare svårigheter.

Principen om räkneordens ordning och antalsprincipen är i större grad relaterade till kunskap om talraden. Antalsprincipen, i sin tur, kräver en högre abstraktion då man förstår att samma ord i en räkneramsa benämner inte bara det enskilda föremålet utan hela antalet. Med den här principen kommer barnet att uppfatta två av de många olika ansikten som talen har.

Det kan vara förvillande för ett barn att se hur många roller talen har i jämförelse med bokstäverna (Malmer, 2002). Siffran 5 kan representera ett antal föremål, det kan vara deras ålder, det kan vara nummer på huset de bor i, det är namn på en krumelur, det kan vara klassen ett syskon går i, det kan vara resultat av att man adderar 2 + 3 och så vidare. Begreppen bakom symbolerna kan vara mångtydiga men genom spontana eller planerade erfarenheter av att utforska tal kommer barnen att upptäcka det. När de får möta tal i olika sammanhang, i meningsfulla kontexter och stimulerande problemlösningssituationer lär de sig att hantera mångtydigheten hos talen.

När barnen börjar skolan har de med sig skiftande erfarenheter av att hantera tal. I många fall kan de ha väl utvecklade och ovanliga strategier som hjälper dem att hantera olika situationer. Alex, till exempel, lärde sig att räkna vid tre–fyra års ålder och var intresserad av andras åldrar. Varje gång som han själv fyllde år adderade han också ett år till de andras åldrar och uppdaterade, på sitt eget sätt, fakta regelbundet. I den inledande undervisningen bör eleverna ges möjlighet att använda sig av sina erfarenheter kring både små och stora tal och inte begränsa det genom att arbeta inom talet ett, sedan två och så vidare (Ahlberg, 2001). Om så inte görs kan det leda till att många förlorar sin nyfikenhet och lusten att lösa problem och i stället blir hänvisade till regler, procedurer och talfakta.

Genom tidiga erfarenheter kommer barnen i kontakt med de fyra räknesätten. Traditionellt presenteras dessa i skolan och i läroböckerna i en given ordning som är bestämd utifrån de vuxnas förståelse, från det enklare till det svårare: addition, subtraktion, multiplikation och division. Genom praktisk problemlösning har barnen tidigare avgjort vilket räknesätt de vill och behöver använda, inte sällan med start i division i situationer när de ska dela godisbitar, kulor och dylikt, en företeelse som är ofta förekommande i deras vardag. Arbetet med de fyra räknesätten i skolan behöver inte nödvändigtvis följa samma ordning som läroböckerna. Genom verkliga eller fiktiva räknehändelser kan eleverna prova olika räknemetoder och själva avgöra vilket räknesätt de vill använda sig av.

Naturligtvis finns det mer eller mindre effektiva metoder och räknestrategier när ett visst problem ska lösas. Att få eleverna medvetna om egna strategier och hjälpa dem att utveckla dessa för att effektivisera räknandet borde vara en självklar pedagogisk målsättning. En fördel med att låta eleverna pröva och jämföra olika strategier är att pedagogen kan rikta uppmärksamheten mot effektiva räknestrategier och mot sambandet mellan de olika räknesätten. Till exempel, en subtraktion av typen 11–9 kan utföras genom att räkna bakåt nio steg (nedräkning till återstoden) eller räkna bakåt två steg (nedräkning till delen). Men det kan även utföras genom att räkna uppåt från delen, det vill säga från 9. Att kunna se sambandet mellan de olika räknesätten, som mellan $11 - 9 = 2$ och $9 + 2 = 11$ är att upptäcka en av matematikens stora idéer och något av en nyckel till matematisk kompetens.

Att utveckla specifika kompetenser

Det finns en uppsättning av kompetenser och förmågor som kan förknippas med att vara matematiskt litterat. Dessa kompetenser behöver inte vara knutna till ett bestämt stoff eftersom begreppet kompetens »innehåller ingredienser av såväl fakta, förståelse, färdighet som förtrogenhet och betonar det intima samspelet mellan olika kunskapskategorier då man *utövar* matematik« (SOU 2004:97 s. 68). Nedan följer en kort presentation av fyra av dessa kompetenser: *problemlösningskompetens, sambandskompetens, kommunikationskompetens* och *representationskompetens.*

Problemlösningskompetens

Problemlösningskompetens behövs för att kunna lösa en uppgift där lösningsmetoden inte är given, det vill säga där det krävs en analys och eventuellt en omformulering av problemet. Det är en kompetens som behövs för att kunna se sambandet mellan det aktuella problemet och andra som man tidigare har löst, samt att kunna urskilja vilka metoder eller procedurer som ska användas för att lösa det, enligt *Organisation for Economic Co-operation and Developments* definition av kompetensen (OECD, 2009):

> En matematiskt litterat person har kompetens att arbeta med problem på ett sätt som gör det möjligt att formulera tydliga problem på grundval av en relativt ostrukturerad och bristfälligt definierad problemsituation och att därefter, med hjälp av fortgående tankearbete och analys, tillämpa relevanta matematiska kunskaper på det omformulerade problemet. Här kan ingå att personen kan se likheter med problem som han/hon tidigare har löst, att genom insikt förstå var och hur befintliga

förvärvade kunskaper och färdigheter kan tillämpas eller att skapa sådana kopplingar mellan kunskaper och information som gör att situationen kan angripas på ett nytt sätt (s. 32).

I samklang med OECD:s definition gör Kerstin Hagland et al. (2005) en åtskillnad mellan ett problem och en rutinprocedur. Rickard, till exempel, söker lösningen på ett problem. Hans storasyster Lisbeth har löst liknande problem tidigare och vet vilken procedur som ska följas. Samma fenomen kan uppstå i klassrummet. Hur kan en lärare hantera elevernas olikheter i problemlösningssituationer? I det sammanhanget kan man arbeta med problem som »bär på möjligheter« (Hagland et al., 2005). Ett kännetecken för den typen av problem är att det kan anpassas till elevernas olika förutsättningar. Det kan lösas på olika nivåer och ger möjligheter till *alla* elever att komma åtminstone en bit på väg mot lösningen.

Följande exempel kan lösas på många olika sätt och möjliggör att elever som befinner sig på olika nivåer av sin matematiska utveckling kan delta (Bell et al., 2006):

Tidningar görs av en bunt papper vikta på mitten.
Detta ensamma ark föll ut ur en tidning.

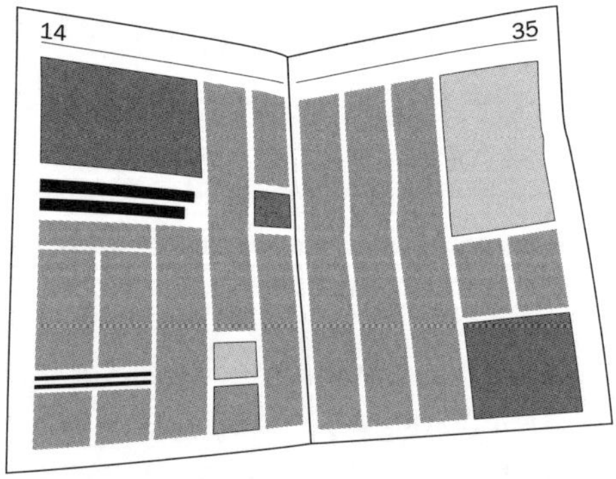

1. Hur många sidor var det i hela tidningen?
2. Beskriv vilken metod du använder för att bestämma det.
3. Anta att sidnumren i stället för 14 och 35 kallas för x och y. Skriv ned formeln för antalet sidor i hela tidningen.

Figur 4.5: Det här problemet kan lösas på en konkret, matematisk eller algebraisk nivå.

För att lösa problemet kan några elever behöva arbeta konkret, kanske genom att ta fram eller tillverka en egen tidning, andra ritar sidor och numrerar dessa, ytterligare andra gör tabeller med stigande och fallande tal, medan vissa löser det som en aritmetisk eller algebraisk uppgift. Alla kan utmanas ytterligare genom att pröva en annan lösningsstrategi eller genom att förklara den egna lösningen.

I syfte att visa på att det är möjligt att arbeta med ett och samma problem i en heterogen grupp har vi använt oss av det här problemet i fortbildningen av lärare. Vi har inom samma grupp, som förväntas vara ganska homogen, observerat en variation av lösningsmetoder, från det konkreta till det algebraiska. Studenterna har förvånats just över variationen samt hur den egna lösningen blir reflekterad när man arbetar tillsammans med någon eller försöker förklara för någon hur man tänker.

Läraren kan påverka elevernas förmåga att lösa problem genom att noga välja vilka problem de ska arbeta med, uppmuntra dem att lösa uppgifterna på olika sätt och låta dem konfronteras med andras lösningsstrategier, genom att diskutera hur olika strategier skiljer sig ifrån eller påminner om varandra (Carpenter et al., 1999). Att undervisa i matematik genom problemlösning innebär mer än att använda sig av lockande och roliga problem. Läraren måste se till att matematiken som ska behandlas är inbäddad i problemuppgifterna, samt att uppgifterna ska vara utmanande och bygga på vad eleverna redan vet och kan göra (Lester & Lambdin, 2006). Eleverna måste ha tid för att kunna lösa problemet och diskutera olika lösningsförslag och framför allt *fundera* över den matematik som de lär sig. Lester och Lambdin anser att det primära målet med matematiklärande är förståelse och problemlösning och att dessa relaterar till varandra. Lärande genom problemlösning utvecklar förståelse och förståelse förhöjer problemlösningskompetensen.

Sambandskompetens

Hur tillägnar vi oss den här kompetensen? Hur bestämmer vi vilka av alla samband som är viktiga i ett specifikt sammanhang? Lisa, 15 månader, tar emot en present – en tygvagga 30 x 20 cm stor med en tillhörande tygdocka. Vaggan föreställer en gammal dockmodell med två rundade vaggfötter. Hon har aldrig sett något liknande förut. Lisa tar raskt bort dockan ifrån vaggan och försöker själv få plats i den. Hur kunde hon göra den associationen? Antagligen för att hon kunde koppla det till något som hon har erfarenhet av, nämligen den egna sängen. Det är så förståelse ofta skapas: när vi kan se hur det nya som vi konfronteras med är kopplat till något annat som vi redan känner till.

Att ha sambandskompetens i matematik kan beskrivas som förmågan att länka samman matematiska företeelser, till exempel att förstå sambandet mellan räknesätten. Enligt OECD (2009) kan den här kompetensen utvecklas när eleverna, bland annat, resonerar sig fram till lämpliga strategier vid problemlösning:

> Uppgifter inom fältet sambandskompetens kräver att eleverna visar att de kan göra kopplingar mellan matematikens olika riktningar och områden samt integrera information för att lösa enkla problem där eleverna har flera strategier och flera matematiska verktyg att välja bland (s. 35).

Skolinspektionen (2009) ser insikt i matematiska samband och representationer som centrala för förståelsen. Hur går det till att upptäcka eller se matematiska samband? James Hiebert et al. (1997) definierar förståelsen som förmågan att se samband. De poängterar att det är två processer som är centrala för lärande och förståelse av matematik, nämligen *reflektion* och *kommunikation*. Reflektionen sker när individen på ett medvetet sätt tänker kring sina erfarenheter och undersöker vad, varför och hur han har gjort något eller följt en viss procedur. Det blir ett slags inre kommunikation som bidrar till att nya samband upptäcks och till en ökad förståelse.

Genom yttre kommunikation tänker individen däremot tillsammans med någon annan eller några andra. Olika personers idéer ventileras och diskuteras, några förkastas och andra anammas, tankarna fördjupas: Det blir en gruppreflektion. Elever som får möjlighet att reflektera över vad de gör och kommunicerar sina tankar med andra, samt tar del av andras tankar, har de bästa förutsättningar för att tillägna sig sambandskompetens och därigenom fördjupa sin förståelse av matematik.

Kommunikationskompetens

Att vara matematiskt litterat innebär också att ha kommunikationskompetens, det vill säga att kunna förstå och utbyta skriftlig, muntlig eller grafisk matematisk kommunikation med andra, samt att kunna formulera matematiska frågor och uttrycka egna matematiska åsikter på en mängd olika sätt (OECD, 2009).

På senare år har betydelsen av språket inom matematik uppmärksammats och utforskats utifrån olika perspektiv: Forskningsfrågor har riktats mot exempelvis sambandet mellan vardagsspråk och matematikspråk, relationen mellan vardagsmatematik och formell matematik, matematikdiskursen och diskursen *om* matematiken och språkets roll i olika klassrumskontexter (Solomon, 2009). Vi ska närmast bekanta oss med två av dessa inriktningar.

Forskaren inom matematikdidaktik Marit Johnsen Høines (2000) har ägnat sig åt frågor som berör sambandet mellan vardagsspråk och matematikspråk. Hon jämför lärande av matematik med lärande av ett nytt språk och betraktar dessa som likvärdiga. Vidare påstår hon att lärande i matematik eller av ett nytt språk går till på samma sätt, det vill säga via en översättning till det dominerande och redan kända språket. När det matematiska tänkandet introduceras ska eleverna ges möjlighet att översätta det till sitt vardagsspråk och till sina erfarenheter. Allt eftersom eleverna tillägnar sig det nya matematiska symbolspråket behövs det mindre och mindre »översättning«. Det formella matematikspråket och hanteringen av symboler bör sedan ta över undan för undan. En liknande modell, enligt Johnsen Høines, kan och borde användas vid introduktionen av alla nya matematiska områden.

Ahlberg (2001) har uppmärksammat språkets roll i klassrumskontexten. Ett känt fenomen är att tidsbristen ofta leder till att eleverna blir hjälpta genom lotsning, vilket innebär att läraren ställer ledande frågor med syftet att eleven ska komma fram till problemlösningen.

> De frågor som borde komma ifrån eleven själv ställs av läraren, vilket innebär att eleven inte ges tillfälle att analysera problemet utifrån sina egna erfarenheter och kunskaper, reflektera, ställa hypoteser och pröva sig fram (s. 123).

Ahlberg menar att elevernas frågor bör ses som ett uttryck för tankar som de har svårt att formulera och att det är lärarens roll att hjälpa dem i deras försök att formulera sig. Lärarens egen kommunikation, och utrymmet som kommunikationen ges i klassrummet, bör bidra till att eleverna utvecklar den här viktiga kompetensen.

Representationskompetens

Representationskompetens är förmågan att ersätta en matematisk företeelse med en annan. Det innebär också, enligt OECD:s definition, att kunna göra kopplingar eller se samband mellan olika representationsformer:

> ... är förmågan att framgångsrikt använda och hantera många olika slags representationer av matematiska objekt och situationer. Här kan ingå representationer som grafer, tabeller, scheman, fotografier, diagram och text såväl som algebraiska och andra symboliska matematiska representationer. Centralt för denna kompetens är förmågan att förstå och tillämpa sambandet mellan de olika representationsformerna (OECD, 2009, s. 33).

I mycket tidig ålder visar de allra flesta barn en begynnande representationskompetens: Maja visar upp två fingrar när man frågar om hennes ålder – något abstrakt representeras med något konkret. I samhället är användning av symboler som ersättning för ord eller meningar mycket utbredd: trafikskyltar, logotyper, symboler i mobiltelefoner, datorer och dvd-spel. Barn kommer tidigt i kontakt med det. Att diskutera hur symboler i allmänhet fungerar, deras värde och begränsningar kan utgöra en grund och ingång i det symboltyngda matematikspråket (Unenge et al., 1994).

För att erövra det abstrakta matematiktänkandet bör eleverna förstå innebörden i de matematiska symbolerna samt lära sig att hantera dessa. Ett sätt att upptäcka och förstå hur matematiska symboler fungerar är att eleverna får pröva egna representationsformer för att uttrycka olika matematiska förhållanden (Malmer, 2002). Det kan sannolikt hjälpa eleverna att strukturera de egna tankarna och att utforska hur symbolerna fungerar. För att fördjupas i det matematiska innehållet räcker det dock inte med att eleverna väljer en representationsform; de bör också beskriva sin framställning och resonera kring den.

David Allsopp et al. (2007) presenterar en undervisningssekvens som de kallar CRA (*concrete-representational-abstract instruction*). Oftast arbetar eleverna på en konkret nivå med laborationer eller laborativt material för att närmast övergå till den abstrakta nivån. Ett alternativt sätt för att undvika senare svårigheter är att leda eleverna från det konkreta till det abstrakta tänkandet via representationer. När eleverna har förstått hur det konkreta materialet föreställer de matematiska idéerna har de tillägnat sig de önskade kunskaperna på en konkret nivå. Som ingång till representationsnivån kan de rita bilder som föreställer det konkreta materialet eller presentera på ett åskådligt sätt hur de har löst ett konkret problem. Författarna anser att representationsnivån är en nödvändighet som övergång till den abstrakta nivån.

Representationskompetens innebär mer än att kunna förstå och använda representationer, eleverna ska också kunna skifta mellan olika representationsformer (Hagland et al., 2005). Representationer kan vara konkreta (bilder), språkliga (muntliga eller skriftliga förklaringar), aritmetiska (siffror och andra symboler) eller grafiska (geometrisk figur, diagram, rutnät, koordinatsystem). En fördjupning av förståelsen kan uppnås om eleverna får variera mellan olika representationsformer; om en elev har löst ett problem genom en aritmetisk uppräkning eller genom att rita en tabell kan hon utveckla sin kompetens genom att ge en muntlig förklaring på lösningen.

*

Vi har behandlat dessa kompetenser separat men som vi har sett överlappar och relaterar de till varandra. I problemlösningskompetens, som det framgår av definitionen, sammanflätas andra matematiska kompetenser såsom representations-, procedurhanterings- och sambandskompetens. Sambandskompetens handlar huvudsakligen om förståelse som vi skaffar oss genom reflektion och kommunikation. Dessa kompetenser är sammanbundna på så sätt att elever som tillägnar sig en kompetens också övar sig i andra kompetenser.

Socioemotionella aspekters påverkan på utvecklingen

Socioemotionella aspekter påverkar allt lärande. I praktiken blir det näst intill omöjligt för en elev att skaffa sig de ovan nämnda matematiska kompetenserna utan att ha ett visst mått av intresse, motivation, självförtroende och en positiv attityd till ämnet. Det är inte avsikten här att redovisa alla socioemotionella aspekter som kan påverka lärandet. Inom ramen för det här kapitlet behandlas *intresse, koncentration* och *möjlighet att hantera misslyckande.*

Intresse

Tim reflekterar över hur det kan komma sig att han blev intresserad av matematik:

> Jag tror att man är född med det ... eller man blir intresserad vid tidig ålder. Jag blev intresserad när jag var liten för att min pappa brukade ta olika tal med mig. Läraren kan få dig att bli intresserad genom att ge exempel från verkligheten. Man får intresse när det börjar bli roligt.

Elevens utsaga kan delas i olika komponenter. I hans första förklaring (»man är född med det«) ser han intresse som en biologisk betingelse eller som inre källa. Antagligen minns han inte en tid då han inte var intresserad av matematiska tankar. Men han minns att intresset väcktes under okonventionella former relaterade till pappan, en person som han hade känslomässiga band till. Intresse väcktes också av en pedagogisk målsättning. I de båda senare fallen påverkades intresset utifrån. Han kommer dock med ytterligare en komponent då han förklarar intresse som resultat av lyckade erfarenheter. I den här sista förklaringen kombineras yttre och inre faktorer, det vill säga om spontana eller formella kontakter med matematiken leder till lyckade resultat väcks en inre lust att fortsätta.

Det är lätt att godta Tims förklaring; även om vi enligt Victor Firsov (2006) inte kan se vilka faktorer som påverkar intresset på det genetiska, fysiska, känslomässiga eller pedagogiska planet. Firsov menar att vuxenvägledning fram till tio års ålder är avgörande för att motivera eleverna att vilja lära sig, vilket stämmer väl med Tims utsaga. De första skolåren är på så sätt avgörande. Det är då eleven kan skaffa lyckade erfarenheter och intresse kan väckas. Enligt Skolverket (2003) förlorar eleverna intresset för matematik i tio–tolvårsåldern och mister därmed tilltron till det egna lärandet. För dessa elever förvandlas matematiken vid den perioden till enbart obegripliga manipulationer och osammanhängande formler.

Matematikdelegationen (SOU 2004:97) menar att kreativitet, variation i arbetssätt och arbetsformer samt hänsynstagande till elevernas intresse och förkunskaper är betydelsefulla för att öka intresset för matematik och för att lära sig matematik. För att åstadkomma det behövs bland annat att läraren själv besitter ämnesdidaktisk kompetens och har intresse för sitt yrke, för lärande, för eleverna och för matematik.

Malin och Maria är två lärare som ville komma tillrätta med sina elevers brist på intresse. Deras pedagogiska strävanden stämmer överens med delegationens mening (SOU 2004:97). De började arbeta med problemlösning i heterogena grupper för att öka elevernas lust och förståelse för matematik. Det handlade om ett projekt som eleverna arbetade med under en lång period: De planerade ett bostadsområde där så småningom ett antal familjer skulle flytta in. Dessa familjer kunde spegla elevernas egna familjer eller vara »drömfamiljer«. Projektet användes som en brygga mellan olika matematiska områden och även till andra ämnen. Målsättningen var att eleverna själva skulle fördjupa uppgifterna och komma på nya problem.

Malin och Maria menar att arbetssättet gynnar kreativiteten, väcker nyfikenhet och skapar intresse. Dessutom tränar eleverna både sin kommunikativa förmåga och sin samarbetsförmåga.

Koncentration

Att lära sig matematik kräver en hög grad av uppmärksamhet. Ofta använder både elever och lärare begreppet koncentration som synonymt och i relation till brister i förmågan: »Eleven har koncentrationssvårigheter.« Men problemet är sällan så enkelt som att någon har eller saknar förmåga att kunna koncentrera sig. Elever som uppvisar uppmärksamhetsproblem under en lektion kan koncentrera sig på annat som de är intresserade av. I lärandesituationen kan de vara uppmärksamma på för många eller, i sammanhanget, oväsentliga saker (Allsopp et al., 2007). Det medför att de missar väsentliga delar i ett moment eller viktig information, till exempel vid instruktioner eller genomgångar, samt att de inte kan fokusera på just de aspekter som särskiljer ett matematiskt begrepp från ett annat.

Ingvar Lundberg och Görel Sterner (2009) studerade kopplingen mellan räknesvårigheter och det de kallade *uppgiftsorientering*. De använder sig av begreppet uppgiftsorientering för att benämna uppmärksamhet, koncentration och motivation. Det är tre faktorer som har en stark påverkan på varandra och i lärandesituationer är det svårt att skilja dem åt. Lundberg och Sterner ville få reda på om det var räknesvårigheter som var den bakomliggande orsaken till låg uppgiftsorientering eller tvärtom. De kom fram till att brister i uppgiftsorientering utgör ett större hot mot räkneförmåga än tvärtom. Låg motivation leder till låg arbetsinsats; arbetsinsats är, i sin tur, viktig för att öva upp färdigheter. Det optimala resultatet skulle uppnås om eleverna hade en hög grad av uppgiftsorientering. Alla pedagoger vill att deras elever ska uppnå den, men hur ska det gå till?

Någon som har försökt förklara varför en person kan ägna sig åt en uppgift eller verksamhet med odelad uppmärksamhet (koncentrerat) är Mihaly Csíkszentmihályi (2006) som har myntat begreppet »flow«. I hans teori har utmaningen eller uppgiften i relation till individens förmåga en central roll (se figur 4.6). Om utmaningen ligger långt över individens förmåga (A) leder det till frustration. Om förmågan ligger långt över utmaningen (B) leder det till uttråkning. För att utmaningen ska vara engagerande ska den ligga på övre gränsen av förmågan (C). Det handlar om ett område som påminner oss om Vygotskijs (2001) proximala utvecklingszon (se s. 105). När uppgiften kräver ett visst mått av ansträngning men samtidigt erbjuder möjligheter att lyckas, ökar ofta koncentrationen och känslan av tillräcklighet. Individen uppnår »flow« och prestationen optimeras.

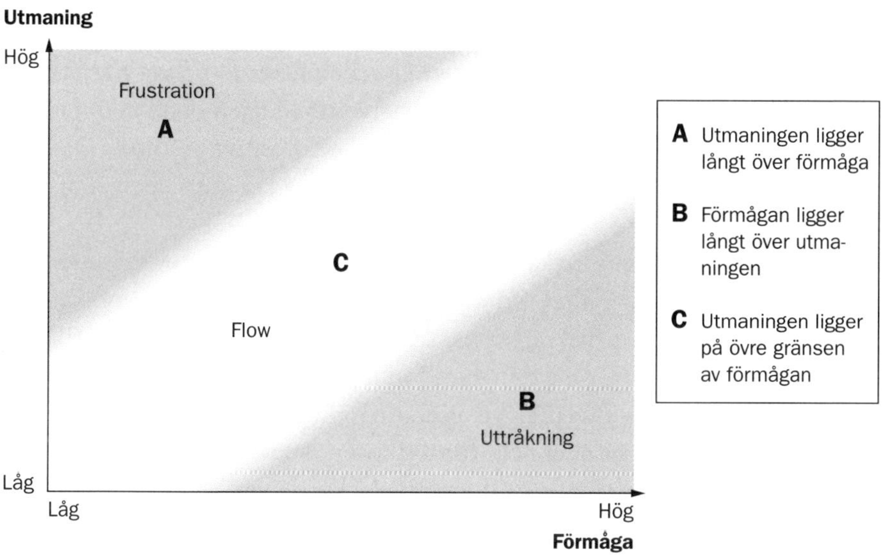

Figur 4.6: Hur uppnås flow? (Omarbetning efter Csíkszentmihályi, 2006, s. 99.)

Om uppgiften inte förmår engagera kan eleven inte känna delaktighet eller ta ansvar för det egna arbetet. Resultaten blir att eleven arbetar med lägsta möjliga ansträngning eller ger upp.

Sammanfattningsvis; när man pratar om koncentrations- eller uppmärksamhetsproblem räcker det inte att betrakta det som enbart individens egenskaper, utan det är nödvändigt att se dem i relation till individens möjligheter och uppgiftens karaktär.

Möjlighet att hantera misslyckande

»Viljan att lyckas ska vara större än rädslan för att misslyckas.« Det är Mats, sjutton år, som uttalar sig om sin relation till matematik och formulerar sig i nästan identiska termer med John Atkinson (Imsen, 2006). I Atkinsons prestationsmotivationsmodell förklaras vilka, mer eller mindre medvetna, processer som startas när en människa befinner sig i en situation som kräver en viss prestation. Det uppstår två impulser som individen brottas med: lusten att börja arbeta med uppgiften och rädslan att misslyckas med den. Individen gör en bedömning av vilka möjligheter han/hon har att lyckas i den situationen. För att ledas in i utmaningen så att man tar itu med uppgiften bör bedömningen ge ett positivt resultat. Om lusten att lyckas är större än rädslan att misslyckas stimuleras individen till handling.

Niklas tar ett misslyckande med jämnmod: »I nästa prov kommer det att gå bättre.« Enligt samma forskare (Imsen, 2006) har pojkar en benägenhet att förknippa misslyckande med yttre faktorer, till exempel otur. Framgång däremot, förknippas med inre faktorer och inte sällan kopplas den till förmågan. En förklaring som läggs på yttre faktorer har en tillfällig och, för individen, kontrollerbar karaktär. Det leder till att pojkar accepterar misslyckande som en del av lärandet. Flickor däremot, lägger misslyckande på sig själva och tolkar det som brist på förmåga medan de betraktar framgång som enbart tur. Misslyckandet kan därför få förödande effekter på en individ som lägger orsaksförklaring på inre faktorer som den egna förmågan (Forsmark, 2009). Förmågan anses av många som icke förändringsbar och att misslyckas på till exempel prov kan bekräfta individens tillkortakommanden. Eleven hamnar lätt i en negativ spiral.

I en lärandemiljö som präglas av rätt- och feltänkande, där färdigheter som att memorera, kunna återge fakta och lösa uppgifter på ett angivet sätt uppmuntras och premieras, kan misslyckande upplevas som oöverstigligt (Forsmark, 2009). Om förståelse och kreativitet i stället får ett större utrymme kan eleven uppleva att han eller hon kan lyckas och förstå samt se sammanhang och meningsfullhet i sitt arbete. Allt detta är nödvändigt om eleverna ska utveckla den matematiska kompetensen.

Matematiksvårigheter – ett mångtydigt begrepp

Lärande i matematik är en komplicerad och mångfasetterad process som kräver utvecklande av olika färdigheter och kompetenser. Att förklara varför en elev kan få svårigheter i processen är inte enkelt. Att avgränsa och definiera ett så komplicerat område som matematiksvårigheter låter sig inte heller göras så lätt. Forskningen på området präglas av oenighet gällande orsaker, definitioner och metoder för intervention.

Under den här rubriken presenteras en kort redovisning utifrån framför allt svenska forskare och experter på området. Internationellt används två olika benämningar: *mathematical disabilities* och *mathematical difficulties*. Begreppet mathematical disabilities kännetecknar svårigheter som anses ha biologiska och kognitiva orsaker och motsvarar det svenska begreppet *specifika matematiksvårigheter*. Mathemathical difficulties motsvarar det svenska begreppet *allmänna matematiksvårigheter* som relaterar till låga prestationer i matematik och som kan ha en mängd olika orsaker (Ahlberg, 2009, s. 188).

En åtskillnad mellan specifika och allmänna matematiksvårigheter förekommer ofta i litteraturen. Enligt Ahlberg (2001) kan man tala om allmänna matematiksvårigheter när lärande sker i ett långsammare tempo och när samma svårigheter visar sig även i andra skolämnen. Specifika matematiksvårigheter kännetecknas, enligt henne, av ojämna prestationer och innebär att eleven har brister i sin planeringsförmåga eller i den logiska förmågan. Det kan också omfatta oförmåga till att lösa enkla räkneoperationer.

Dyskalkyli

På senare år har en del uppmärksamhet riktats mot *dyskalkyli* vilket kan sägas sammanfalla med specifika matematiksvårigheter. I en forskningsöversikt konstaterar Gunnar Sjöberg (2006) att definitionen av dyskalkyli är problematisk, beroende på att det bland forskarna råder en stor oenighet kring det. Det finns inte heller, enligt honom, allmänt accepterade diagnoskriterier. Därför manar han till försiktighet, när det gäller att ställa diagnosen dyskalkyli. Svårigheterna med att avgränsa och fånga fenomenet poängteras även av Lundberg och Sterner (2009). De menar att det finns en viss enighet bland forskare om att dyskalkyli innebär brister i taluppfattningen och svårigheter i grundläggande färdigheter som att kunna avgöra och jämföra antal, till exempel antal prickar i två kastade tärningar. Enligt deras forskningsöversikt finns det fortfarande inte »någon tillräckligt skarp definition av dyskalkyli och inte heller tillräckligt skarpa mätinstrument som gör det möjligt att i enskilda fall säkert avgöra om det är fråga om dyskalkyli« (s. 19).

Björn Adler (2007) menar att det som skiljer dyskalkyli från andra matematiksvårigheter är att det rör sig om specifika svårigheter inom vissa delar av matematiken, och att dessa inbegriper problem med att hantera och förstå tal, siffror och antal. I hans definition av dyskalkyli ingår även tidsaspekten, då han menar att den grundläggande svårigheten för personer med dyskalkyli är att inte tillräckligt snabbt kunna ta fram sifferfakta eller räkna ut olika operationer, något som kan associeras med *automatiseringssvårigheter*. Ett kännetecken på det är att eleverna ofta förblir fingerräknare långt upp i åren.

Dyskalkyli är, enligt Brian Butterworth och Dorian Yeo (2010), svårigheter med att lära sig och minnas talfakta samt att utföra matematiska operationer. Eleverna använder sig av outvecklade räknestrategier, vilket kan tyda på brister i den grundläggande taluppfattningen och att kunna känna igen ett litet antal utan att behöva räkna (subitizing). Ineffektiva räknestrategier belastar *arbetsminnet*, som har starkt begränsad kapacitet och endast kan hålla aktuell information under en kort tid. Ett belastat arbetsminne medför, i sin tur, sämre prestationer. Enligt författarna kan dessa elever vara långsamma med att bearbeta information i allmänhet eftersom de räknar långsamt även när de har lärt sig mer utvecklade strategier.

Inom dyskalkyliområdet försöker man klassificera olika subgrupper av denna funktionsnedsättning (Engström, 2003; Adler, 2007). En subgrupp av betydelse i pedagogiskt sammanhang är *pseudodyskalkyli* som inbegriper personer som sägs ha svårigheter med matematik främst beroende på emotionella eller känslomässiga faktorer. På grund av egna erfarenheter utvecklar de en negativ attityd till matematik och tappar tilltro till sin egen förmåga. Det är inte sällan som dessa elever beskrivs i följande termer: »F visar stark motvilja mot matematik och vägrar att delta.« Att misslyckas i ett högprestigeämne som matematik kan leda till negativa känslor såsom olust, ängslan, avsky och blockeringar som förhindrar lärandet.

Olof Magne (1998), som är forskare inom specialpedagogik och matematiksvårigheter, menar att de flesta termer som används för att beskriva matematisk prestationsnedsättning är defektorienterade, härstammar från medicinska diagnoser och beskriver brister i enstaka matematiska prestationer. Magne förespråkar och använder själv benämningen *särskilt utbildningsbehov i matematik* när en elev inte lyckas med skolmatematik. Han gör en åtskillnad mellan olika typer av utbildningsbehov. Det kan röra sig om särskilda utbildningsbehov i alla skolämnen, följaktligen också i matematik. Behoven kan vara begränsade till endast ämnet matematik eller till vissa moment inom ämnet.

När matematikforskare Arne Engström (2003) talar om matematiksvårigheter använder han benämningen *elever i behov av särskilt stöd i matematik*. Han menar att skillnader i individuella prestationer finns och alltid kommer att finnas inom alla ämnen, och därför måste matematiksvårigheter ses som en *naturlig variation av olikheter*. Han uppmärksammar att olikheter i prestationsnivå kan finnas inom en och samma individ: Exempelvis kan en elev uppvisa svårigheter med att lösa vissa räkneuppgifter, vilket nödvändigtvis inte betyder att han eller hon har svårigheter inom andra matematiska områden eller matematiksvårigheter över huvud taget.

Matematikdidaktikern Gudrun Malmer (2002) menar att matematiksvårigheter borde ses som *outnyttjade möjligheter* eftersom svårigheter kan uppstå som resultat av en forcerad och alltför formaliserad undervisning, av bristfälliga arbetssätt och arbetsformer eller vara beroende av lärarens attityd och förhållningssätt. Hon delar in svårigheterna i två typer: Den första innehåller svårigheter med att skriva siffror, manipulera tal och utföra olika uträkningar, som yttrar sig genom att eleven vänder på siffror eller kastar om siffror i ett tal eller har problem med att räkna algoritmer av skilda slag. Den andra typen handlar om svårigheter med att se samband mellan matematiska företeelser, analysera och dra logiska slutsatser. Elever i den här gruppen kan genomföra rent mekanisk räkning men förstår kanske inte vad de ska göra för att lösa ett problem.

Är det meningsfullt att, i pedagogiskt syfte, diskutera olika definitioner, benämningar eller skillnader mellan allmänna och specifika matematiksvårigheter? De olika sätt att fånga och namnge fenomenet matematiksvårigheter som kort redovisas här har alla en gemensam nämnare – de signalerar svårigheter som har pedagogiska och didaktiska implikationer.

Pedagogiska slutsatser

Det här kapitlet fokuserar på de matematiska kompetenserna i stället för på svårigheterna. Men varje pedagog kommer många gånger att konfronteras med problematiska situationer när de följer elevernas utveckling. I de pedagogiska slutsatser som dras i detta kapitel är fokus på två grundläggande frågor: Varför får eleverna svårigheter i ämnet matematik? Vad kan en pedagog göra för att förebygga/åtgärda det? För att kunna svara på dessa frågor måste vi ställa oss frågan: Hur yttrar matematiksvårigheterna sig? Låt oss börja med några exempel:

> Ted, åtta år, är säker när det gäller räkning och löser bokens uppgifter lätt. Han går i en klass där eleverna framför allt arbetar utifrån en bok under matematiklektionerna. Ted ligger långt efter sina klasskamrater och det gör honom frustrerad. Det visar sig att hans bekymmer med läsningen och läsuppfattningen ställer till det när han ska lösa läsuppgifter, det tar lång tid för honom att ta sig igenom texten, om han över huvud taget lyckas med det.
>
> Anton, som går i samma klass, är snabb i huvudräkning men klarar inte av att räkna i boken när tjugo–tjugofem uppgifter presenteras på en och samma sida. Det är uppenbart även i skrivning att han har problem med finmotoriken. Det medför att han inte kan följa boken i samma takt som klasskamraterna.
>
> Jasmin går också i samma klass; hon har inte automatiserat talraden upp till tio. Hon har inte tillägnat sig vare sig principen

om räkneordens ordning eller antalsprincipen. Det medför att när hon ska räkna måste hon alltid börja från 1 och att »hennes« talrad inte alltid är komplett.

Kajsa går i årskurs 4. Hon kan lösa problem som presenteras muntligt men hon har bekymmer med positionssystemet, har inte riktigt uppfattat värdet av siffran noll och kastar om siffrorna ibland.

Simon går också i årskurs 4. Han har inte automatiserat additions- och subtraktionstabellerna upp till 10. Hans klasskamrater arbetar med uppgifter som förutsätter automatisering av additions- och subtraktionstabellerna upp till 19 samt multiplikationstabellerna. Detta gör att han uppträder uppgivet, fast han är duktig i andra ämnen.

Lisa går i årskurs 9 och är duktig i huvudräkning. Hon har dock problem med algebra och ekvationer. Det visar sig att hon inte riktigt har förstått innebörden i likhetstecknet och kan därför inte klara av öppna additionsutsagor av typen $\_ + 13 = 20$.

Jakob går i årskurs 8 och har problem med decimaltal och bråk. Vid ett test upptäcker läraren att hans problem ligger på en grundläggande nivå: Han har även problem med taluppfattning och positionssystemet.

Listan kan göras lång eftersom problem med matematik kan yttra sig på många olika sätt. Några gemensamma drag i de nämnda exemplen är att problemet har sitt ursprung i ett tidigare stadium än där det visar sig, och att det kan ligga andra orsaker bakom det än enbart problem med matematik som ämne. Men vad är orsaken till att eleverna får problem i matematik? Orsaker bör sökas på olika nivåer, från den samhälleliga till den individuella, och belysas ur ett brett perspektiv eftersom problemområdet är komplext. Här kommer vi att nämna några faktorer som rör skolan, klassen och individen.

Inom skolan som organisation finns det många faktorer som påverkar elevernas kunskapsutveckling: *den fysiska miljön* såsom skolbyggnader, lokaler och utrustning, *klasstorleken, lärarens kompetens, elevgrupperingar, användning av specialpedagogiska och andra resurser* samt *organisering av tidiga insatser* (Ahlberg, 2001; Sjöberg, 2006).

På klassrumsnivå räknar Sjöberg (2006) brist på arbetsro, enbart tyst räknande, ineffektiv användning av tiden, avsaknaden av alternativa arbetsformer och kommunikationsproblem som bidragande orsaker. Bristerna inom kommunikationen består, enligt honom, i att lektionerna inte organiseras så att kommunikationen mellan eleverna möjliggörs och att eleverna inte alltid förstår lärarens förklaringar. Hur var och en av dessa faktorer hanteras har stor betydelse för den enskilda eleven, om den individuella utvecklingen ska främjas eller hindras.

I utvecklingen av den matematiska kompetensen är även individuella faktorer av stor vikt. Kognitiva faktorer såsom logiskt tänkande och minnets funktioner betraktas som avgörande inom dyskalkylidiskursen (Lundberg & Sterner, 2009; Butterworth & Yeo, 2010; Adler, 2007).

Vi har tidigare behandlat hur socioemotionella och kommunikativa faktorer kan påverka utvecklingen. Perceptuella och motoriska faktorer kan också ha betydelse, något som var uppenbart hos Anton.

Användning av läroböcker

Vi ska här utveckla en av de nämnda faktorerna, nämligen hur läroboken används och visa på vilket samband den kan ha med flera andra faktorer. Den nationella kvalitetsgranskningen som gjordes 2001–2002 (Skolverket, 2003) signalerade att läroboken hade en närmast total dominans i undervisningen, vilken organiserades omkring bokens innehåll och upplägg. De flesta lärare använde sig av läromedel oavsett ämne men lärarna tycktes, enligt granskningen, vara mest beroende av en lärobok när det gäller matematik och de verkade dessutom följa läroböckerna ganska oreflekterat. Matematikdelegationen (SOU 2004:97) konstaterade samma fenomen och menade i ett av sina ställningstaganden: »Vi tar avstånd från den växande trenden av enskild räkning i svensk skola: allt talar för att denna trend är skadlig« (s. 89).

På vilket sätt kan det vara skadligt? Böckerna kan lotsa eleverna förbi alla svårigheter eller presentera så likartade uppgifter att eleverna vet vad som ska göras utan att behöva tänka på det (Löwing & Kilborn, 2002). Eleverna ska kunna »kommunicera« med läromedlet men texten i läromedel är ofta mycket speciell och komprimerad. Termer som är svåra att förstå och som har dubbel betydelse är vanligt förekommande i både böcker och prov. Ibland medför själva textläsningen större svårigheter än matematikuppgifterna, som fallet med Ted visar. Elevernas läsfärdighet, läsförståelseförmåga samt deras förmåga att tolka bilder, figurer och symboler kommer in i bilden. Både texten och illustrationerna i boken kan dessutom falla utanför elevernas referensramar. Eleverna kan sakna den erfarenhet och förförståelse som är en förutsättning för att kunna lyckas med vissa uppgifter (Myndigheten för Skolutveckling, 2008).

En annan risk för elever som ägnar det mesta av sin skoltid till att lösa uppgifter i en bok är att de berövas möjligheten att öva den kommunikativa kompetensen och samarbetsförmågan som krävs i samhället i dag. Ett omfattande arbete med läroboksuppgifter resulterar, enligt Skolinspektionen (2009), i att eleverna mestadels övar procedurer och får ringa möjligheter att utveckla andra kompetenser.

Vi har stannat upp vid användning av läroboken av en särskild anledning. När vi försöker ringa in på vilket sätt en oreflekterad användning av läroboken skulle kunna vålla problem för vissa elever kommer vi oundvikligen in på andra faktorer som har ett nära samband och betydelse i sammanhanget. Det vi vill visa är att problemen ofta är komplexa. För att förstå varför en elev uppvisar svårigheter i sitt lärande bör pedagogen anta att det kan ligga flera orsaker och samband bakom det.

Vi har hittills sett att matematiksvårigheter kan yttra sig på många olika sätt och att det kan finnas lika många orsaker bakom det. Det finns även olika sätt att närma sig, förebygga och åtgärda dessa problem, beroende på vilket perspektiv man väljer för att belysa problemet. Prov, matematikdiagnoser och tester möjliggör en kartläggning av vad eleven har specifikt svårt med. Ofta kan pedagogen åtgärda det och komma tillrätta med de specifika svårigheterna. Ett sådant förfaringssätt grundar sig på en problemförklaring som läggs enbart hos den enskilda individen; men som vi har försökt visa genom exemplet med läroboksanvändning kan problemet sällan begränsas till *en* faktor. Genom att se problematiken utifrån ett bredare perspektiv kan didaktiska och pedagogiska vinster göras.

Att vidga perspektivet handlar också om en vidgad syn på vad matematisk kompetens innebär. Att upptäcka och åtgärda Jakobs svårigheter med taluppfattning, positionssystemet, decimal och bråk innebär inte automatiskt att han därför blir matematiskt litterat. Att bli matematiskt litterat är att tillägna sig andra matematiska kompetenser än att enbart kunna räkna och lösa uppgifter i en bok. Problemlösningskompetens, till exempel, förutsätter och utvecklar i sin tur andra kompetenser. Det är inte alla tester och diagnoser som hjälper pedagogerna att utreda hur pass väl deras elever har utvecklat dessa kompetenser. Att tillägna sig den matematiska kompetensen innebär mer än att memorera fakta och hantera olika procedurer, det innebär att kunna se samband, att skaffa sig förståelse, att kunna kommunicera och argumentera för sina synpunkter och ställningstaganden.

Med förståelsen i centrum

Vi förespråkar, med stöd i föregående argumentation, en lärandemiljö som sätter förståelsen i centrum när ett visst innehåll ska behandlas; en lärandemiljö där de pedagogiska strävandena är att skapa meningsfulla sammanhang och visa på hur matematikens delar relaterar till varandra och till andra kunskapsområden. Vi förespråkar inga metoder eller arbetssätt. Det finns en uppsjö av litteratur och hjälpmedel att tillgå, likaså en mängd av både officiella och privata virtuella adresser att besöka, när det blir aktuellt att hjälpa en elev i svårigheter.

Att få reda på att en elev har diagnosen dyskalkyli är till föga hjälp för en pedagog. Det som kan vara till hjälp är att göra en pedagogisk utredning som ringar in det som vållar problem och agera utifrån dess resultat; en pedagogisk utredning som tar hänsyn till elevens hela skolsituation och som gör eleven delaktig i framtagandet av åtgärder och tillvägagångssätt; en pedagogisk utredning som blottlägger inte enbart svårigheter utan också möjligheter och kompetenser både hos individen och lärandemiljön så att den matematiska kompetensen hos alla elever kan främjas och utvecklas.

FÖRSLAG TILL REFLEKTION

- Diskutera vad läs-, skriv- och matematikförmåga betyder i dagens samhälle och vilka konsekvenser brister inom detta område får för den enskilda personen.
- Vad har du iakttagit för likheter och skillnader mellan hur olika elever tar sig an läs-, skriv- och matematikuppgifter?
- Vilken spännvidd har du iakttagit (inom en och samma klass) när det gäller hur långt olika elever har kommit i sin läs-, skriv- och matematikutveckling?

KAPITEL 5

UTVECKLINGSSTÖRNING

ELIN GÅR I årskurs nio i grundskolan. Hon tycker att de flesta ämnen i skolan är ganska svåra, men geografi och skapande verksamhet tycker hon är roligt. Elins stora intressen är andra länder, särskilt Afrika, och människor från andra kulturer. På fritiden är hon med i en grupp som samlar ihop barnkläder att skicka till två länder i Afrika. Tillsammans med några ur gruppen har hon besökt det ena landet vid två tillfällen. Elin återkommer ofta till upplevelserna därifrån. Hon har vänner från det landet som är bosatta i Sverige. Att över huvud taget ha vänner och känna kamratskap är något som Elin sätter stort värde på. Hon säger att det är en av de viktigaste sakerna i hennes liv.

Elin har en lindrig utvecklingsstörning och flera andra funktionsnedsättningar. Hon är rullstolsburen och har en svår skolios, som bland annat gör att hon behöver hjälp att ta sig i och ur sängen, och att vända sig på natten. Elin ligger efter de flesta av sina klasskamrater i svenska, engelska och matematik, men alla i klassen arbetar i sin egen takt med olika material. När det är grupparbeten eller projekt får var och en arbeta utifrån egna personliga mål, vilket gör att alla kan bidra till en produkt utifrån sina förutsättningar.

Utvecklingsstörningen är »så himla opraktisk«, tycker Elin själv. Hon är osäker när hon ska räkna ut om hon fått rätt pengar tillbaka när hon har handlat något, det är svårt för henne att lära sig hitta till nya platser och det går långsamt att läsa. En vanlig dagstidning innehåller många ord som Elin inte förstår. Hon tycker det är svårt att veta vilka olika räknesätt hon ska använda när hon räknar. Elin behöver stöd för att få överblick över sin fritidsbudget under en vecka. Om hon till exempel fått pengar av både pappa och morfar i födelsedagspresent – för att betala prenumerationen på en tidning om djur – blir det många faktorer att hålla reda på. I dessa avseenden ligger hon långt efter sina jämnåriga klasskamrater.

Men det sociala livet i klassen fungerar bra för Elin. Hon trivs och känner sig delaktig. Mest umgås hon med två flickor som har likartade intressen. Hon är också aktiv i en FUB-klubb, där hon har många vänner som går ut och äter, går på bio eller dans på fritiden, och som pratar mycket med varandra om såväl glädjeämnen som problem.

Elins familjesituation är bekymmersam för tillfället. Hennes föräldrar är skilda och mamman har drabbats av en depression. Elin har valt att bo hos pappan men inför julen känns det besvärligt. Hon anförtror sig åt klassläraren, som är hennes mentor, och säger att pappa ska resa bort över jul men att hon ändå vill vara hemma. Mamman vill att hon ska komma till henne men Elin vill inte; hon orkar inte höra på mammans ältande om skilsmässan och framför allt vill hon inte lyssna till de självmordstankar som mamman anförtror sin dotter. »Får man säga så till sin dotter?« frågar Elin klassläraren. Mamman har också sagt att om Elin inte kommer hem till henne under julen, så får hon inga julklappar. Elin frågar vad klassläraren tycker om det. Samtalet rör sig vidare och Elin konstaterar till slut att hennes mamma kanske skulle må bra av att gå till en psykolog. Det har hon själv gjort periodvis när hon mått dåligt.

Att bearbeta hur det är att leva med diagnosen utvecklingsstörning är något som upptar mycket av Elins tankar och känslor. Efter en av sina resor konstaterade hon en gång: »Det är konstigt att jag ska kallas utvecklingsstörd när de som startar krig får kallas intelligenta.« Klassläraren menar att Elin med sin rakhet och öppenhet bidrar positivt till det goda klimatet i klassen. Elin säger att hon avskyr falska människor. Hon brukar säga ifrån om någon är dum mot någon annan i klassen och hon blir respekterad för det.

Personer med utvecklingsstörning föds i alla typer av familjer och går igenom olika faser i livet precis som alla andra. Beskrivningen visar en tonårsflicka som har en lindrig utvecklingsstörning och hur läraren på olika sätt berörs. Det är inte ovanligt att läraren blir den person som både eleven och föräldrarna vänder sig till, även med problem som inte är direkt relaterade till skolsituationen. Innehållet i detta kapitel är tänkt att bidra med kunskaper som du som pedagog behöver för att känna dig trygg och kunna stötta elever som har en utvecklingsstörning, både i deras lärande och i deras personliga utveckling.

Vad är utvecklingsstörning?

Vad som definieras som utvecklingsstörning beror till stor del på synsättet i det omgivande samhället. Utvecklingsstörning är en term som används för att beteckna intellektuell funktionsnedsättning i kombination med bristande förmåga att klara den dagliga livsföringen. Tidigare trodde man att många sätt att leva och vara var direkt sammankopplade med utvecklingsstörningen, men i dag vet man att också kvaliteten på de livsmiljöer man erbjuder personer med utvecklingsstörning kan bidra.

Det finns huvudsakligen tre olika förklaringsmodeller till utvecklingsstörning: I den *medicinska/utvecklingspsykologiska modellen* förstås utvecklingsstörning som en effekt av brister hos individen orsakade av skador, sjukdomar eller en normal variation av intelligens. Enligt den *sociala modellen* kan utvecklingsstörning förstås utifrån de hinder som finns i samhället. Vidare ses det som en social konstruktion och något godtyckligt att tala om vissa personer som normala och andra som avvikande på något vis. Tillspetsat kan man säga att utvecklingsstörning inte finns som en individegenskap enligt det sociala synsättet. I den *miljörelativa* eller *interaktionistiska modellen* kombineras dessa båda aspekter så att utvecklingsstörning förstås som en följd av såväl individuella egenskaper som omgivningsfaktorer (Ineland et al., 2009). Begreppet utvecklingsstörning är i den miljörelativa modellen relaterat till personliga egenskaper som har att göra med lärande och tillämpning av kunskap – men det är i lika stor utsträckning relaterat till de krav som ställs och de möjligheter som ges för denna grupp i samhället.

De definitioner av utvecklingsstörning som vi presenterar balanserar mellan dessa olika perspektiv. I samtliga definitioner, förutom utvecklingsstörning som social konstruktion, tas svårigheter med kognitiva funktioner upp – svårigheter att lära, bearbeta och tillämpa information samt svårigheter med adaptivt beteende.

Diagnosen utvecklingsstörning bygger på de två begreppen *intelligens* och *adaptivt beteende*, som båda är komplexa och olika definierade i skilda sammanhang. Oklarheterna runt diagnosen illustreras också av att man internationellt använder olika beteckningar för utvecklingsstörning. I USA har begreppet *mental retardation* använts men nu ersatts av *intellectual disability*, vilket också används av *The International Association for the Scientific Study of Intellectual Disability*. I Storbritannien förekommer begreppet *learning disability*. I Sverige har språkbruket under senare årtionden växlat mellan *förståndshandikapp* och *utvecklingsstörning*. Den nuvarande termen i USA motsvaras av *intellektuell funktionsnedsättning* på svenska.

Intelligensbegreppet definieras olika beroende på vad man ska använda det till. Det beskrivs ibland som en metafor och dess relevans beror på vad man syftar till. Utgångspunkten för resonemanget är då att intelligens kan ses som *produktinriktad* med syfte att beskriva vilka och hur många strukturerade uppgifter en person klarar att lösa. En *processinriktad* definition av intelligens syftar till att beskriva hur en person tänker och gör när han löser problem (Granlund & Bond, 2000).

Begreppet intelligens är omdebatterat. Vissa forskare menar att det består av en generell faktor – *g-faktorn* – som kan likställas med intelligens, medan andra vill se det som ett samlingsbegrepp för hur en person fungerar inom ett antal områden. Enligt det senare synsättet finns ingen generell intelligens utan *multipla intelligenser*. Det diskuteras också om det över huvud taget är meningsfullt att tala om intelligens bortkopplat från ett sammanhang, alltså om det finns en icke situationsbunden intelligens (Sternberg, 2000).

Adaptivt beteende beskrivs utifrån tre olika dimensioner: 1) praktiska färdigheter som att sköta sin hygien, ekonomi och städning, 2) sociala färdigheter som att kunna umgås med andra och bedöma om de är pålitliga och 3) skolrelaterade färdigheter som kunskaper, läsning, skrivning et cetera. Adaptivt beteende måste bedömas i verkliga livssituationer och inte enbart i test. Definitionen av adaptivt beteende varierar och relationen mellan adaptiva färdigheter och intelligens är oklar (Simeonsson et al., 2006).

Olika definitioner av utvecklingsstörning

Medicinsk/utvecklingspsykologisk definition

Intelligens, det vill säga olikheter när det gäller att bearbeta information, utveckla och tillämpa ny kunskap samt att lösa problem, är normalfördelade inom befolkningen. Intelligens mäts med IQ (intelligenskvot eller förmåga till abstrakt tänkande). 100 är medelvärde, vilket innebär att det finns lika många människor som har över 100 som under. Majoriteten av befolkningen har en IQ mellan 90 och 110, vilket betraktas som normal intelligens. 70–90 räknas som svag begåvning och under 70 som utvecklingsstörning.

Andelen personer med utvecklingsstörning är 1–2 procent, medan antalet personer med svag begåvning, det vill säga IQ 70–90, är betydligt större. De medicinska kriterierna för att en person ska få diagnosen utvecklingsstörning är att IQ uppmäts till under 70 på flera (minst två) välnormerade begåvningsinstrument. Psykologen ska då ha vägt in andra faktorer som kan ha stört i testsituationen och försämrat resultatet. Dessutom krävs att personen uppvisar kliniskt betydelsefulla nedsättningar i adaptiva funktioner, det vill säga förmåga att anpassa sig i vardagen, inom minst tre viktiga livsområden i vardagssituationer: som att ha ett fungerande socialt liv, sköta sin skolgång eller sköta sin hygien. För att påvisa verkliga adaptiva funktionsnedsättningar krävs en tämligen omfattande kartläggning relaterad till verkliga situationer, och klarläggande av att bristerna inte kommer sig av yttre faktorer som social misär.

Medicinska diagnoskriterier för utvecklingsstörning finns främst i de tidigare nämnda diagnosmanualerna ICD (*International Classification of Disabilities*), utgiven av WHO (Världshälsoorganisationen) och i DSM (*Diagnostic Statistical Manual*), utgiven av APA, det amerikanska psykiatriförbundet. De medicinska diagnoskriterierna är inte främst utvecklade för att bilda en grund för intervention eller åtgärder, till exempel pedagogiska insatser, utan för att ställa diagnosen. Nedan beskriver vi därför några kända definitioner som syftar till att användas i praktiskt arbete.

AAIDD:s definition

AAIDD (*American Association on Intellectual and Developmental Disabilities*) formulerade år 2009 en omfattande definition av utvecklingsstörning. Utvecklingsstörning beskrivs som en funktionsnedsättning som karakteriseras av »betydande begränsningar i intellektuella funktioner och adaptivt beteende, vilket täcker många vardagliga situationer och praktiska färdigheter« (förf. övers.). Funktionsnedsättningen ska också debutera före 18 års ålder (www. AAIDD, aaidd.org).

I AAIDD:s definition beskrivs utvecklingsstörning i fem dimensioner: *intellektuella förmågor, adaptivt beteende, delaktighet/samspel och sociala roller, hälsa* och *kontext eller sammanhang*. Definitionen tar upp delaktighetsdimensionen som är påverkad av ICF. Syftet med definitionen beskrivs vara att diagnostisera utvecklingsstörning, att klassificera eller beskriva styrkor och svagheter inom de fem dimensionerna samt att identifiera vilket stöd en person behöver inom olika områden. Den har starkt fokus på användbarhet för planering av stöd och åtgärder. Klassificering av grad av utvecklingsstörning ses inte som meningsfull; i stället bör man beskriva den typ av stöd en person är i behov av och hur mycket stöd han/hon behöver för att kunna fungera i sin vardag. Vidare poängteras att nedsättningar i funktioner måste ses i relation till det sammanhang och det samhälle personen lever i – och att även styrkorna måste dokumenteras. En stor förändring jämfört med den tidigare versionen från år 2002 är att begreppet *mental retardation* ersatts med *intellectual disability*, det vill säga *intellektuell funktionsnedsättning*. Den nya termen anses mindre nedvärderande och den relaterar dessutom till det övergripande begreppet funktionsnedsättningar. För att använda diagnosen förutsätts att följande grundläggande krav är uppfyllda i samband med diagnostiseringen:

- Nedsatt fungerande måste ses i förhållande till det samhälle och det sammanhang individen lever i.

- Diagnosen måste bygga på en bedömning med hjälp av beprövade metoder som tar hänsyn till kulturella och språkliga skillnader, sensoriska svårigheter, som problem att se och höra, kommunikation, motorik och beteende.
- Inom en individ existerar ofta styrkor samtidigt som svagheter. Styrkorna ska också dokumenteras.
- Syftet med att beskriva svagheter är att beskriva vilket stöd individen behöver.

Med väl avpassat stöd under en längre tid förbättras för det mesta livssituationen för personer med utvecklingsstörning (AAIDD, 2010).

Kyléns definition

I Sverige används ofta Gunnar Kyléns definition av utvecklingsstörning (Kylén, 1979). Den utgår från en helhetssyn på människan, det vill säga att nedsättningar i begåvningsfunktioner måste ses i ett sammanhang där inte funktionsnedsättningen tillskrivs alltför stor betydelse.

Känslor, vilja och motivation är utgångspunkten för våra handlingar. Begåvningen eller intellektet används som hjälp för att tänka ut hur vi ska nå våra mål, men vilken grad av självständiga handlingar och behovstillfredsställelse vi kan uppnå beror också på vilka möjligheter som ges i den omgivning vi lever i. Det är extra viktigt för en person med utvecklingsstörning att få uppleva roliga och inspirerande saker, eftersom det kan vara svårt att tänka ut dem själv. Innehållet i någons tankar och upplevelser bestäms inte av utvecklingsstörningen utan av vilka möjligheter till ett rikt liv som erbjuds.

Kylén använder begreppet *begåvning* och tänker sig att begåvningen fyller tre huvudsakliga funktioner: Med hjälp av våra sinnen tar vi in intryck från omvärlden. Begåvningens första funktion är att bearbeta *intrycken från omvärlden* på olika sätt, så att vi formar en verklighetsuppfattning. Intrycken/erfarenheterna ordnas med hjälp av begåvningen i fem olika kategorier: *rumsuppfattning – var?*, *tidsuppfattning – när?*, *kvalitetsuppfattning – vad eller hur?*, *kvantitetsuppfattning – hur stort eller hur mycket?* samt en uppfattning om *orsak/*

verkan – varför? Först när sinnesupplevelserna kunnat ordnas i de fem nämnda kategorierna, kan man med hjälp av begåvningen skapa en inre överblick i tankevärlden.

Den andra begåvningsfunktionen handlar om att kunna *utföra tankeoperationer.* Att cykla till skolan är en handling, men att sitta och tänka sig cykelvägen dit i huvudet är exempel på en tankeoperation. Den som är lite mer avancerad kan också omordna i tankarna, till exempel tänka ut en alternativ väg att cykla till skolan. Förmågan till tankeoperationer handlar om att kunna planera handlingar i tankarna, det innebär teoretisk problemlösning och rörlighet i tänkandet.

Begåvningens tredje funktion är att *symbolisera erfarenheter med hjälp av abstrakta symboler* som ord (talade eller skrivna) och siffror. Utifrån exemplet med att cykla till skolan skulle det kunna vara att berätta för pappa att i morgon tänker jag prova att cykla en annan väg (Kylén, 1979, 1986; Göransson, 1999).

Greenspans definition

En annan definition eller modell för att förklara utvecklingsstörning har utvecklats av Stephen Greenspan (1999). Han menar att utvecklingsstörning ska definieras utifrån mänskliga egenskaper och inte utifrån administrativa krav. Begreppet ska beskriva funk tioner och funktionsnivå avseende lärande och kunskapstillämpning i vardagen.

Greenspan är kritisk mot att förlita sig för mycket på en intelligenskvot vid diagnostisering. Det traditionella IQ-begreppet ser han som reduktionistiskt, bland annat för att det saknar direkt koppling till lärande och kunskapsinhämtning. I stället föreslår han en definition baserad på multipla intelligenser för att fånga mångfalden i kognitiva funktioner, och en modell där intelligens och adaptiva färdigheter inte ses som två olika fenomen. Modellen utgår från *generell kompetens* som delas in i två underkategorier: *instrumentell kompetens* och *social kompetens.*

Den instrumentella kompetensen har såväl intellektuella aspekter som icke intellektuella. De intellektuella aspekterna av instrumentell kompetens är kognitiva processer och begreppsbildning, och de båda icke intellektuella komponenterna är vakenhet och motorik. Den sociala kompetensen består, enligt Greenspan, av två intellektuella aspekter: praktisk intelligens och social intelligens, och två icke intellektuella aspekter: temperament och karaktär. En persons generella kompetens påverkas av samspelet mellan alla ovanstående faktorer. Om en persons problem att fungera i vardagen till stor del kan förklaras med svårigheter inom de olika typerna av intellektuella faktorer som beskrivits har personen en utvecklingsstörning (Greenspan, 1999). Enligt detta synsätt beror det till stor del på det omgivande samhället vilka som definieras som personer med utvecklingsstörning.

Utvecklingsstörning som social konstruktion

Vad som betraktas som avvikande, och hur man benämner det, har varierat kraftigt genom historien. Även i modern tid finns det stora olikheter i bedömningen av vilka elever som på grund av utvecklingsstörning har rätt att tillhöra särskolan. På vissa håll i landet har antalet elever i särskolan ökat med flera hundra procent, medan det inte förekommit någon ökning alls i andra kommuner (Tideman, 2000). Detta illustrerar att definitionen av utvecklingsstörning kan vara godtycklig och styras av vilka ekonomiska och kunskapsmässiga resurser som finns i skolan, i stället för utifrån vetenskapliga resonemang.

Orsaker till utvecklingsstörning

Det finns många olika *orsaker* till utvecklingsstörning. Den vanligaste är att utvecklingsstörningen är ett resultat av den normalvariation som beskrivs ovan, det vill säga att det inte finns en bestämd medicinsk orsak till utvecklingsstörningen. Medicinska orsaker till utvecklingsstörning kan vara *kromosomförändringar*, varav Downs syndrom är den vanligaste. Detta syndrom är den enskilt största orsaken till utvecklingsstörning (cirka tio procent av alla med utvecklingsstörning). Personer med Downs syndrom kan ha lindrig till grav utvecklingsstörning.

Andra orsaker är fosterskador eller en annan skada i samband med födseln, sjukdomar och olyckor under uppväxtåren och ämnesomsättningsrubbningar som inte går att behandla med strikt diet. Syrebrist i fosterlivet, i samband med förlossningen eller senare i livet, kan orsaka hjärnskador som kan leda till utvecklingsstörning. Grad och art av funktionsnedsättning beror på hur stor del av hjärnan som är skadad och var i hjärnan skadan/skadorna är belägna. Missbildningar i hjärnan, avsaknad av delar av hjärnan, missbildad skalle eller liten skalle (mikrocefali) kan leda till omfattande funktionsnedsättning. Hjärnsjukdomar av progredierande (tilltagande) slag, då barnet föds symtomfritt och utvecklas normalt en tid men sedan börjar gå tillbaka i utvecklingen, kan vara ytterligare en orsak till utvecklingsstörning. Denna typ av sjukdomar är ovanliga (Grunewald, 1996).

Sett ur ett globalt perspektiv förekommer flera orsaker till utvecklingsstörning relaterade till fattigdom. Ett exempel är undernäring, som kan leda till så stor påverkan på den kognitiva utvecklingen att personen kan betraktas som en person med utvecklingsstörning.

Utvecklingsstörning, lärande och delaktighet

Forskning runt utvecklingsstörning (SOU 2003:35) pekar på att det finns risk för att verksamheter som byggs upp för personer med utvecklingsstörning i sig utgör hinder för individernas utvecklingsmöjligheter. Det är ett stort dilemma att leva med diagnosen utvecklingsstörning. Det har länge varit känt att sättet att lära är viktigare för vad en elev kan uppnå, än graden av begåvningsnedsättning. Barn vars lärare och personal använt sig av strategin att ge ett varierat stöd i flera miljöer har uppnått bättre resultat än de som fått lära på traditionellt sätt med liten variation, enkla uppgifter och flera repetitioner.

Vilken utvecklings- och kunskapsnivå en individ uppnår har visat sig bero på en mängd faktorer, där till exempel undervisningen alltså spelar lika stor eller större roll än begåvningen för lärandet i vissa situationer. Sedan begreppet utvecklingsstörning började användas har gränserna hela tiden tänjts för vad personer med utvecklingsstörning kan lära. Det är numera självklart att personer på tidig utvecklingsnivå kan utvecklas och att vuxna med utvecklingsstörning kan lära sig basfärdigheter, som de inte hann med eller kanske inte var motiverade för under skoltiden.

Utvecklingsstörning är alltså inte enbart en individegenskap, utan vilka förmågor personen utvecklar beror till stor del på omgivningsfaktorer. Den erfarna psykoanalytikern Valerie Sinason (1996) menar att många personer med utvecklingsstörning ter sig mer funktionshindrade än vad de skulle behöva vara, på grund av de negativa effekterna av ett obearbetat känslomässigt bagage. Det är inte ovanligt att de inte haft någon att dela »förbjudna känslor« med – i form av hat mot funktionsnedsättningen, avundsjuka på syskon med vanliga förutsättningar och liknande känslor. Hon menar vidare att ingen någonsin är rakt igenom en person med utvecklingsstörning, att det finns tillfällen då personer med utvecklingsstörning överträffar sig själva genom att förstå via andra vägar än genom det resonerande, abstrakt tänkande intellektet.

Delaktighet handlar, enligt ICF, om en persons engagemang i den egna livssituationen. På grund av bristande möjligheter och attityder som försvårar för individen kan delaktighetsinskränkningar uppstå. Delaktighetsinskränkningar rapporteras vara störst inom området att ta del av och använda sig av information. Elever med utvecklingsstörning får inte möta och använda texter i tillräckligt stor utsträckning (Berthén, 2007). Deras potential för att utveckla läs- och skrivfärdigheter, som är användbara i det dagliga livet och i naturliga sammanhang som unga vuxna, utnyttjas inte heller tillräckligt (Moni & Jobling, 2000; 2001).

Elever med utvecklingsstörning uttrycker själva en önskan att vara med andra och att vara som alla andra (Szönyi, 2005). Sättet att kommunicera med »likar« kan upplevas som mindre krävande men samtidigt vill man vara delaktig i samspel med jämnåriga utan diagnos (Nordström, 2004). Elever i särskolan ger uttryck för positiva uppfattningar om sin särskoleklass, men det framträder tydligt att de inte vill betraktas som avvikande och att särskoletillhörigheten kan bli ett dilemma (Szönyi, 2005).

Sammanfattningsvis kan man konstatera att gränserna för vad

personer med utvecklingsstörning kan klara hela tiden har tänjts. Med en för snäv eller rigid uppfattning om vad man ska förvänta sig av dessa elever, riskerar man att begränsa deras livskvalitet och inte ta tillvara deras utvecklingsmöjligheter. Bilden av utvecklingsstörning har nyanserats till att inte enbart betraktas som en personegenskap utan som något som uppstår i samspelet mellan personegenskap och den omgivande miljön. Det betyder inte att man ska nonchalera, eller inte våga tala öppet, om verkliga problem som i dagens samhälle kan innebära att ha svårigheter att snabbt ta till sig information och att tillämpa kunskaper. Hur stora svårigheterna blir beror emellertid till stor del på vilket stöd och vilka hjälpmedel som erbjuds.

Att utvecklas och leva med utvecklingsstörning

Utvecklingsstörning innebär enligt de flesta förklaringsmodeller att tänka konkret, men vardagsfungerande bestäms till stor del av omgivningsfaktorer som attityder och förväntningar samt vilket stöd som ges. Även individens personliga egenskaper som inte har med funktionsnedsättningen att göra inverkar. Kylén har i sin modell (se s. 142) starkt fokus på att beskriva den kognitiva utvecklingen baserat på den schweiziske utvecklingspsykologen och pedagogen Jean Piagets teori. Piaget beskrev utvecklingen av barns tänkande eller kognitiva funktioner. Enligt honom kan den kognitiva utvecklingen beskrivas i stadier och den viktigaste drivkraften bakom utvecklingen är barnets eget utforskande av sin omvärld.

Kylén beskriver den i termer av funktioner, som behövs för att tolka och förstå verkligheten i många olika situationer och för att klara många typer av uppgifter. Hans utvecklingspsykologiska modell kan sägas ligga nära det miljörelativa eller interaktionistiska synsättet, då han betonar miljöns betydelse för barnets utveckling och ser kognitiva förmågor i samspel med andra faktorer i personlighetsdynamiken. Barn med utvecklingsstörning utvecklar inte det abstrakta tänkandet i samma takt som de flesta andra barn. Personen lagrar livserfarenheter under hela sitt liv men sättet att tänka fortsätter att vara konkretare än vad det är bland jämnåriga med normal begåvning. Utvecklingen följer i princip samma mönster som det abstrakta tänkandets utveckling hos vanliga barn – men förmågan att förstå och resonera abstrakt förblir konkretare än vad som är vanligt eller normalt för åldern. Verklighetsuppfattningen utvecklas från att vara mycket konkret till att bli alltmer abstrakt. Beskrivningar av olika sätt att förstå verkligheten används numera vanligen som ett verktyg för att förstå tankevärlden hos en person med en utvecklingsstörning, inte för att kategorisera.

En person som har ett mycket konkret sätt att uppfatta verkligheten sägs ha en *grav utvecklingsstörning* eller befinna sig på tidig utvecklingsnivå. Detta sätt att uppfatta är inte kvalitativt »sämre« än att ha ett mer abstrakt tänkesätt. Personen upplever känslor och sinnesintryck på samma sätt som alla andra. Hon kan ha förväntningar framåt i tiden om tillvaron varit förutsägbar men hon lever mycket »här och nu«. Hon känner igen människor, saker och situationer när hon ser dem eller påminns om dem av sinnesintrycken, och hon förstår vad kända vardagsföremål används till. De flesta på tidig utvecklingsnivå kan föreställa sig människor, saker och situationer som de är bekanta med i tankarna, även när de inte finns tillgängliga. Kommunikation sker vanligen genom ljud, rörelser/kroppsspråk och handlingar. Personer med ett så konkret sätt att uppfatta tar initiativ och handlar insiktsfullt i kända situationer. Deras delaktighet och livskvalitet beror på omgivningens förmåga att tolka och förstå.

Nästa steg i utvecklingen är en utvidgad världsbild som möjliggör en mer övergripande förståelse av verkligheten, utifrån vad man själv varit med om. Personer med detta sätt sägs ha en *måttlig utvecklingsstörning*. I stort sett kan man säga att personer med måttlig utvecklingsstörning förstår utifrån det de själva har varit med om. De har svårt att i tankarna föreställa sig sådant de inte upplevt. Personer med måttlig utvecklingsstörning förstår tid konkret, utifrån det de själva gör eller ska göra. De flesta kan föreställa sig flera händelser i följd. Många förstår vad »i kväll«, »i morgon« och så vidare innebär och vissa har ett tidsbegrepp som inbegriper en hel vecka. De flesta förstår ett visst antal och kan kanske »rabbelräkna«, men de kan inte utföra mer avancerade räkneoperationer. Personer med måttlig utvecklingsstörning hittar i sin närmiljö och mellan kända miljöer med hjälp av riktmärken. De förstår även föremål som grupper: kläder, sådant man dricker ur och liknande. Har man en måttlig utvecklingsstörning har man extra stort behov av att få göra det man kan, bli uppskattad för det och få utvecklas genom att prova nya saker i den takt man kan ta till sig dem.

Personer som utvecklat en allmän världs- eller verklighetsuppfattning, vilken går utöver den egna erfarenheten, sägs ha en *lindrig utvecklingsstörning*. Personer med lindrig utvecklingsstörning har en allmän världsbild, vilket innebär att i tankarna kunna föreställa sig platser man inte varit på, saker man inte sett, liksom framtid och historisk tid. Dessa personer lär sig vanligen läsa, skriva och räkna. Förmågan att förstå förändringar utvecklas, liksom förmågan att tänka ur andras synvinkel och förstå enkla symboler som ord, bokstäver och siffror. De har svårt med »symbol på symbol«. Kontokort är till exempel en symbol för pengar, som är en symbol för värde. Att planera sin ekonomi är ett område som kräver hög grad av abstraktionsförmåga.

För personer med lindrig utvecklingsstörning är det svårt att lösa problem där många faktorer samverkar. Det gäller till exempel för Elin i kapitlets inledning. Trots att hon kan klockan är det svårt för henne att planera sin egen tid. Att till exempel räkna ut när hon måste gå hemifrån för att hinna med bussen till staden, som gör att hon kommer i tid till bion, är mycket svårt. Att dessutom räkna ut vad hon hinner göra innan hon måste gå till bussen kräver en väl utvecklad uppfattning om hur lång tid olika saker tar samt förmåga att tillämpa matematik. Elin och andra personer med en lindrig utvecklingsstörning har också svårt för att tänka snabbt och att hitta alternativa lösningar. De har behov av en omgivning som inte slätar över och som förstår vad de behöver hjälp med. Vidare behöver de få kunskap om sig själva och sin funktionsnedsättning och bearbeta sina känslor inför den.

Personer med svag begåvning har svårigheter med att tolka mycket information, att snabbt ta in och bearbeta den och att arbeta under tidspress. De kan även ha några av de svårigheter som beskrivs ovan, vilket kan ha gjort dem ängsliga och osäkra, särskilt om de ständigt levt på för hög kravnivå. Att lära sig läsa, själva processen att sätta ihop bokstäver till ord och att det betyder något som man känner till, kan ta tid. Att tolka det man läser och till exempel förstå att om bara en bokstav i ett ord är ändrad kan det bli något helt annat, kan kännas som en utmaning. Att snabbt tillämpa de olika räknesätten i en verklig situation är svårare än att kunna dem teoretiskt på en lektion. Men alla har inte svårigheter inom alla områden: Det finns de som har bra lokalsinne men ändå känner sig osäkra på att hitta till en ny plats. Elever i skolan kan vara pinsamt medvetna om sina tillkortakommanden och dölja dem bakom en tuff attityd. Personer med svag begåvning behöver lagom stora krav, mera tid och beröm då de lyckats bra med något utifrån sina egna, individuella förutsättningar.

Sammanfattningsvis kan beskrivningarna av tänkandets utveckling från konkret till mer abstrakt användas för att förstå hur en person tolkar och förstår sin verklighet. Att dela in personer med utvecklingsstörning i kategoriska stadier är inte vanligt numera; i stället rekommenderas kartläggning av varje individs stödbehov (AAIDD, 2010).

Vad behöver jag som pedagog tänka på?

Att organisera och planera det pedagogiska arbetet

För elever med utvecklingsstörning finns, som beskrivits i kapitel 2, en speciell skolform: särskolan. Elever som inte bedöms kunna följa undervisningen och nå kunskapsmålen i grundskolan, på grund av att de har en utvecklingsstörning, eller autism eller autismliknande tillstånd i kombination med utvecklingsstörning, har rätt att gå i särskolan. Även elever som på grund av hjärnskada fått en bestående och betydande begåvningsmässig funktionsnedsättning har rätt till undervisning i särskolan. Det krävs en utredning för att visa att eleven har rätt att gå i särskolan.

Fördelar och nackdelar med särskolan som skolform har utretts och diskuteras fortlöpande. Det saknas vetenskapliga utvärderingar av vad placering i denna skolform innebär på lång sikt för kunskapsinhämtning/lärande och för den egna identiteten. Vårdnadshavare ställs inför dilemmat att välja om deras barn ska gå i särskolan eller inkluderas i grundskolan.

För att arbeta med elever med utvecklingsstörning krävs, oavsett skolform, en individualisering, vad gäller mål/målsättning, metod, tidsplanering och utvärdering, som hela arbetslaget måste vara delaktigt i (Göransson, 1999). Elevens egna önskemål och målsmäns tankar om ett bra liv bör vara vägledande i processen (Andersson & Thorsson, 2007). Alla elever är olika och sätten att lära varierar. De exempel på tänkbara anpassningar som följer i det här kapitlet ska därför främst ses som inspirationskälla för att prova olika sätt att utveckla undervisningssättet.

Intellektuella förmågor och funktionsnedsättningar förekommer längs ett kontinuum:

> Det är avgörande att komma ihåg att personer strax ovanför gränslinjen för diagnos fungerar på liknande sätt som de som befinner sig något under denna gränslinje ... alla individer med betydande begränsningar i intellektuell förmåga behöver stöd som matchar deras individuella behov och intressen (AAIDD, 2010, s. 166, författarnas översättning).

I en skola finns elever med en stor variation av intellektuella förutsättningar. Kapitlets exempel på möjliga pedagogiska stödåtgärder kan potentiellt gagna många fler än de som uppfyller formella diagnoskriterier för utvecklingsstörning.

Anpassningar av schemaläggningen kan användas på ett individualiserat sätt för att öka elevers förutsättningar och motivation för lärande. Det finns elever som har ett tydligt mönster i sin grad av vakenhet och lärande. Här behöver pedagogen iaktta och vara medveten om att det inte är självklart att alla elever lär sig svåra saker bäst vid samma tidpunkt på dagen, till exempel på förmiddagen. Att alltid förlägga lärande av en viss kunskap eller färdighet till samma tidpunkt på dagen, riskerar att minska elevens delaktighet och möjligheter att generalisera sitt kunnande. Framför allt gäller detta de elever som förstår innebörden av begreppen förmiddag, eftermiddag och kväll.

Fördelen med att något blir av bör vägas mot den ökade motivation vissa elever kan känna när man tar tillvara naturliga tillfällen. Man behöver också fundera kring hur repetition och upprepningar ska ske, så att det inte blir mekaniskt och uttråkande, samtidigt som man är medveten om att dessa elever behöver många schemalagda tillfällen att få öva och tillämpa sina färdigheter. För elever med ett konkretare sätt att tänka är det extra viktigt att undervisningen inte enbart sker i tillrättalagda miljöer eller i för få miljöer. Att få träna och använda sin kunskap i flera miljöer och naturliga situationer ökar elevens delaktighet (Göransson, 1999). Elever med ett mycket konkret sätt att tänka och tolka kan dock ha behov av att allt återkommer med regelbundenhet för att få en känsla av tid, kunna skapa förväntningar och därmed få en viss egen kontroll över sin dag.

Till planerings- och förberedelsearbetet hör också att ge den enskilda eleven förutsägbarhet genom ett tydligt schema för dagens aktiviteter, ordning på sakerna och en bestämd arbetsplats. Schemat bör vara individuellt utformat och visuellt, eftersom visuell information är konkretare än talade ord. Visuell information, i form av föremål, bilder och/eller skrivna ord, finns kvar så lång tid man behöver för att titta på den och förstå den, medan talade ord försvinner snabbt. För att förstå i vilken ordning man ska klä på sig kan man till exempel ha de aktuella kläderna lagda var för sig uppifrån och ned i en hylla. Man kan ha ett bildschema, över vilka plagg man ska ta på sig och i vilken ordning, eller en påminnelselapp med text.

I en inkluderande miljö behöver många situationer anpassas särskilt, så att eleven med utvecklingsstörning alltid ges möjlighet att lyckas. Grupparbeten kan behöva förberedas individuellt och lärandemålen individualiseras, så att varje elev har möjlighet att uppnå såväl kunskapsmålen som de sociala samarbetsmålen med ett grupparbete (Boyle & Scanlon, 2010).

Inför och under kollektiva situationer som samlingar kan det behövas extra planeringsarbete från pedagogens sida, kanske i form av ett tydligare schema över innehållet och/eller genom att pedagogen delar upp vilka moment på samlingen som en elev ska delta i. Det kan vara upplagt så att det finns ett gemensamt bildschema som börjar med en bild på den sång gruppen ska sjunga först. När gruppen sjungit sången får ett barn ta ned den bilden. Nästa bild visar läraren som läser ur en bok. När det är klart och den bilden tagits ned får Boel – som inte orkar sitta länge – den bild som symboliserar att hon ska gå till sin bänk och göra något eget medan de andra fortsätter en stund till. Därigenom har ingen misslyckats eftersom läraren individualiserat undervisningen utifrån vars och ens förutsättningar. Att flexibelt variera hur länge olika elever ska delta i olika aktiviteter är ett sätt att individualisera, och att medverka till att var och en alltid lämnar en aktivitet med en känsla av att ha lyckats.

När det gäller utvärdering är det värdefullt att i stor utsträckning mäta resultat i de miljöer kunskapen ska användas, eftersom det inte är självklart att eleven generaliserar sina färdigheter till situationer utanför skolan. Detta kräver förberedelse och organisation. Om ett viktigt pedagogiskt mål exempelvis är att utveckla kommunikation, blir det logiskt att kartlägga hur eleven kommunicerar med jämnåriga och hur denna kommunikation utvecklas som följd av de åtgärder man gjort. De mest meningsfulla målen är sällan sådant som ska tillämpas enbart i skolmiljön eller tillsammans med personal, utan snarare sådant som eleven ska kunna tillämpa i många situationer även utanför skolan.

Det direkta arbetet med och mellan elever

Målen för eleverna gäller såväl kunskaper i basämnen och vardags färdigheter som social utveckling samt en positiv självbild och självkänsla. En första fråga att ta ställning till är om/hur det är möjligt att göra eleven delaktig i lärandemålen. För vissa elever behövs ett bildsystem, då man tillsammans med eleven och föräldrarna planerar elevens pedagogiska program (Granlund et al., www.socialstyrelsen.se). Ytterligare frågor att fundera kring är om målen är satta utifrån funktionalitet i livet och på vilka sätt elevens delaktighet, det vill säga engagemang i verkliga livssituationer, ökar om hon uppnår målen. Att verkligen lyssna till föräldrar brukar öka sannolikheten för att målen blir relevanta.

Pedagogens förhållningssätt och roll behöver växla mellan att skapa situationer som stimulerar eleven till eget utforskande och egen aktivitet, utforskande och delaktighet på egna villkor samt att vara mer direkt handledande och aktivt stödjande. Om målet till exempel är att eleven ska ta fler initiativ till kommunikation passar ett understödjande förhållningssätt förmodligen bäst. Om det däremot är en bestämd färdighet som ska läras in, som att ta på sig ytterkläder, kan en styrande roll passa bättre – åtminstone till en början. Kunskaper i basfärdigheter som läsning, skrivning, räkning och praktiska vardagsfärdigheter behöver läras ut på ett delvis anpassat sätt.

När det pedagogiska arbetet med eleverna ska läggas upp, kan följande punkter vara vägledande eller tjäna som inspiration kring hur olika elever bäst når kognitiva och sociala mål:

Kognitiva mål

- *Att ge eleverna hjälp att överblicka en arbetsuppgift och hjälp med att planera hur den ska genomföras.* Till exempel är det för många en fördel med en bildinstruktion över arbetsuppgiften eller en instruktion i form av en kortfattad skriven text. Det är viktigt att hjälpa eleven med strategier som ökar den egna självständigheten och delaktigheten. Att systematiskt lära eleven generella strategier för hur man kommer i gång med en uppgift och planerar genomförandet av den, brukar leda till mera stolthet än om man hela tiden har någon till hjälp vid sin sida.
- *Att sänka abstraktionsnivån på uppgifter och undervisningsmaterial.* Detta bör genomsyra pedagogiken i alla ämnen. I en elevgrupp fann läraren att det var svårt för några av dem att föreställa sig hur olika geografiska begrepp hänger ihop. Tanken att det finns olika principer för uppdelning var mycket abstrakt och svårförståelig för en del elever. Det finns kommuner, landsting, landskap, städer, byar, stadsdelar med mera. Eleverna var mycket intresserade men läraren fick ofta frågor som exempelvis om Stockholm ligger i Bålsta, om Göteborg ligger i Sverige eller om Sverige ligger i Göteborg. En elev undrade om det var längre till Linköping än till Paris. Han hade konstaterat att det var så, för han hade mätt med snöre på två olika kartor i olika skala. När klassen byggde en modell av sitt klassrum i papier-maché och diskuterade och laborerade med denna typ av relationer på ett konkret sätt började begreppen klarna. Det blev ett roligt arbets-

sätt som förtydligade begrepp även för elever som inte upplevde några speciella utmaningar med att lära sig detta.

- *Att konkretisera – när det är möjligt.* Att välja kan vara svårt när man har svårt att föreställa sig något i tanken. Färdiga modeller på det man kan välja att tillverka i slöjden underlättar och inspirerar många. Ett annat sätt att konkretisera är om lärandet sker i de praktiska situationer där kunskapen ska tillämpas, och att använda elevernas konkreta vardag som »material« i teoretiska ämnen. I matematik kan det finnas tydliga, konkretiserade mål för alla elever utifrån den kunskapsnivå de befinner sig på. Medan någon tränar på multiplikationstabellerna på papper kan någon annan ha som mål att kunna räkna ut hur många personer som finns i klassrummet, hur många knivar och gafflar som behövs för den egna klassen, hur många skor alla i klassen har sammanlagt och så vidare.
- *Att utgå från konkreta verklighetsupplevelser och ge hjälp att bearbeta dem.* Att själv få gå i skogen och se/höra/känna/lukta ger mer än att bara läsa om vad som finns i skogen.
- *Att konkretisera språket och ge visuellt stöd som komplement.* Orden kan uppfattas mycket konkret även av elever med lindrig utvecklingsstörning. En klass hade varit på studiebesök i riksdagen. Samtidigt övades de i att förstå vad vanliga dagstidningar och deras rubriker handlade om. Ett par dagar efter studiebesöket stod det »Kohandel i riksdagen« som rubrik i en tidning. »Men hur kunde de få in korna där?« funderade en pojke.
- *Att ge tid och ägna mer tid åt elever som behöver det.* Det är nödvändigt att ge mer tid till vissa elever för att arbeta med uppgifter och att ägna mer tid åt att kontrollera vad eleverna har uppfattat och hur de har förstått.
- *Att använda dator i det pedagogiska arbetet.* Datorn är i många sammanhang ett bra redskap för att skapa ett roligt och individualiserat sätt att arbeta. Svårighetsgraden kan individualiseras. Om eleven går i en vanlig klass behöver hon inte riskera att skämmas för att arbeta i en »barnsligare« bok. Man kan prova hur många gånger som helst och får bara positiv feedback.
- *Att använda kognitiva hjälpmedel eller begåvningshjälpmedel.* Det är mycket svårare att avläsa på en analog eller digital klocka hur

lång tid det är kvar tills ett visst tv-program börjar än att titta på en timstock med lysande lampor, som successivt släcks under tiden fram tills det är dags att sätta på tv:n (www.hi.se).

Sociala mål

- *Att förbereda eleven inför sociala situationer.* För att kunna vara med andra och tillämpa något i verkliga situationer, som en lek med flera moment och regler, kan det behövas förberedande övningar med en vuxen. Först måste eleven förstå hur det går till och sedan kan hon känna sig trygg i en situation med många andra. Samma sak gäller i olika situationer ute i samhället, som att gå till skolan själv, åka buss och liknande.
- *Att ge eleven tillfällen att skaffa kunskap om sig själv.* Det handlar om kunskap om den egna kroppen, känslor och reaktioner och om en själv som människa. Hjälp eleven att i tankarna forma och sätta in sig själv i viktiga sammanhang. Min familj – hur ser den ut? Och gruppen jag tillhör, närområdet och samhället ...? Prova gärna att befästa med konkret och synligt stöd i form av foto, bild eller karta. Till kunskapen om en själv hör också kunskap om ens starka sidor och funktionsnedsättning.
- *Att hjälpa eleven att skapa sig en egen självbild och att bearbeta den konkret och känslomässigt.* Att kunna skapa en egen självbild är abstrakt. Man måste i tankarna föreställa sig andras tankar om en själv. Att arbeta med vem man själv är, och andra människors reaktioner på en själv, kan konkretiseras genom användning av bildmaterial och dramaövningar, där man konkret får prova olika situationer och lösningar. För att självbilden ska bli positiv behövs mycket känslomässig bearbetning av vad funktionsnedsättningen innebär för eleven. Detta kräver att pedagogen är klar över sina egna känslor och sin värdegrund.

Ett exempel är Rikard, en elev med lindrig utvecklingsstörning som går i grundsärskolans sista klass. Han har en flickvän som går första året på högstadiet i vanlig klass. Rikards lärare har märkt att han brukar vara sjuk på idrottsdagar och vid utflykter med klassen, trots att han verkar tycka mycket om sådana aktiviteter. Ett annat litet problem med Rikard är att han ständigt kommer några minuter för sent till lektionerna. Klassläraren uppfattar att Rikard och hon har en mycket bra relation och att de kan prata öppet, även om vad hans funktionsnedsättning innebär för honom. Därför blir hon förvånad när hon träffar Rikard och hans flickvän tätt omslingrade på stan en lördag och han inte hälsar. Han vänder snabbt bort huvudet. På måndagsmorgonen frågar hon om han inte såg henne på stan, och varför han inte hälsade. Han svarar att tänk om flickvännen visste att hon jobbade på särskolan, då skulle hon undra hur han kände henne. Då fick många saker sin förklaring för klassläraren. Rikard erkände att han inte berättat att han gick på särskolan, eftersom han trodde att flickan då inte skulle vilja vara tillsammans med honom, och att han undvek idrottsdagar för att inte synas med särskolan. Det var också en genomtänkt strategi att komma lite för sent, så att ingen såg vilket klassrum han gick in i. Detta blev startpunkten för ett mer djupgående arbete bland alla elever på hela skolan om vad olika funktionsnedsättningar innebär och hur det känns att leva med dem.

- *Att arbeta för att eleverna ska få ett starkt självförtroende och en egen identitet.* Självförtroende skapas bäst genom att få vara med »vanliga barn«, men också genom att få träffa och umgås med personer som liknar en själv. Irene Nordström (2004) har forskat runt personer med lindrig utvecklingsstörning och bland annat funnit att det finns en önskan om att vara som alla andra och umgås med vanliga jämnåriga, men också att kommunikationen med dem som är lika en själv känns mer kravlös och befriande.
- *Att arbeta med elevers och vuxnas attityder.* Allt arbete ska inte vara riktat enbart mot individerna som har en utvecklingsstörning. Förutsättningen för att känna delaktighet är att man lever i en social miljö, där olikheter accepteras och det finns en nyfikenhet och ett intresse för alla människor. Därför är omgivande jämnårigas och vuxnas attityder ett mycket viktigt arbetsfält.

*

Undervisning av elever med utvecklingsstörning handlar om att ge kognitivt stöd som innefattar arbetssätt, förhållningssätt och attityder, men också om att använda kognitiva hjälpmedel/begåvningshjälpmedel som konkretiserar det abstrakta. Syftet med begåvningshjälpmedel är att överbrygga gapet mellan elevens förmågor och omgivningens krav, det vill säga att kringgå funktionsnedsättningen. Eleven blir då mer oberoende och delaktig i att själv tänka, tolka och förstå information samt att minnas, planera, välja och hantera tid.

För eleven Erik fungerar talad information direkt när han behöver den bäst. Om hans mamma talade om på morgonen att hon skulle vara på möte till klockan sju på kvällen, att hon kom hem halv åtta samt att det fanns mat i kylen, räckte inte detta för Erik. Han kunde ringa sju–åtta gånger på mobilen och fråga när hon skulle komma hem. Lösningen blev två enkla talapparater med ett budskap i varje och med varsin stor färgad knapp.

Först trycker Erik på den blå och då säger mammans inspelade röst: »Hej Erik, hoppas du haft det bra i skolan. Jag är på möte och kommer hem halv åtta.« När han trycker på den gula säger mamman: »Det finns spagetti och köttfärssås i kylen som du kan värma i mikron.« För att veta hur lång tid det är kvar tills mamman kommer hem har Erik en kvällsklocka som han själv startar när han kommit hem. Den har röda punkter som släcks vartefter. Vid halv åtta sitter en bild på mamma, vilket innebär att Erik kan se hur lång tid det är kvar tills hon kommer och hur tiden går. På en digital klocka ser man inte hur lång tid det är kvar tills något ska inträffa, vilket gör det svårt för personer som Erik att planera sin tid. Det kan vara stresskapande.

Olika sätt att ge information mer konkret kan underlätta egna självständiga beslut. Ett annat exempel är Stina som via en dator får information om vädret när hon ska gå ut. Hon trycker på en knapp bredvid ytterdörren och en röst säger: »Det är tretton grader ute och risk för regn. Ta på dig tröja och regnkappa. Ta med paraply.« Att själv kunna agera utan att behöva fråga någon minskar tjat och konflikter i vardagen och ökar barns självkänsla.

FÖRSLAG TILL REFLEKTION

- Vad skulle du som pedagog behöva för att undervisa Elin (se exemplet i början av kapitlet), och ge henne det stöd hon behöver i a) kunskapsutveckling och b) personlig utveckling?
- Hur ska en skola se ut där alla får vara den de är och inte behöver skämmas över sig själva, som Rikard?
- Hur ser kravnivån i skolan ut? Är den anpassad så att *alla* elever ges möjligheter att lyckas och samtidigt får tillräckliga utmaningar? Jämför med figur 4.6 (se s. 125) om flow.

KAPITEL 6

NEUROPSYKIATRISKA FUNKTIONSNEDSÄTTNINGAR

NEUROPSYKIATRISKA ELLER UTVECKLINGSNEUROLOGISKA funktionsnedsättningar, *neurodevelopmental disabilities*, är funktionsnedsättningar som baseras på nedsättningar inom andra områden än det abstrakta tänkandet eller begåvningen. De vanligaste diagnoserna inom det här området är *ADHD* (*Attention Deficit Hyperactivity Disorder*), *autism* och *Aspergers syndrom*.

Utvecklingsneurologiska funktioner

Det finns ett antal utvecklingsfunktioner som behöver fungera för att man ska kunna lära och samspela med andra i vardagen. En av dem är abstrakt tänkande (se även kapitel 5 om utvecklingsstörning). Här beskrivs några utvecklingsfunktioner där individer kan ha så stora svårigheter att det leder till en diagnos. Även personer utan diagnos kan behöva hjälp inom dessa områden. De utvecklingsfunktioner som tas upp är *exekutiva funktioner*, *central koherens* och *mentaliseringsförmåga*.

Exekutiva funktioner

Exekutiva funktioner är ett samlingsbegrepp och ett pragmatiskt begrepp precis som intelligens. Att det är pragmatiskt innebär att det är erfarenhetsbaserat och tänkt att användas praktiskt. Exekutiva funktioner brukar liknas vid hjärnans verkmästare eller chef. De ska se till att olika system samverkar och fördela arbetsuppgifterna mellan dem i syfte att underlätta målmedvetet handlande. Det kan jämföras med det engelska uttrycket »business executive« som betyder verkställande direktör, det vill säga att planera verksamheten och samordna hela organisationen i ett målmedvetet arbete i en viss riktning. Begreppet innefattar många funktioner och det finns många olika definitioner. En av dem lyder så här:

> Att kunna ta initiativ till och planering av sammansatta, organiserade händelseförlopp som genomförts under löpande bedömning och justeringar och med hänsyn tagen till omgivningens krav och förväntningar så att personens egna behov tillgodoses, och som resulterar i uppfyllelse av mål, process eller produkt som ligger i den närmaste eller en mer avlägsen framtid (Fleischer & Merland, 2008, s. 18).

Sammanfattningsvis kan exekutiva funktioner i stora drag delas upp i tre olika områden: *impulshämning, igångsättningssvårigheter och arbetsminne* (Kadesjö, 2008). Svårigheter med att hämma och styra sina impulser och att kontrollera sin egen aktivitet kan yttra sig på många sätt. Barnet kanske avleds från leken eller uppgiften så att det aldrig slutför den. Många barn hinner inte tänka efter utan gör oöverlagda saker, vilket kan leda till att de känner sig misslyckade och säger »det bara blev så«. Eleven i skolan kan ha svårt att hålla fast vid långsiktiga mål och att koncentrera sig på uppgiften om den inte är tillräckligt eller lagom stimulerande.

Igångsättningssvårigheter är ett annat område, som kan bli problematiskt genom att eleven uppfattas som en drömmare som har svårt att komma i gång, prioritera eller slutföra en uppgift. Eleven kanske fastnar i detaljer eller i att avgöra vad som är viktigast och blir då inte färdig med sina uppgifter utan hamnar efter sina kamrater. Elever med exekutiva svårigheter har problem med tidsplanering samt att organisera sitt skolarbete och sin läxläsning själva. Att grupparbeta utan instruktioner, välja vad man ska arbeta med och välja ut material är knepigt.

Arbetsminne är det tredje området inom exekutiva funktioner. Arbetsminnet har stor betydelse för lärandet i skolan (Klingberg, 2011). Ett viktigt område som påverkas av hur arbetsminnet fungerar är läsförståelse. När man läser ska man minnas det man läste nyss, plocka ut kontentan av det och dra slutsatser, till exempel läsa och sedan svara på frågor och därefter läsa vidare. Man ska behålla den viktigaste informationen översiktligt i arbetsminnet, för att den ska kunna lagras i långtidsminnet. Man ska även kunna hämta information ur långtidsminnet: information och slutsatser som finns lagrade och jämföra med det man läser. Det vill säga man ska kunna relatera det nya man läser till den kunskap man redan har. När man ska skriva är man både författare och sekreterare åt sig själv. Man ska både kunna tänka ut vad man ska skriva (författaren) och utföra själva skrivandet (sekreteraren).

Bristande arbetsminne påverkar även färdigheter i matematik. För att räkna uppgifter i huvudet, till exempel 10 + 12 + 5, måste man kunna lagra summan av de två första talen, det vill säga 22, och sedan arbeta vidare med att addera 5. Elever med brister i arbetsminnet brukar ha svårigheter att följa instruktioner i skolan, särskilt om dessa ges enbart med verbal information, som är en snabb och icke-bestående typ av information. Om informationen samtidigt skrivs på tavlan blir det lättare för dem.

Exekutiva svårigheter uppstår oftast i ostrukturerade situationer och när något oförutsett eller något som bryter rutinen inträffar. Exekutiva funktioner handlar också om att kunna planera och genomföra aktiviteter utan att störas av ovidkommande stimuli. Om en elev misslyckas eller inte fungerar i olika situationer i skolan behöver du som lärare ha olika teorier om vad som kan vara bakgrunden till detta. Det är inte självklart att det beror på bristande motivation. Det kan vara så att eleven har faktiska problem inom vissa exekutiva områden och att han/hon i så fall behöver din hjälp. Elever som lätt hamnar i konflikter har extra svårt att vänta på sin tur och är markant impulsiva kräver vår uppmärksamhet liksom tysta, tillbakadragna drömmare. Noggranna iakttagelser i vanliga vardagssituationer och på lektioner är en grund till att förstå vad som ligger bakom en elevs beteende och sätt att fungera.

Såväl grad som typ av exekutiva svårigheter varierar mycket mellan olika elever och mellan olika situationer för en viss elev. Nedan följer en beskrivning av ett antal områden och funktioner som kan bli problematiska på grund av exekutiva svårigheter. De områden som tas upp är *att kunna välja och planera, att producera nya idéer, initiativförmåga, impulskontroll, att utvärdera resultaten av sina handlingar och självanalys* (Fleischer & Merland, 2008). Även andra orsaker kan ligga bakom den typ av beteenden och svårigheter som beskrivs nedan. Elever som varit utsatta för känslomässigt traumatiska situationer eller som lever i en svår social situation kan uppvisa dessa typer av svårigheter, utan att för den skull ha en grundläggande utvecklingsneurologisk funktionsnedsättning. Det är också viktigt att fundera över hur barnet fungerar i strukturerade, planerade situationer till skillnad från när det är mera fritt.

Elever med exekutiva svårigheter brukar ha svårast när de ska *välja och planera* själva. Att iaktta hur det fungerar när det gäller problemlösning och projektinriktat arbete är därför en bra början. Titta gärna också på rasterna och fråga föräldrarna hur barnet fungerar i lek. Leker barnet med de andra skolkamraterna? Kan barnet vara med och utveckla leken: hitta på nya idéer, ingå i rollekar och konstruktionslekar? Kan barnet hålla sig till lekens tema? Är det lättare för barnet att reagera än att agera självständigt? Kanske tycker barnet om att sysselsätta sig med dataspel, som bara kräver att man reagerar utan att behöva planera självständigt?

Ett annat område som kräver uppmärksamhet är barnets förmåga att *producera nya idéer*. Kan barnet berätta en historia till en bild, hitta på olika saker som man kan använda ett visst föremål till, fantisera och ge olika alternativ om vart det skulle vilja åka, om det fick åka till vilken plats som helst på jorden och så vidare?

Initiativförmåga är ytterligare ett viktigt område. Sätter barnet i gång samtal, lek eller praktiska aktiviteter av sig själv eller hur mycket stöd behöver barnet? Finns det svårigheter med planering och utförande av aktiviteterna eller med att beskriva hur man kan göra om man till exempel vill få kontakt med ett annat barn?

Vissa barn är i stället alldeles för *impulsiva*. De har svårt att hämma sina impulser i sociala sammanhang, att hålla sig till ämnet, att tala i tur och ordning och så vidare. Vissa barn upprepar sig gång på gång. Ibland kan det vara lättare att hämma sina impulser och att fungera bra när man endast är i sällskap med en vuxen.

Ett annat område inom den exekutiva sfären är att kunna *utvärdera resultaten* av sina egna handlingar och att kunna utvärdera sina skolresultat. Är eleven lagom kritisk till sig själv och sina resultat? Stannar han/hon upp och funderar över hur det blev och om det stämde någorlunda överens med det som var förväntat? Försöker eleven själv korrigera sina fel eller ger han/hon upp? Hur ser det ut i andra miljöer än i skolan?

Ytterligare ett område är *självanalys* där man bland annat kan ställa frågor till barnet om vad det är bra på.

Central koherens

Brister i central koherens brukar definieras som ett principiellt annorlunda sätt att bearbeta information, vilket innebär att inte använda sig av sammanhanget för att skapa mening utan i stället utgå från detaljerna, och uppfatta alla delar/detaljer som lika viktiga. En bearbetningsstil som bygger på stark central koherens innebär att extrahera en övergripande mening på bekostnad av detaljerna.

Stark central koherens underlättar om man ska sammanställa eller berätta kontentan av något, välja ut viktiga fakta och göra övergripande bedömningar. Svag central koherens kan ses som en kognitiv stil som karakteriseras av att föredra detaljerna, vara duktig på att uppfatta ytfenomen, som till exempel att minnas allt någon sagt eller att komma ihåg exakt i detalj hur det såg ut i ett rum. Denna stil i bearbetning av information har även fördelar; i vissa sammanhang är det bra att vara skicklig på att uppfatta detaljer eller att kunna lära sig en stor mängd fakta utantill.

Uta Frith (2000) har hävdat att svag central koherens är typiskt för personer med autismspektrumstörningar. Kända fynd från några tidiga vetenskapliga undersökningar är bland annat att barn med autism inte tar hjälp av det språkliga sammanhanget för att tolka ett ord, och att de är överlägsna i att hitta en gömd figur i en annan större figur. Ett detaljfokuserat sätt att bearbeta information leder alltid till en långsammare process i informationsbearbetning av alla slag. Att klara uppgifter på tid blir därför svårt. Det blir svårt att dra ut kontentan av vad som står i en text, bedöma vad som är viktigt i ett ämne, berätta vad en film handlade om och bedöma om man fått ett rimligt resultat, när man räknat en svår uppgift i matematik. Att välja blir en stressande process, eftersom man måste gå igenom alla alternativ noga i huvudet och många praktiska sysslor blir tidskrävande då personen gör dem extra noga.

Andra tänkbara kopplingar mellan vardagsproblem och en svag tendens till central koherens är att det lätt blir missförstånd i tolkningen av den information personen får. Tolkningsstilen blir extremt bokstavlig med fokus exakt på vad orden betyder. Kanske uppfattar han/hon bara ett enstaka ord av det vi säger och skapar en föreställning runt det som inte var den avsedda. Det kan också vara så att personen drar en felaktig slutsats utifrån att ha fokuserat på en detalj i en bild, då bilden i sin helhet är avsedd som information. Ett nytaget fotografi av skolan skulle signalera att »Du ska gå till skolan« men långt bakom på parkeringen syns en buss som är mycket liten på fotografiet jämfört med byggnaden. En pojke trodde att han skulle åka på bussutflykt och blev besviken när det inte var så. Till skolan promenerar han normalt sett men denna dag ville han inte gå eftersom han blivit lovad att åka på bussutflykt, enligt hans tolkning av bilden. Strategierna för att bygga upp ett visuellt tydligt informationssystem kan sägas vara ett försök att hjälpa personen att fokusera på den för honom relevanta informationen och kunna bortse från ovidkommande detaljer. Det är ibland en utmaning att ge den på ett sätt som inte kan misstolkas.

Brister i central koherens kan ligga bakom att personer riskerar att fastna i rutiner som nästan kan bli tvång. Om varje detalj är exakt lika viktig kan det bli så att man inte kan gå och lägga sig om man inte har en viss pyjamas på sig eller om inte rullgardinen är nedrullad på ett exakt sätt. Man kan inte arbeta om inte någon klappar händerna för varje uppgift man gjort eller klä på sig ytterkläderna i hallen om inte någon i personalen nickar bekräftande. Att inte kunna skilja ut det som är oväsentligt kan leda till ett kontrolltvång. Man måste veta exakt var alla klasskamrater är när man själv är hos skolsköterskan eller om tunnelbanetåget kommer att vara i tid, vilken färg tåget kommer att ha och så vidare. Detta tvång skapar stor stress och osäkerhet i tillvaron.

Tendensen att inte se samband och sammanhang förekommer på alla begåvningsnivåer, men det yttrar sig naturligtvis på olika sätt om det rör sig om en person på tidig utvecklingsnivå eller en person med hög generell intelligens. Det gemensamma blir att det finns en rationell grund för att ge information på ett kvalitativt annorlunda sätt. Exempel på yttringar med ett gemensamt bakomliggande mönster kan vara när en person på tidig utvecklingsnivå inte förmår göra arbetsuppgifter (konstruerade eller verkliga) som innebär att man ska stoppa något i ett hål. Han lägger inte runda träkulor i en burk med hål, för han uppfattar inte sambandet mellan kulan och hålet. Han stoppar inte smutstvätt i korgen av samma skäl utan behandlar den på ett sensomotoriskt sätt i stället, till exempel luktar på den.

En elev som förstår bilder och kan läsa korta meningar fick ett schema över att duka bord. Han fick en liten ringpärm med inplastade blad i en stor korg tillsammans med det verkliga material han behövde. Det stod »Duka« på första sidan i pärmen, »Ställ ut två muggar« på andra sidan, »Lägg ut två skedar« på tredje sidan och »Ställ ut sockermåttet« på fjärde sidan. På varje sida fanns också en liten förklarande bild med en teckning av två koppar och så vidare. Eleven tog ut alla sidorna ur pärmen, lade ut lapparna slumpvis på bordet och ställde två muggar på den lapp där det stod två muggar och så vidare. En perfekt lösning men inte vad personalen hade avsett. Han kunde nästan duka innan denna »pedagogiska instruktion« tillverkats, men han höll inte fast vid meningen med uppgiften.

En elev på en folkhögskola skulle kommentera hur han hade utvecklats i förhållande till kursplanens mål. Han visade en overheadbild där ett mål var »att utveckla samspel och kommunikation«. Han pekade på ordet samspel och sade med glädje i rösten att han fått en flickvän. Han pekade sedan på ordet kommunikation i ovanstående sats och sade: »Jag åker pendeltåg själv nu!«

Allt detta är exempel på konsekvenser av att inte kunna tolka utifrån sammanhanget eller den övergripande meningen, men med olika resultat på olika begåvningsnivåer. Svag central koherens leder till ett gott »utantillminne«, dock utan analys av innehållet.

Mentaliseringsförmåga

Mentalisering, mentaliseringsförmåga eller »theory of mind« brukar definieras som förmågan att tillskriva sig själv och andra mentala tillstånd som att tänka, tro, önska, känna och att ha avsikter och att genom denna förmåga kunna tolka och förutse andras beteende och reflektera över sitt eget beteende (Dahlgren, 2007; Kristiansen, 2000).

Mentalisering betecknar det sätt på vilket vi försöker förklara eller förstå den icke observerbara mentala världen hos andra. När en person vet att det inne i huvudet på andra människor finns tankar som inte är identiska med hans egna, får denna person möjlighet att förutsäga eller förklara vad som kan komma att hända i en viss situation. Det är därför viktigt för oss att ha en föreställning om vad andra människor tänker, så att vi därmed kan förutsäga eller förklara deras handlingar och handla adekvat i sociala situationer. Mentaliseringsförmåga behövs också för att kunna reflektera över sina egna tankar, känslor och problemlösningsstrategier – och för att medvetet plocka fram den kunskap man har i situationer där den är användbar.

Mentalisering är en *utvecklingsfunktion* som utvecklas olika beroende på individuella förutsättningar, men också i relation till i vilken utsträckning ett barn får stöd av omgivningen samt tillfälle att öva. Flickor sägs generellt vara bättre på mentalisering än pojkar. De barn som har syskon och/eller lever i familjer där man talar mycket om känslor förfinar också sin förmåga.

Mentalisering är ett exempel på avancerat perspektivtagande som kräver förmåga att sätta sig in i vad andra tänker och känner. Ett mer konkret exempel på förmåga att ta andras perspektiv är *visuellt perspektivtagande*. Det innebär att förstå att en annan person, som befinner sig på en helt annan plats i det fysiska rummet än en själv, inte ser samma saker som man själv gör. Ett barn som inte kan tänka sig in i andras visuella perspektiv kan gömma sig genom att sticka in huvudet bakom gardinen. Barnet visar på så sätt att det inte förstår att andra ser även om inte barnet själv ser andra. Det är mycket mer komplext att förstå att andra *tänker, vet och tycker* något annat än jag själv och *vad* de tänker, vet och tycker. Än mer subtilt är det att förstå och kunna leva sig in i vad de känner och att anpassa sitt eget agerande till det. Brister i mentaliseringsförmåga har blivit starkt förknippat med autism och det finns fog för detta. Man bör ändå komma ihåg att det är en utvecklingsfunktion som kan vara bristande hos flera andra elever i olika grad. Dahlgren (2007) har visat att svårigheter med »theory of mind«, som han väljer att benämna det, inte är autismspecifikt.

Begreppet »theory of mind« användes första gången i djurforskning, då forskarna undersökte schimpansers förmåga att skapa sig teorier om andras psyke. Ur detta utvecklades en metod för att testa förmågan hos normalfungerande barn och man fann en gradvis utveckling med start runt fyraårsåldern. Först då kan barnet bilda representationer av eller föreställa sig andra personers tankar. För att pröva hypotesen att barn med autism har specifika problem med att förstå andras mentala tillstånd, i form av vad de vet och inte vet, utformades det kända »Sally–Anne-testet«. Sally och Anne är två dockor. Sally har en korg och Anne har en låda. Sally har en kula. Hon stoppar kulan i sin korg. Sally går ut ur rummet. Under tiden tar Anne kulan och stoppar den i sin låda vars lock stängs. Sally kommer tillbaka in i rummet. Hon vill leka med sin kula. Frågan till barnet är: »Var kommer Sally att leta efter sin kula?« Det rätta svaret är naturligtvis i korgen, eftersom det är där Sally stoppat sin kula. Hon kan inte veta att Anne flyttat den till sin låda.

Resultaten visade att »vanliga« barn, fyra år gamla, och barn med Downs syndrom motsvarande en begåvning på fyra års nivå, klarade detta medan cirka 80 procent av barn med autism på samma begåvningsnivå misslyckades. De kunde inte bortse från de fakta som de själva visste om och tänka sig in i vad en annan person (Sally) vet eller inte vet. Denna typ av »theory of mind«-test brukar kallas »false belief tests«, eftersom man frågar efter vad någon annan tror och hur personens »tro« kommer att styra hans handlande (Dahlgren, 2007).

Konsekvenserna av bristande »theory of mind« i vardagslivet är många. Det blir svårt att förstå och förklara skälen till egna och andras handlingar. Oskrivna regler och konventioner blir svårbegripliga, liksom att människor kan reagera känslomässigt på ett påstående som bara konstaterar fakta. Personer med svårigheter inom det här området kan verka okänsliga inför andras känslor och reaktioner och säga sådant som »vad många rynkor du har i ansiktet« på ett sakligt konstaterande sätt. På grund av svårigheterna att förstå andras mentala liv, blir det också svårt att förutse vad andra kan tänkas tycka om det man själv gör. En pojke hade inte spontant reflekterat över att andra kunde avläsa hans känslotillstånd. När man blir mer medveten kan det bli ett stort problem att ha svårt att bedöma hur andra kan uppfatta ens ord och handlingar. Missförstånd blir svåra att förstå, förutse och reparera. Man inser sällan om man blir lurad och har också svårt att lura andra.

Brister i mentaliseringsförmåga försvårar utvecklingen av empati. Det betyder att det är svårt att ha medkänsla om man inte förstått vad den andra känner. Personen med autism som inte har förstått kan visa okänslighet inför andras känslor, eller bli glad när någon är arg för att den som är arg ser rolig ut. Förmågan att förhandla och övertala någon kräver också mentalisering. Vissa barn med brister använder tjat som strategi tills föräldrarna ger sig. Har en person med bristande »theory of mind« väl fått andras reaktioner förklarade för sig och förstått finns det inget som hindrar att personen utvecklar empati.

Brister i *metakognition*, det vill säga förmågan att tänka runt tankar, gör att det blir svårt att se sig själv som en person som är bärare av uppfattningar och åsikter. Det man själv tycker betraktar man som fakta. Detta leder till ett oflexibelt socialt samspel och kan leda till hårdnackade konflikter i vardagen. Svårigheter att räkna ut vad andra kan, vet och är intresserade av ger svårigheter i social kommunikation, liksom svårigheter att tolka kommunikationspartnerns mening och avsikt. Förmågan till självreflektion påverkas negativt. Den består av att kunna inse att de egna föreställningarna kan vara fel, se orsakerna till sitt eget beteende, veta hur man själv fått kunskap och kunna pröva olika lösningar i huvudet, innan man gör något. Dessa utmaningar i livet är starkt relaterade till begreppet metakognition.

Allra störst inverkan har kanske svårigheter att förstå och avläsa andras förväntningar. Det minskar motivationen att behaga andra, vara andra till lags eller agera medvetet för att bli omtyckt. Elever med denna svårighet blir mindre känsliga för grupptryck, på gott och ont. För till exempel forskare och konstnärer kan det vara en fördel att våga gå sina egna vägar utan att snegla alltför mycket på vad andra tänker och tycker. Strävan att vara som alla andra, populär, lyckad med mera har också en positiv sida och den ska inte underskattas som drivkraft för att utveckla vad vi kallar normalt beteende. Om ett barn har svårt att spegla sig i andras reaktioner går det sin egen väg. Att förstå förväntningar, och att de kan vara olika i skilda sammanhang, är en ovärderlig kompass i det sociala livet. Att ha bristande blick för sociala ledtrådar påverkar hela utvecklingen – men det är möjligt att lära sig att bli bättre på att tolka och förstå andras reaktioner och att reflektera över sig själv.

Samband mellan neuropsykiatriska funktionsnedsättningar, symtom och diagnoser

Det är troligt att inte bara intelligens utan även förmågor som mentalisering, central koherens och exekutiva förmågor är normalfördelade bland barn och inom befolkningen i stort. Normalfördelningstanken innebär inte att förmågorna är helt biologiskt determinerade eller bestämda av hur våra hjärnfunktioner ser ut. Miljöfaktorer som uppfostran och pedagogik spelar också en roll även om vi har olika förutsättningar inom ett antal områden. Om man tänker sig att vissa har mer fallenhet än andra för att sätta sig in i hur andra människor känner, eller för att kunna härbärgera mycket information i sitt arbetsminne, beror det förmodligen på en kombination av personliga egenskaper och övning samt på situationen.

Vi är alla neurologiskt olika och de pedagogiska anpassningar som kan vara helt nödvändiga för en elev kan också vara till nytta för flera andra elever. Vad vi som individer lyckas utveckla beror enligt det här synsättet på en kombination av vilka förutsättningar för utveckling vi erbjudits av vår omgivning, vilket utvecklande samspel vi deltar i, samt våra egna individuella resurser.

Utifrån resonemanget om en normalfördelning av olika förmågor i befolkningen kan man tänka att man som lärare i skolan möter elever med alla typer av förutsättningar. Det pedagogiska bemötandet och hur undervisningen läggs upp betyder mycket för olika elevers möjligheter till lärande och delaktighet. I vårt samhälle krävs i vissa sammanhang diagnoser för att få tillgång till stöd och hjälpåtgärder.

Enligt styrdokumenten för skolans verksamhet har dock alla elever rätt till en undervisning som de kan tillgodogöra sig. Behoven – inte diagnosen – ska avgöra vilket stöd eleven får. I skolan är det mer relevant att beskriva elever utifrån möjligheter och begränsningar inom olika utvecklingsfunktioner, och hur faktorer i situationen och undervisningens uppläggning skapar framgång eller misslyckande för olika elever. För att få tillgång till stöd enligt LSS-lagen däremot krävs en diagnos som utgångspunkt för bedömning av stödbehovet.

Nedan följer en sammanställning av sambanden i stort mellan neuropsykiatriska/utvecklingsneurologiska funktionsnedsättningar, symtom och diagnoser. Nedsättningar inom vissa utvecklingsfunktioner är inte enbart förbehållna personer som får en diagnos av något slag. Utmaningar inom vissa utvecklingsfunktioner är dock extra starkt förknippade med vissa diagnoser utan att därför vara helt diagnosspecifika.

Utvecklingsfunktion	Symtom	Diagnos
Brister inom abstrakt tänkande	Långsam bearbetning Konkret förståelse	Utvecklingsstörning
Brister inom mentalisering, central koherens och exekutiva funktioner	Brister inom socialt samspel, kommunikation och fantasi/beteende-repertoar	Autism Aspergers syndrom*
Brister inom exekutiva funktioner	Impulsivitet Igångsättnings-svårigheter Bristande arbetsminne	ADHD
Inga specifika brister	Motoriska och vokala tics	Tourettes syndrom

* Diagnosen tas bort i kommande diagnosmanual DSM-V.

Tabell 6.1: Samband mellan utvecklingsfunktion, symtom och diagnos. Svårigheter inom vissa utvecklingsfunktioner kan leda till symtom, det vill säga beteenden som är annorlunda än förväntat utifrån barnets levnadsålder. Om beteendeavvikelserna är stora kan en utredning visa om barnet uppfyller kriterierna för någon diagnos.

Koncentrationssvårigheter och ADHD

Koncentrationssvårigheter kan vara av två olika slag: *tillfälliga, sekundära och situationsbundna*, som en reaktion på påfrestande uppväxtmiljö eller på överkrav i skolan, eller *stora, primära och varaktiga*, och påverka i de flesta situationer (Kadesjö, 2008).

Vad är ADHD?

Diagnosen ADHD (*Attention Deficit Hyperactivity Disorder*) är en symtomdiagnos fokuserad på tre kärnområden: *uppmärksamhetsproblem, överaktivitet* och *bristande impulskontroll*. Barn med diagnosen ADHD består av tre olika undergrupper: de som huvudsakligen har uppmärksamhetsproblem, de vars huvudsakliga problem handlar om överaktivitet/impulsivitet och de som har en kombination av dessa problem. Personer inom detta spektrum har svårt med de styr- och reglermekanismer som behövs för att planera, genomföra och slutföra meningsfulla handlingskedjor. De har också svårt för att minnas instruktioner och genomföra uppgifter i flera led. Begåvningen i sig brukar fungera normalt; barnet vet och förstår vad som ska göras men funktionsnedsättningen kan sätta käppar i hjulet för att genomföra detta.

Personer med ADHD är en mycket heterogen grupp. För att symtomen hos ett barn ska definieras som ADHD krävs betydande svårigheter, som avviker markant från vad man ser hos jämnåriga. För att få diagnosen ADHD ska ett barn ha uppvisat många symtom under lång tid. Problemen ska ha börjat före sju års ålder och svårigheterna ska ha allvarlig inverkan på barnets sätt att fungera i två olika vardagssituationer, som i hemmet och i skolan.

Exakt vilka symtom inom områdena uppmärksamhetsproblem eller överaktivitet/impulsivitet, som ska vara uppfyllda för att en diagnos ska ställas finns bland annat på Socialstyrelsens hemsida och har också beskrivits av Kadesjö (2008).

Förr trodde man att ADHD växte bort med åren men numera vet man att många har bestående utmaningar, även om symtomen förändras med åren, liksom coping-strategierna, det vill säga hur personen själv handskas med sin situation (www.socialstyrelsen.se).

Flickor med ADHD är vanligare än många tror, även om flertalet kanske inte har fått en diagnos. Deras svårigheter är annorlunda än pojkars och de är ofta mindre störande för omgivningen. Hos flickor är det vanligast med uppmärksamhetsstörning, medan pojkar oftare uppvisar hyperaktivitet. Flickorna kan verka glömska och ouppmärksamma. De har svårt att hänga med i ett högt tempo. Många har expressiva språksvårigheter, det vill säga svårt att uttrycka sig verbalt. Flickor med ADHD upplever ofta större svårigheter i kamratrelationer än pojkar. Det är vanligt att de försöker dölja sina svårigheter genom att dra sig tillbaka. Flickornas självkänsla riskerar att bli låg och många väljer strategin att försöka vara till lags. Ångest och depression, som kan öka under tonåren, kan bli följden om dessa flickors svårigheter i lärandet inte uppmärksammas.

Det finns även flickor med ADHD som är hyperaktiva och impulsiva men det är vanligare att de ter sig rastlösa och nervösa, snarare än uppenbart hyperaktiva som många pojkar med ADHD är. Båda typerna av flickor med ADHD, såväl de med uppmärksamhetsstörning som de hyperaktiva, brukar av omgivningen anses omogna för sin ålder. Många har svårt att leka med jämnåriga barn och leker kanske hellre med yngre lekkamrater (Kopp, 2010).

Att utvecklas och leva med koncentrationssvårigheter och ADHD – konsekvenser i vardagen

En del barn som senare får diagnosen ADHD har varit lugna och »lättskötta« tills någon gång vid tolv–arton månaders ålder. Föräldrar kan berätta att deras barn plötsligt blev hyperaktivt, ofta i samband med någon speciell händelse. Dessa barn utmärks som förskole- och skolbarn av att de bara kan uppmärksamma något under mycket korta stunder och att de ständigt söker det som är nytt och spännande. De har lätt för att dra sig till slagsmål och gräl. Uppmärksamheten fluktuerar hela tiden och det leder till att de inte lagrar erfarenheter, som andra barn gör naturligt i vardagssituationer. De lär sig därför mindre av erfarenheten och vardagssituationer ter sig som nya hela tiden. Barn med ADHD måste bygga upp sitt beteende från början varje gång och behöver längre tid för att automatisera. Beteendemässigt märks att många av dessa barn sover längre, äter stora portioner och är motoriskt klumpiga. Deras sätt att fungera varierar med situationen, så att de kan göra något ensam med en vuxen – till exempel kasta boll – men i en rörig situation med andra barn blir det fel. Neurologiskt är barnet egentligen »undervaket«. Det behöver vara överaktivt för att få in några intryck till hjärnan för bearbetning.

Vissa barn stressas hela tiden av inre och yttre stimulering och har svårt att vänja sig vid nya intryck. De känner inte igen intryck som de upplevt tidigare utan allt är ständigt nytt. Detta gör att barnen översvämmas av intryck inifrån och utifrån som de inte hinner bearbeta. De kan ha varit skrikiga, oroliga och hyperaktiva som spädbarn, svåra att lugna och att tillfredsställa. I förskolan och skolan brukar det vara omöjligt för dessa barn att koncentrera sig tillsammans med andra. De reagerar kraftigt i ostrukturerade situationer och på oväntade saker. Beteendet blir uppskruvat tills utmattning inträffar. De brukar själva hitta på sätt att hålla i gång sin uppmärksamhet men har svårt att använda sina verkliga resurser. I skolan får många av dem svårt att förstå instruktioner. Svårigheter att rikta och hålla kvar uppmärksamheten, och att lagra flera led av instruktioner i arbetsminnet, påverkar starkt i skolämnena. De här barnen kämpar hårt utan att uppnå särskilt lysande resultat. Motivation och självkänsla kan skadas allvarligt, om det saknas förståelse för barnets problematik samt kunskap om hur man kan kringgå vissa svårigheter genom sättet att lägga upp undervisningen i skolan.

Är man flicka med utmaningar inom de beskrivna områdena tolkas symtomen oftare som familjerelationsproblem. Det dröjer därför i många fall längre tid innan flickor får hjälp. Enligt en studie från Göteborg (Kopp, 2010) var föräldrarna tidigt medvetna om att deras flicka hade svårigheter. Skolpersonalen märkte dock inte något förrän i högstadiet. I vuxen ålder brukar överaktiviteten och impulsiviteten ha minskat, men många upplever en inre rastlöshet. Problem med koncentration och uppmärksamhet finns ofta kvar. Exekutiva funktioner, som att organisera och planera, är en bestående utmaning för vissa. Idérikedom, förmåga att arbeta mycket och hyperfokusera, viss våghalsighet och andra positiva egenskaper gör att en del av dessa barn trots det har lyckats mycket bra.

Vad behöver jag som pedagog tänka på?

Många elever/barn med eller utan diagnos kan ha nytta av de pedagogiska tankar och strategier som presenteras här. Det finns inget »diagnosspecifikt« sätt att arbeta. Tänk också på att elever är olika och att det som presenteras ska ses som pedagogiska möjligheter att prova. Information av det här slaget blir gärna en uppräkning. Allt som sägs är inte lika viktigt eller ens nödvändigt för alla elever, även om de skulle råka vara mycket lika och ha samma diagnos. Vad som är mest verkningsfullt beror på ett samspel av olika faktorer, där de omständigheter eleven lever i och elevens personliga drag spelar in.

Viktigast av allt är att visa förståelse för att alla är olika och att saker som inte är en utmaning för de flesta kan vara ett verkligt problem för andra. Viktigt är också att du som pedagog lyckas göra eleven till bundsförvant, då ni tillsammans behöver hitta strategier för att komma över hinder. Eleven behöver också få hjälp med att få syn på sina starka sidor och utveckla en fast grundmurad positiv självkänsla. Tänk också på att särskilt personer med funktionsnedsättningar, inom de områden som tagits upp här, ofta fluktuerar i hur väl de kan utnyttja sina förmågor. Det kan handla om motivation, behov av omedelbar feedback, bra och dåliga dagar eller svårigheter att finna en lämplig aktivitetsnivå (Kadesjö, 2008).

Att organisera och planera det pedagogiska arbetet

Schemaläggningen behöver tänkas igenom runt elever med koncentrationssvårigheter och ADHD. Många kan ha svårt att hitta mellan olika lokaler samt att komma ihåg att hämta böcker och material från sitt skåp. Därför kanske man måste se till att just dessa elever inte behöver förflytta sig så mycket mellan olika avlägset belägna lokaler. Det påverkar lärandet positivt för många att få möjlighet att ta flertalet korta, strukturerade raster och att få många schemalagda tillfällen till fysisk aktivitet. Detta underlättar lyssnandet och koncentrationen på lektionerna. Personalen kan behöva schemalagd gemensam tid för att utveckla ett gemensamt förhållningssätt, regler och rutiner för att diskutera värdegrundsfrågor. Det behövs också schemalagd tid för att förbereda lektioner och utvärdera resultat.

Det är viktigt att tänka igenom lokalernas beskaffenhet och elevers placering i klassrummet. En enskild arbetsplats eller åtminstone en egen bänk brukar vara att föredra. Många elever med koncentrationssvårigheter behöver sitta långt fram i klassrummet med nära ögonkontakt med läraren.

Alla människor med ADHD är dock inte lika. Elever som har problem med fördelad uppmärksamhet har stora svårigheter att hantera stimuli bakifrån och från sidan. För dem fungerar det bäst att få sitta längst bak i klassrummet. Att ha ett litet rum eller krypin i direkt anslutning till klassrummet, där eleven kan arbeta ostört eller öva enskilt med en vuxen, är ofta något som behövs och uppskattas av många elever. Uppmaningar om att sitta stilla har föga effekt. I stället behöver en elev med stort rörelsebehov, eller stort behov av att plocka med något för att kunna tänka, få tillåtelse att göra det. Pontus sjukgymnast föreslog att han skulle ta av sig skorna på lektionerna och sitta och rulla på en träsak (gjord för fotmassage) lagd på golvet under bänken. Då blev det mycket lättare för honom att sitta och skriva.

Samarbetet i arbetslaget är kanske den viktigaste komponenten i det pedagogiska arbetet. En förståelse för de svårigheter barn kan ha och en omdefiniering av problemen är en förutsättning för ett positivt bemötande. När alla vuxna förstår att vissa elever helt enkelt inte kan sitta stilla och arbeta koncentrerat lika länge som de flesta jämnåriga, och slutar med verkningslösa tillsägelser, är mycket vunnet. En del elever måste vara överaktiva för att ta in intryck till hjärnan för bearbetning, utan överaktivitet slutar de att uppleva. Generellt har elever med ADHD svårt att finna rätt aktivitetsnivå. Det är viktigt att attityden i arbetslagen tillåter olika regler för alla och att kravnivån anpassas till vars och ens förutsättningar.

Gemensam handledning av specialpedagog eller psykolog kan vara ett bra stöd både för den enskilda pedagogen och för utveckling av ett gemensamt förhållningssätt inom arbetslaget.

Det direkta arbetet och kontakten med och mellan elever

Fundera gärna kring vad som är framgångsfaktorer i omgivningen och i samspelet mellan individ och miljö. I vilka situationer fungerar det som bäst? Hur är det när eleven är som mest delaktig? Vad är han eller hon speciellt bra på eller road av? Om möjligt kan du också försöka utröna vad eleven själv, eller klasskamraterna, anser fungerar bra.

En omfattande och ständigt pågående pedagogisk kartläggning och analys för att ta reda på svårigheter och möjligheter är ett viktigt arbetsinstrument, för att anpassa kravnivån så att kraven varken blir för höga eller för låga. En annan sak du kan behöva tänka på är att göra eleven delaktig i sin egen målsättning och i att utvärdera sina resultat. Det kan ske genom att man gör skattningsskalor tillsammans eller att man gör upp om en viss belöning. När du ger beröm så tänk på att vara konkret och på att variera berömmet. Det är till exempel bättre att säga: »Vilken grym dinosaurie. Det är nog de svarta ögonen och formen på ögonbrynen som gör att han ser så elak ut.«, än att säga: »Vilken bra teckning!«

Omge eleven med struktur och ordning och tänk på att du själv är en del av denna struktur. Undvik att lägga upp lektioner så att eleverna måste lyssna, titta på dig eller något annat och samtidigt agera eller göra något. Många tolkar visuella instruktioner bättre. Eftersom alla är perceptuellt olika, oavsett om man har en diagnos eller inte, kan du tänka på att tala om vad som ska göras, hur det ska göras och samtidigt ha det nedskrivet i punkter på ett papper, som var och en kan ta och/eller skriva på tavlan. Avgränsa elevens arbetsuppgifter, så att de inte känns övermäktiga. Det kan vara bättre att få göra en separat sida åt gången ur ett arbetshäfte än att få hela häftet i sin hand. När något ovanligt ska inträffa, till exempel en utflykt, så prova gärna att skriva i punktform vad som ska hända och vad ni ska göra, eftersom det kan underlätta för eleven att handskas med förändringen. Texten kan vid behov kombineras med bilder eller bytas ut mot bilder.

När du ger enbart muntliga instruktioner, så tänk på att vissa elever är i behov av att du använder samma ord varje gång du ger en viss anvisning. Nytt material kan du gärna visa i förväg och gå igenom individuellt med eleven. Undvik stressande valsituationer. Många elever har svårt att välja aktivitet på raster och de har också svårt att veta vad de ska göra på en stor yta, till exempel en skolgård med en massa människor. Spelregler och idén med en lek kan vara svåra att förstå för många och i dessa situationer behövs då pedagogiskt stöd. De flesta med någon form av koncentrations- och planeringssvårigheter behöver även hjälp med att strukturera sin läxläsning.

Kanske har eleven i sin känsla av att allt är övermäktigt inte ens tänkt på att man kan dela upp läxan på två eller tre tillfällen. Det är inte heller självklart att hon har överblick över sin tid och kan se när det finns lämpliga stunder för att göra läxan. En tydlig uppdelning av läxan, och en inplanering av tid för den i almanackan tillsammans med pedagogen, kan vara en enkel hjälp som många behöver. Möjligheten finns att komplettera med ett mejl till förälder eller till eleven själv.

Självklart måste läxan innehålla sådant som eleven redan till stor del kan, och instruktionen om vad som ska göras måste vara begriplig – ofta förtydligad på papper. Har man accepterat att alla är olika vad gäller hur mycket man orkar koncentrera sig, vilka lärandemål man har och vad man behöver öva för att uppnå målen, säger det sig självt att även läxornas längd och innehåll ska varieras och individanpassas.

Kanske är förståelse och kunskap viktigast av allt bland samtlig personal. Att låta eleven få ta konsekvenserna av sina handlingar fungerar bara om man faktiskt *kan* utföra det som begärs. Har man svårigheter på grund av någon neuropsykiatrisk/utvecklingsneurologisk funktionsnedsättning måste man få hjälp att hitta och genomföra de positiva lösningarna. Greene (2009) menar att barn alltid gör så gott de kan och att det bakom varje problem finns en outvecklad färdighet. Precis som ett barn kan vara sent med talutvecklingen eller läs- och skrivutveckling, kan det vara försenat i sin utveckling vad gäller sociala färdigheter, tålamod, flexibilitet med mera. Detta gör att kraven kan bli för höga på barnet.

Attityden som säger att »eleven kan om han bara vill« behöver bytas ut mot hypotesen som säger att »eleven vill om han bara kan«.

Hot om indragna belöningar och liknande gör bara att eleven lagrar konflikterna runt vissa situationer i sitt minne. Den strategin skapar inga lösningar utan riskerar i stället att uppfattas som en bestraffning. Förmaningar har liten effekt. Det finns elever som kan rabbla upp alla regler men som inte är kapabla att följa dem i de verkliga situationerna. Tjat fungerar alltså inte.

Petter, som undervisar i bild på olika stadier, tänkte att han skulle undersöka sitt eget sätt att kommunicera med elever på ett mycket enkelt sätt. Han satte på en bandspelare de tio första minuterna av sina lektioner i två klasser, där han tyckte han hade vissa utmaningar. Han kartlade systematiskt hur mycket positiv feedback han gav vissa elever, i jämförelse med hur många tillsägelser och tillrättavisningar de fick. För eleven Lisa fann han till sin bestörtning att hans kommunikation till 78 procent var negativ. Han beslöt sig för att ändra sitt förhållningssätt och göra nya mätningar.

Enligt Kadesjö (2008) är elever med ADHD ofta beroende av hög motivation för att kunna arbeta och det brukar fungera bäst att ge dem omedelbar feedback.

Autism och Aspergers syndrom

Vad är autism och Aspergers syndrom?

Autism karakteriseras av svårigheter med *social interaktion, kommunikation* och *begränsad beteenderepertoar eller begränsad, annorlunda fantasi*. Kvalitativt nedsatt förmåga till social interaktion kan ta sig följande uttryck: påtagliga brister i förmåga att använda ögonkontakt, ansiktsuttryck, kroppshållning och gester som led i social interaktion, oförmåga att etablera åldersadekvata kamratrelationer, brist på spontan vilja att dela upplevelser, intressen eller aktiviteter med andra samt brist på social eller emotionell ömsesidighet.

Svårigheterna inom området kommunikation kan ta sig uttryck i att talutvecklingen är försenad eller att personen inte talar alls, och inte kompenserar detta genom att försöka uttrycka sig med andra medel. Bland dem som har en utvecklad talförmåga ses en påtagligt nedsatt förmåga att inleda och upprätthålla samtal med andra. Stereotypt tal med många upprepningar och ett eget språk är ett annat tänkbart uttryck, liksom brist på varierad, spontan låtsaslek eller imitativ lek, som är adekvat för utvecklingsnivån.

Begränsade, repetitiva och stereotypa beteendemönster kan ta sig uttryck i omfattande fixering vid ett eller flera stereotypa, begränsade intressen. Fokuseringen på och intensiteten i dessa intressen är extremt stark. Andra uttryck kan vara en fixering vid specifika, oändamålsenliga rutiner eller ritualer, stereotypa och upprepade motoriska manér som handviftningar, speciella kroppsrörelser eller enträgen fascination inför delar av saker, som att snurra på leksaksbilens hjul. Hos personer som får diagnosen autism har svårigheterna uppträtt före tre års ålder. Personer med autism har ofta också en utvecklingsstörning, men det förekommer att diagnosen ställs på en normalbegåvad person.

Aspergers syndrom innebär symtom inom framför allt symtomområdena *kvalitativt nedsatt förmåga till social interaktion* och *begränsade, repetitiva och stereotypa beteendemönster, intressen och aktiviteter.* Denna kombination av svårigheter ska påverka förmågan i det dagliga livet. Området kommunikation skiljer sig mellan autism och Aspergers syndrom. Personer som får diagnosen Aspergers syndrom ska inte ha haft någon påtaglig allmän språkförsening som barn. Dock är det vanligt att de har problem med att tolka ickeverbal kommunikation som kroppsspråk, gester, miner och tonfall. Inte heller ska den allmänna kognitiva utvecklingen vara försenad för en person med Aspergers syndrom. Det betyder att dessa personer har en normal begåvning. Språket och den generella intelligensen är således det som mest skiljer de båda grupperna åt.[6]

Personer med autism och personer med Aspergers syndrom har således varierande grad av svårigheter inom symtomområdena, även om den verbala kommunikationen brukar anses mindre påverkad vid Aspergers syndrom. Autismspektrumstörning är en funktionsnedsättning som förekommer på alla begåvningsnivåer. En djupare förståelse av funktionsnedsättningar inom autismspektrumet kan

---

6 I diagnoskriterierna från American Psychiatric Association används termen autismspektrumstörning (»autism spectrum disorder«) för såväl autism som Aspergers syndrom från och med maj 2013. Termen Aspergers syndrom tas bort.

därmed generera kunskap om vilken roll kognitiva, emotionella och motivationella faktorer spelar för ett barns utveckling i allmänhet.

Diagnoserna är symtomdiagnoser och diagnoskriterierna är desamma oavsett ålder. De exakta diagnoskriterierna för autism och Aspergers syndrom, och de förändringar som sker när det gäller diagnoskriterier, återfinns bland annat på www.autismforum.se.

I verkligheten skiljer sig individer åt med avseende på hur omfattande och svåra symtom de har, samt hur många symtom de har inom varje specifikt område, men varje individ förändras också med åren. Hur svåra symtomen blir beror även på vilket bemötande, och vilken möjlighet till lärande och utveckling, som erbjuds i den omgivning där personen lever. Personer med dessa diagnoser har, per definition, svårt att formulera och uttrycka sig själva. Om de befinner sig i en för dem stressande, obegriplig eller obehaglig livssituation, finns risk att det tar sig uttryck i vad omgivningen tolkar som beteendeproblem. Det är därför viktigt att skilja på vad som är verklig funktionsnedsättning och vad som är en reaktion på missförhållanden och oförståelse från omgivningen. Att konstatera att en person har en kvalitativt nedsatt förmåga till socialt samspel och kommunikation innebär att personen ska ges chanser att få lära sig hur detta går till, och det är inte detsamma som att säga att personen inte vill umgås med andra.

Sammanlagda svårigheter inom de tre utvecklingsneurologiska funktionerna, exekutiva funktioner, central koherens och mentaliseringsförmåga kan, om de är tillräckligt genomgripande, leda till beteenden som stämmer in på diagnoskriterierna för autism eller Aspergers syndrom.

Autism eller autismspektrumstörning innebär en funktionsnedsättning som påverkar den sociala förståelsen. Syndromet diagnostiseras/definieras med beteendet som utgångspunkt.

Flickor med autism eller Aspergers syndrom är mer sparsamt beskrivna i litteratur och forskning. Deras symtombild verkar skilja sig från pojkarnas på så sätt att de ofta har en något bättre social utveckling och mindre utpräglade specialintressen. Även flickorna har stora svårigheter att på djupet förstå socialt samspel och kommunikation, men de kan ha utvecklat en bättre förmåga att imitera och hittat strategier för att försöka handskas med sin tillvaro. Exempel är en flicka som alltid hade haft någon kamrat genom hela skoltiden. Dessa kamrater hade dock varierat och det rörde sig alltid om någon skolkamrat som också var lite utanför. Eftersom flickan hade en kamrat, trodde omgivningen inte att det rörde sig om autism. När man gick närmare in på hur relationen tedde sig, märktes dock att den flicka som sedan fick en diagnos härmade sin kamrat exakt i klädstil, ord, uttryck och intressen.

Många flickor kan visst ha specialintressen men de kan vara av ett annat slag än pojkarnas och mera likna det som deras jämnåriga är intresserade av. En flicka på fjorton år var oerhört intresserad av hästar. Hon kände till en imponerande mängd fakta om olika hästraser, hästens anatomi och hur en häst ska skötas. Rida eller rykta en häst var hon inte alls intresserad av. Intresset tog sig således andra uttryck än hos de flesta tonårsflickor. Många flickor är passiva och tysta och märks inte. De kan vara duktiga i skolan eller tillhöra dem som har svårt att ta till sig undervisningen. Deras bakomliggande svårigheter med socialt samspel förblir ofta oupptäckta och även de flickor som klarar skolan bra akademiskt får anstränga sig hårt och riskerar att hamna i en ond cirkel av stress (Kopp, 2010).

Att utvecklas och leva med autism eller Aspergers syndrom – konsekvenser i vardagen

Ett förenklat sätt att tänka, men som kan ge en grundläggande fingervisning när det gäller att förstå elever med autismspektrumdiagnos, är att utgå från att utveckling i huvudsak sker i två dimensioner som är relativt oberoende av varandra. Som personer relaterar vi på ett alltmer avancerat sätt, dels till *den objektiva världen*, bestående av föremål, fakta med mera, och dels till *den subjektiva världen*, bestående av relationer till människor samt egna och andras tankar och känslovärld. Alla människor är förmodligen olika i vilken huvudsaklig orientering som dominerar för oss. Personer med autism eller Aspergers syndrom är mycket sakorienterade, sakliga och faktaorienterade på bekostnad av en mindre tydlig orientering mot den subjektiva, relationella, sociala världen. Många beteenden som framstår som oförklarliga för omgivningen kan förstås, om vi tänker oss att utveckling sker längs två linjer som är relativt oberoende av varandra: *sakorientering* och *personorientering*.

Om man till exempel är till hundra procent sakorienterad när man kommunicerar funderar man inte alls över hur andra tar emot ens budskap. Man pratar inte heller för att hålla samtalet flytande eller för att det känns obehagligt med tystnad, om man är på middagsbjudning. Egon är bortbjuden på middag och säger ingenting förrän han ätit upp all mat. Då säger han: »Fisken smakade ingenting.« Egon menar att det är onödigt att prata, om man inte har något att säga och att språket är till för att förmedla fakta. Hans uttalande om fisken var bara ett faktum enligt honom. När han får det förklarat för sig, kan han förstå att värdinnan kan bli sårad och att andra kan tycka det är trevligt att småprata. Många missförstånd mellan personer med autism och personer utan autism kan förstås, om man inser att de flesta utan autism oftast är mycket personorienterade och måna om vad andra ska tycka om det de säger och gör.

För personer med autism eller Aspergers syndrom är det ofta svårt att förstå andra människors avsikter, eftersom mentalisering är en utmaning för dem. De har dessutom svårt att tolka viktiga kommunikationsmedel som gester, miner och ansiktsuttryck. Roland råkade välta lärarens burk med gem, så att alla gemen trillade ned på golvet. »Tack ska du ha«, sa läraren ironiskt, men detta gav helt fel budskap till Roland, som tror att människor alltid menar det de säger. Läraren var stressad, men Roland förstod inte heller att tolka hennes bekymrade ansiktsuttryck. En sådan bokstavlig tolkning av det man ser och hör, utan att förstå meningen bakom, är vanlig bland elever med autism.

Många har svårt att identifiera vad de själva tycker om och inte tycker om, och uttrycka det. Linda satt i soffan i »myshörnet« tillsammans med några andra elever i klassen. En flicka satte sig väldigt nära henne och lade armen om henne. Man kunde se att Linda drog sig undan och försökte åla sig nedåt för att få viss distans. Lindas lärare frågade henne om hon tyckte om att Petra lade armen om henne. »Nej«, svarade Linda. Läraren uppträdde då som modell och förklarade för Linda hur hon kunde säga ifrån. Situationen var löst.

Även om man har ett språk kan det vara svårt att använda det för att uttrycka sina egna behov, till exempel för att be om hjälp. Linda är mån om att göra sina skoluppgifter men om hon inte förstår eller om något material saknas, blir hon gärna sittande utan att veta hur hon ska fråga om hjälp. Hon har fått ett par skrivna textremsor på väggen framför sin bänk med förslag på hur hon kan formulera sig när hon behöver hjälp. De hjälper henne att komma på idén att fråga och att hitta ett sätt att uttrycka sig. Många personer med autism vet inte hur de kan ta initiativ till nya saker eller hur de ska använda den kunskap och de förmågor de har.

Många vet inte hur man närmar sig andra och hur man tar kontakt fysiskt och socialt. Johan satt mest uppe på en klätterställning och iakttog vad andra gjorde ute på skolgården. Skolpersonalen hade resonerat så, att han kanske behövde vila och vara ensam på rasterna. De upptäckte dock att Johan faktiskt inte kunde leka och därför inte hade någon reell valmöjlighet. Han förstod inte heller andras reaktioner på hans beteende – att han betraktades som udda genom att alltid bara sitta på samma plats.

De lekar som var vanligast förekommande bland barnen på denna skolgård bröts ned i moment som lärdes ut till Johan, först tillsammans med personal och sedan tillsammans med de jämnåriga, med personalen som stöd. Efter det förstod Johan många lekar och kunde delta i dem utan stöd. När något var nytt behövde han dock få öva på det under lugna omständigheter, innan han kunde delta fullt ut. Efter en tid uppstod en ny utmaning, för Johan visste inte hur man avslutar något, till exempel genom att säga ifrån/visa att han var trött på något och ville ha omväxling. Detta löstes genom att mer personal var ute på raster och lekte, och lärde ut nya lekar på ett strukturerat sätt med tydliga roller och tydligt slut. Många elever utan funktionsnedsättning, som också varit lite utanför, engagerades på så sätt positivt i samspelet även de.

Sättet att bearbeta information genom att fästa lika stor vikt vid alla detaljer orsakar ofta missförstånd i vardagen. Eleven försöker förstå vad som ska hända, men fokuserar inte alltid på den information som är relevant i sammanhanget.

Kajsa hade enskild samling med sin mentor tio minuter varje dag efter skolans slut. Hennes mentor hade inlett dessa samtal på samma sätt varje gång och suttit på samma stol i det lilla grupprummet. När mentorn en dag satte sig på en annan plats och uttryckte sig på ett annat sätt, trodde Kajsa att man inte kunde prata om de saker som hon brukade vilja prata om. Kajsa sökte ledtrådar för att förstå men fastnade inte alltid för de informationsbärande ledtrådarna. Den detaljorienterade informationsbearbetningen gör också att något direkt blir en rutin och att eleven med autism får svårt att förstå, om det inte ständigt utförs på samma sätt. En skriftlig dagordning för samtalet, som gjordes tillsammans med Kajsa, skingrade missförstånden.

Den detaljorienterade bearbetningen medför brist på övergripande begrepp, bland annat eftersom varje detalj är så viktig och gör det svårt att generalisera eller överflytta kunskap från en situation till en annan liknande situation.

Isabel har inte helt utvecklat en övergripande idé om att man alltid tvättar händerna efter toalettbesök. Hon har lärt sig detta på skolans toaletter, som alla har flytande tvål i behållare och pappershanddukar. Ute på ett kafé som hade tvål och vanliga handdukar blev Isabel osäker och struntade i att tvätta händerna.

Olof hade lärt sig konversera med pappas kompisar, som spelade tennis. När mammas väninnor kom hem pratade han om tennis med dem också. Varken Isabel eller Olof visste, utan instruktion, hur de skulle anpassa sig till en förändrad situation.

Exekutiva svårigheter med att planera handlingskedjor och uppleva och beräkna tidsåtgång gör det svårt att planera sin egen vardag. Detta medverkar till att det lätt uppstår frustration i oväntade situationer, som inte bara kräver att man har en plan, utan även att man kan förändra den eller göra upp en helt ny plan.

Karl hade flyttat in i en egen lägenhet och fått arbete efter gymnasiet. Tillsammans med stödpersonal hade man tagit tid på alla moment i hans morgonrutin och lärt honom sätta en timer på ringning för varje sak han gjorde. Han behövde inget skrivet schema att titta på hela tiden, för han gjorde alltid allt i samma ordning, men han hade ett tidsschema som var realistiskt, för att han skulle hinna i tid till arbetet. När han gick in i duschen satte han till exempel timern där inne på sju minuter, avslutade då duschningen och gick till nästa aktivitet. Om han skulle ha försovit sig, hade han haft svårt att skynda sig eller att ändra sina rutiner.

Principiellt kan man säga att det är bra att skapa hållbara rutiner för situationer som man generellt kan genomföra på ett rutinartat sätt. Det är dock viktigt att göra förändringar i de situationer som aldrig kan eller ska genomföras på samma sätt varje gång. Samlingar kan till exempel följa ett schema som synliggör vad som ska hända, men innehållet i och ordningen mellan de olika aktiviteterna ska varieras.

Stina, som är tjugotre år, ville inte alls följa med till sin syster Jessicas förestående bröllop. »Nej, jag stannar hemma«, sa Stina bestämt. Många vänner till Jessica och familjen tänkte att Stina ändå var väldigt självisk som inte ville följa med. Kunde hon inte göra något för sin syster för en gångs skull, även om hon själv inte tyckte att det var så roligt? Jessica som betytt så mycket för Stina, med diagnosen Aspergers syndrom. Jessica kom på en idé och skrev ned en exakt plan för hur bröllopet och festen efteråt skulle gå till. Alla momenten, som att gå in i kyrkan, var familjen skulle sitta och vad ceremonin skulle innehålla, beskrev hon kortfattat skriftligt. Hon sa inte att planen skapats för Stinas skull, och hon slutade försöka övertala sin syster att komma. Hon lade bara papperet på köksbordet och sa: »Det här är min bröllopsplan.« När Stina läst planen ville hon följa med på bröllopet.

De pedagogiska konsekvenserna av att leva med autism eller Aspergers syndrom är många. En viktig sådan är att varje situation upplevs som ny och att vardagen därför kräver stor energi. Det är lätt att hamna i stressituationer, men förutsägbarhet på detaljnivå skapar en egen kontroll över situationen. Det är viktigt för alla människor att själva kunna tolka och förstå den information som ges och att ha en egen kontroll över sin dag och sina arbetsuppgifter.

Vad behöver jag som pedagog tänka på?

Att organisera och planera det pedagogiska arbetet

Den viktigaste förutsättningen för att elever med autism eller Aspergers syndrom ska utvecklas och trivas i skolan är att de omges av en autismvänlig och positiv miljö. Planering är ett nyckelord. Skolledare anger att kännedom om elevens svårigheter i förväg och god planering är viktiga framgångsfaktorer (Skolverket, 2009). Detta kräver grundläggande kunskap och förståelse bland alla som arbetar i skolan, och en målmedveten strategi, för hur man uppnår ett positivt samspels- och samarbetsklimat mellan elever i en klass.

Inkludering av elever med funktionsnedsättningar inom autismspektrumet förutsätter en värdegrundsmässig bearbetning av attityder hos alla som berörs av skolans verksamhet. Det innebär en process som kan leda till något positivt för alla inblandade, en ökad medvetenhet om elevers olikheter och ett mänskligt växande. Det krävs också kunskap om den enskilda elevens förutsättningar, både begränsningar och möjligheter. All kunskap man kan få från olika källor om hur det är när det fungerar som bäst för dessa elever, med eller utan tillrättalägganden, är värdefull.

Då eleverna i fråga ofta har svårt att själva spontant uttrycka sina frågor och undringar krävs förberedelse från personalens sida. De har också svårt att spontant lära av sina erfarenheter; de behöver få undervisning i vad som förväntas, vad man ska göra och hur man gör – och de behöver få reflektera över vad de lärt av sina erfarenheter tillsammans med personal. Även sociala färdigheter, som de flesta lär sig utan ansträngning, behöver läras ut eftersom det sker väldigt lite spontant lärande. Undervisningen i alla ämnen kan behöva anpassas, då sättet att ta in information inte är exakt detsamma som hos majoriteten av elever. Detta innebär en utökad läroplan med undervisning i sådant som de flesta lär av sig själva genom den vanliga stimulans och uppmuntran som ges i naturliga situationer. Elever med funktionsnedsättningar inom autismspektrumet behöver få undervisning i lek, socialt samspel och i att skapa en positiv självbild. Alla undervisande pedagoger måste vara beredda att anpassa sättet att undervisa i sina ämnen. Nedan följer några hållpunkter för att undvika missförstånd och beteendeproblem:

- Sök orsakerna bakom symtomen.
- Analysera ditt eget sätt att instruera och samspela med eleven. Kanske är det oklart vad du menar, kanske pratar du för fort, avbryter personen eller pratar på ett sätt där mycket är underförstått.
- »Stress-sårbarhet« – tänk i termer av hur du/ni kan förebygga situationer som kan vara kravfyllda och belastande för eleven.

Kunskap och engagemang förankrat i hela skolorganisationen, förberedelsetid för skolpersonal och tid att reflektera över pedagogiska frågor som uppstår runt eleverna är några av de viktigaste ledstjärnorna.

Det direkta arbetet och kontakten med och mellan elever

Några av de viktigaste anpassningarna är till nytta även för många elever som inte uppfyller några diagnoskriterier. Utifrån tanken att det är brister i utvecklingsfunktioner som ligger bakom, och att alla är olika, är det många fler än de med diagnos som kan dra nytta av det som görs med tanke på en viss elev.

Att skapa *förutsägbarhet* är bland det viktigaste för elever som har svårt att i tankarna föreställa sig vad som ska ske, avläsa andras förväntningar och avsikter och att dra slutsatser av tidigare erfarenheter.

Varje gång elvaårige Joakim ska gå och klippa sig hos frisören utbryter samma panik. Föräldrarna har förklarat för honom att det inte kommer att göra ont, att frisören ska ta det så försiktigt, att klippningen inte tar mer än en halvtimme och att han ska få gå på sitt favoritkafé och dricka varm choklad med vispgrädde efteråt. Trots alla försök att övertyga honom är det ändå något i hela situationen som verkar utlösa panik och kraftiga reaktioner från Joakims sida. På senare tid hade han vägrat att gå dit över huvud taget, varpå mamman hade försökt klippa honom i smyg när han sov. Det resulterade i utbrott och protester, för naturligtvis vaknade han efter ett par »klipp«. Han hade gått till skolan med delar av sitt huvud nyklippt och resten av håret spretande. Föräldrarna kände sig uppgivna och bad skolan om hjälp.

En assistent kontaktade frisörsalongen; tog reda på frisörens namn och hur många »klipp« han skulle behöva göra för att klippa Joakim. Därefter ritade assistenten en bildberättelse om hur det hela skulle gå till med en sida för varje klipp och en bild på slutresultatet, då Joakim nöjt tittar sig i spegeln med sin snygga frisyr. Runt omkring honom på golvet ligger avklippt hår. Då säger Joakim: »Jag tycker om klippa hår.« »Nej, det gör du inte«, säger assistenten som känner till allt bråk. »Jo, så mycket«, säger Joakim och pekar på sista bilden. Det visar sig, att han har trott att man tänkt ta bort allt hår på huvudet men inte kunnat formulera att han vill behålla en viss längd. När han *ser* bilden av att man kan gå från frisören med hår i behåll på huvudet är problemet borta: »När jag klipper mig är lite hår kvar på huvudet och lite hår ligger på golvet«, säger han när han kommer hem.

Bilden och texten gör att pojken förstår att frisörens avsikt inte är att klippa av honom allt hår. Att göra information visuell innebär nästan alltid att man får reda på vad det är eleven undrar över eller är rädd för, som han inte kan formulera i en fråga. Talade ord når inte fram på samma sätt. Skolpersonal måste ibland hjälpa familjen med praktiska strategier och i det här fallet insåg de också själva vikten av att alltid ha papper och penna med sig och rita förklaringar till eleverna.

Vi glömmer ofta bort att vi har en självklar form av kontroll över vår tillvaro genom våra »generaliserade begrepp«. Vi vet hur det är att gå till frisören och ungefär hur fester och ceremonier av olika slag brukar gå till, och är vi osäkra på något vet vi hur vi ska fråga. Om man har autism eller Aspergers syndrom och uppfattar detaljer som mycket viktiga, eller kanske till och med alla detaljer som lika viktiga, behöver man få veta hur en okänd situation kommer att te sig på detaljnivå för att känna sig trygg.

Att skapa den förutsägbarhet som varje individ behöver för att känna sig kompetent och därigenom slippa onödig stress är därför ett av de viktigaste inslagen i det pedagogiska arbetet. Förstår man som pedagog bara att det behövs, och varför, brukar enkla, praktiska och användbara lösningar för olika situationer dyka upp spontant.

Läraren kan till exempel prova med att skriva ned alla de moment som ska ingå i en lektion, och alltid ha sådan information tillgänglig på samma plats på tavlan. Man kan dela ut ett papper i punktform med kompletterande bildförklaringar över hur till exempel kemilaborationen ska gå till, så slipper elever misslyckas för att de har svårt att lyssna och göra samtidigt. Inför resan till djurparken kan man skriva ned vad var och en ska ta med sig, när och hur man ska åka till djurparken, vad man ska göra där, hur man åker hem och vad som händer sedan. Denna typ av information kan vara nödvändig, för att vissa elever ska kunna delta med glädje och till nytta för många andra, som kanske haft svårt att koncentrera sig på den verbala informationen eller som inte förstår språket så bra. Ett schema behöver inte alls utesluta spontanitet och valmöjligheter. Dessa kan skrivas in i schemat som till exempel: »VAL: delfinarium eller akvarium eller ...« Man kan också skriva en punkt som heter »Obestämd aktivitet« och skriva in när och vem som bestämmer den.

Gustavs betyg var extremt ojämna. Till en början trodde man att det berodde på hans ojämna begåvningsprofil, som det stod om i psykologutredningen, kanske i kombination med att han var mycket bestämd i sina åsikter kring vad som var intressant och inte. Vid en närmare titt visade det sig att han hade dåliga betyg även i en del ämnen som han uttryckte ett stort intresse för. Hans mentor började undersöka saken närmare och frågade Gustav på vilka lektioner han tyckte det var lätt respektive svårt att lära. Ett tydligt mönster började skönjas. Gustav hade bra betyg i de ämnen där läraren använde tavlan och antecknade mycket av det väsentliga vid sina genomgångar, eller visade och/eller gav ut sammanfattningar på PowerPoint. Vid enbart muntliga genomgångar hängde Gustav inte med. Han visste inte heller vad han skulle fråga om när han inte förstod, utan kände sig bara dum och misslyckad i de ämnena – trots att han kämpade med dem genom att försöka lyssna på vilka ord läraren ofta sa och senare gå hem och slå upp dem.

Alla elever med eller utan någon form av diagnos är förmodligen olika i hur de lättast tar till sig information, alltså vilket eller vilka sinnen som fungerar bäst som kanal för dem. För majoriteten elever med autism och för många med Aspergers syndrom fungerar visualisering som en mycket bra väg för information och kommunikation.

En mamma berättade att hon och hennes tonårige son, som hade

Aspergers syndrom, på sätt och vis fått bättre kontakt med varandra efter att han flyttat hemifrån. Numera mejlade de till varandra om både lätta och svåra saker i stället för att prata. Sonen fick på så sätt chans att koncentrera sig på innehållet i budskapet och möjlighet att läsa det flera gånger. Han kunde ta till sig det i sin egen takt och ta tid på sig att formulera sitt svar. Dessutom slapp han störas av mammans miner och kroppsspråk, som var svåra för honom att tolka. Det blev färre missförstånd och fungerade även bättre att kommunicera om känsliga saker.

Hur du som pedagog undervisar och instruerar är således av avgörande betydelse för många elevers möjligheter att över huvud taget förstå. Det finns inte en viss pedagogik för en viss diagnosgrupp, utan det handlar om att våga ifrågasätta sin egen undervisningsstil och att prova olika kombinationer av sätt att ge information – och lyhört undersöka vad som fungerar bäst för olika elever. Om elever inte kan uppföra sig på ett förväntat sätt, är kraven troligtvis för höga, de kan ha svårt att förstå vad som händer eller att inse konsekvenser av sitt handlande. Kraven på kommunikation kan också vara för höga. Att till exempel inte kunna uttrycka vad man vill förmedla eller att inte förstå en instruktion skapar stress (Hejlskov Jørgensen, 2009).

För den som har svårt att tolka och förstå krävs extra stor *tydlighet*. Det är dock inte alltid självklart vad tydlighet innebär och det kan innebära olika saker för olika personer. För någon kan det vara ett otydligt budskap att säga: »Du ska be om hjälp när du inte förstår.« Hur vet man om man har förstått eller inte? Det kräver en mentaliseringsförmåga i form av att kunna ställa sig utanför sitt eget tänkande och fundera över om man tolkat rätt eller inte. Dessutom lämnas eleven att själv fundera ut hur hon kan be om hjälp. Det förutsätter att hon kunnat iaktta andra elevers lyckade sätt att fånga lärarens uppmärksamhet och att hon kunnat välja något av dem.

Att visualisera är, som tidigare nämnts, ett sätt att skapa tydlighet. En annan aspekt av tydlighet är att beskriva hur man kan göra, gärna med visuellt stöd. Tydlighet kan också innebära att ge klargörande feedback på det eleven gjort. Som alltid fungerar konkret, positiv feedback allra bäst.

Att arbeta med och skapa goda förutsättningar för *socialt samspel, lek och kommunikation* är en viktig del av pedagogiken. Många elever behöver ännu mer och tydligare ledning i det allra mest grundläggande inom de här områdena. När det gäller känslomässig bearbetning och känslomässigt bemötande talar Hejlskov Jørgensen (2009) om så kallad *affektsmitta*, det vill säga att elever ofta har en oförmåga att skilja mellan egna och andras affekter. Förekomsten av affektsmitta gör att det blir extra viktigt hur vuxna reagerar i krissituationer. Om vi stressas av elevens beteende eller blir arga är risken stor att eleven stressas ytterligare vilket bara förvärrar beteendet. Det bästa är att bemöta eleven lågaffektivt för att hon ska få tillbaka kontrollen över sig själv så fort som möjligt. Detta är ett sätt att förebygga och hantera problemskapande beteende utan att kränka eller tvinga eleven. Det bygger på att vuxna kan vara flexibla och kravanpassa; det handlar inte om att vinna konfrontationer utan om att hjälpa eleven att skapa självkontroll.

Att hitta *styrkor* och *strategier för att kringgå svårigheter* kan skapa en positiv självbild. Allt detta behöver inte lyckas på en gång, det är av yttersta vikt att du visar eleven att du försöker hjälpa till och att du tror på hennes möjligheter. Att ha någon vuxen som ser en och som är en »pålitlig bundsförvant« är viktigare än att alla försök till lösningar blir perfekta på en gång. Liksom i andra sammanhang är handledning ett bra stöd för dig som pedagog för att utveckla det pedagogiska arbetet. I handledningssituationen får du möjligheter att resonera kring konkreta situationer under professionell ledning.

Tourettes syndrom

Tourettes syndrom kännetecknas av motoriska och vokala tics. Typiskt är att ticsen yttrar sig på olika sätt hos olika individer, att de också förändras över tid hos samma individ samt att de påverkas av sammanhanget. Motoriska tics kan yttra sig som ofrivilliga rörelser eller ryckningar i ansiktet eller i kroppen. Vokala tics består vanligen av läten, harklingar, hostningar eller opassande yttranden. Ticsen kan förekomma många gånger under dagen och periodvis vara mer framträdande. Stress och överkrav samt trötthet, men även understimulering påverkar förekomsten av tics. En majoritet av barn med Tourettes syndrom har stora koncentrationssvårigheter och framträdande impulsivitet (Kadesjö, 2008).

Tourettes syndrom, som alltså är en kombination av motoriska och vokala tics, är betydligt vanligare hos pojkar än hos flickor och drabbar upp till en procent av alla elever. Ticsen börjar ofta under skolåren. Tics av mindre allvarligt slag, som inte föranleder en diagnos, förekommer hos många fler barn och ungdomar. Gemensamt för alla dessa elever är att de behöver omgivningens förståelse eftersom de inte själva rår för sina symtom. Att ge stöd och beröm, minska kraven under »dåliga« dagar och att se till att dessa elever inte bemöts med hån eller förakt av andra är oerhört betydelsefullt. Många kan lära sig strategier för att handskas bättre med sina tics genom att till exempel ha ett ställe dit man får lov att gå för att »ticsa av sig«. Utan omgivningens förståelse skapas ett lidande och försämrade möjligheter till att fungera socialt tillsammans med andra.

FÖRSLAG TILL REFLEKTION

- En skola för alla. Hur är förståelsen för dessa elever och hur är arbetssättet anpassat till deras styrkor och svårigheter?
- Hur kan vi som pedagoger utveckla en förståelse som innebär att vi inte fastnar i en (enda) förklaringsmodell, när vi uppfattar att elever befinner sig i svårigheter?
- Hur kan vi lyckas ta reda på de verkliga omständigheterna?

KAPITEL 7

FYSISKA FUNKTIONSNEDSÄTTNINGAR

MÅNGA ELEVER HAR flera olika funktionsnedsättningar samtidigt. Benjamin går sista året i grundskolan. Han vill mycket gärna få bra betyg för att kunna förverkliga sin dröm om att bli webbdesigner. Benjamin har en synnedsättning som inte kan korrigeras helt med glasögon. Han har svårt att läsa en text och snabbt fånga upp det väsentligaste. I övrigt har han inga svårigheter att tolka och förstå innehållet. Benjamin har dessutom en associerad funktionsnedsättning, en lätt cp-skada som gör att hans ena ben och fot inte hänger med som de ska. Han har svårt att springa och att gå fort. Han utmärker sig genom att hans sätt att gå ser lite speciellt ut i omgivningens ögon.

Det där med att inte kunna hänga med på idrotten, att bli retad och kallad »cp« tycker han inte är något problem längre. Däremot är han förvånad över vissa lärares oförståelse när det gäller hans syn- och perceptuella problem. De ger honom inte extra tid på prov eller texten inläst, vilket gör att han bara hinner besvara några få frågor. På lektionerna får han inte hjälp när eleverna exempelvis ska läsa igenom en text och leta fakta. Benjamin måste »lusläsa« texten för att hitta svar på frågor. Stressen att se att alla andra ligger långt före gör att det går ännu sämre. »Det vore så enkelt att bara ge mig texten dagen innan«, tycker Benjamin, som vid ett flertal tillfällen påpekat sina svårigheter att läsa snabbt för lärarna. Vissa lärare menar att det vore fusk.

Alla funktionsnedsättningar ställer olika samhällsfrågor på sin spets. I det här kapitlet tar vi upp synnedsättningar och blindhet, hörselnedsättningar och dövhet samt motoriska funktionsnedsättningar. Vi kommer, precis som i tidigare avsnitt i del II, att exemplifiera och behandla teman som delaktighet, inkludering, attityder och självbild. För att konkretisera tas begreppen upp i samband med de olika funktionsnedsättningar som presenteras i kapitlet. Dessa teman är dock aktuella för alla personer med funktionsnedsättningar.

Synnedsättning och blindhet

Vad är synnedsättning och blindhet?

En synnedsättning har den som har så nedsatt synförmåga att det är svårt eller omöjligt att läsa vanlig skrift, att med synens hjälp orientera sig, och som har motsvarande svårigheter i den dagliga livsföringen. Normal synskärpa brukar betecknas med 1,0. Synnedsättning klassificeras i olika grader. Den som har en synskärpa mellan 0,1 och 0,3 har en måttlig synnedsättning. De flesta av dessa personer kan läsa vanlig text (svartskrift) med eller utan hjälpmedel. Den som har en synskärpa mellan 0,05 och 0,1 betecknas ha en svår synnedsättning. De flesta av dessa personer kan läsa vanlig svartskrift med hjälpmedel som ibland behöver vara kraftigt förstorande.

Personer som har en synskärpa under 0,05 betecknas ha olika grad av blindhet, med eller utan ljusreception. Den som inte har någon ljusuppfattning betraktas som helt blind. Personer med olika grad av blindhet använder talböcker eller punktskrift för att läsa (ICD, WHO 2010). År 2000 fanns 2 710 barn i åldrarna 0–19 år med en synskärpa på 0,3 eller mindre i Sverige. Alla barn med synnedsättningar registreras med föräldrars medgivande i ett register vid ögonkliniken i Lund. Det finns procentuellt färre barn registrerade i åldersgruppen 0–6 år. En sannolik anledning är att alla inte har upptäckts så tidigt. Det verkliga antalet är troligtvis större (Rönnbäck et al., 2010).

Det finns många olika orsaker till synnedsättningar. Vissa, men inte alla, synnedsättningar kan förklaras med någon form av fel i ögonen. Ett par procent av alla barn har något fel som gör att synen inte utvecklas normalt. Oftast handlar det om brytningsfel som kan rättas till med glasögon, eller skelning som är möjlig att behandla med lapp eller droppar.

Synförmågan är en komplex förmåga, som handlar om att kunna se men också om att förstå vad man ser. Inte bara ögonen utan även synnerverna, hjärnans synbanor och syncentrum i hjärnan måste fungera för att synen ska utvecklas normalt. Om någon av dessa delar av synsystemet påverkats eller skadats under fostertiden, strax före, under eller efter födelsen, så kommer detta att inverka på synförmågan (Fosse & Klingenberg, 2008; Synguiden, 2007). En skada i de bakre synbanorna och/eller synbarken kallas CVI (*cerebral visual impairment*). Denna typ av skada påverkar inflödet av visuella intryck; bland barn med CVI förekommer perceptionsstörningar så gott som alltid och det är inte ovanligt med flera funktionsnedsättningar samtidigt och/eller svårigheter med lärandet. CVI är numera den vanligaste diagnosen i barnsynskaderegistret.

Allt fler för tidigt födda barn räddas i dag och många av dem får hjärnskador som kan påverka bland annat synen (Rönnbäck et al., 2010). Barn med CVI kan ha något låg synskärpa och skelning. Hos vissa förekommer nystagmus (ofrivilligt ögondarr). Det allra viktigaste symtomet brukar vara att barnet har problem med att tolka det hon ser. Det kan därför bli svårt med avståndsbedömning, som att känna igen ansikten, orientering och rörelser. Svårigheter att tolka synintryck i röriga miljöer, till exempel i trafiken, leder till stora problem för dessa barn, enligt professor Jan Ygge på S:t Eriks ögonsjukhus (www.sterik.se).

Synförmåga och synens betydelse

Att se är en komplex förmåga som således inte enbart handlar om ögonen utan om ett komplicerat samspel mellan ögon och hjärna. Bilderna tas emot av ögonen. De registreras av hjärnan och vi ser och förstår med hjärnan. Synsystemet består således av både ögon- och hjärnfunktioner som tillsammans åstadkommer den visuella perceptionen, då tolkning, sortering och bearbetning av synintrycken sker. Trots en fullgod synskärpa kan man ändå ha synproblem om perceptionsförmågan är nedsatt på grund av brister i hjärnans funktioner.

Synen betraktas som det »överordnade sinnet« eftersom detta sinne har en avgörande roll i barnets allmänna utveckling. Många olika utvecklingsområden påverkas av synen. Den är ett viktigt inslag i rumslig orientering, förmåga till begreppsbildning, grovmotorisk och finmotorisk utveckling samt inte minst i socialt samspel och kommunikation. Barn som under de sju första åren har en »normal« synutveckling får lättare att tillägna sig intellektuella och sociala färdigheter senare i livet. Det är därför stor skillnad på om man varit blind från början eller om en synskada uppstått eller utvecklats senare i livet (Fosse & Klingenberg, 2008; Synguiden, 2007).

Förmågan att se är en process som kräver samverkan mellan ett antal synfunktioner. *Synskärpa* är förmågan att särskilja detaljer på långt och nära håll och den mäts i siffror där 1,0 betecknar full synskärpa. *Ackommodationsförmåga* – att anpassa linsen till avståndet till det man vill se klart – är en annan viktig synfunktion. *Kontrastseendet* – förmågan att uppfatta skillnader i ljushet mellan olika ytor – är lika viktigt som synskärpa i den dagliga livsföringen. Personer med synnedsättningar kan ha nedsatt kontrastkänslighet och ökad känslighet för bländning. *Synfältets storlek* och *förmågan att fixera och styra ögonrörelserna* med viljan är andra viktiga synfunktioner liksom mörkerseende och samsyn. Till synfunktionerna kan man också räkna *den visuella perceptionen* – den process i hjärnan då vi tolkar och förstår vad vi ser.

Att kunna urskilja olika detaljer var för sig, utan att de hoppar eller »grötar ihop sig« är särskilt viktigt vid läsning. Fenomenet när bokstäver och ord inte går att se separata från varandra brukar kallas för »crowdingeffekt«. Enstaka bokstäver kan ofta uppfattas men bokstäver på rad och av samma storlek kan ställa till problem, särskilt i långa ord. Det kan påverka läsförmågan även när synskärpan är ganska god och är vanligt hos personer med bakre synbaneskador, så kallad CVI (Fosse & Klingenberg, 2008; Synguiden, 2007).

Största delen av den information vi tar till oss förmedlas via synen. Elever med synnedsättning kan ofta kompensera med andra sinnen. Karins lärare blev förvånad när de en kväll gick hem tillsammans i mörkret. Hon förstod inte hur Karin, som inte ser något alls i mörker, kunde veta att de befann sig i en gatukorsning, trots att de inte gått ned från en trottoar. »Det låter olika om man går längs med hus eller om man går där det inte är hus«, förklarade Karin.

Att utvecklas och leva med synnedsättning eller blindhet – konsekvenser i vardagen

Synen är viktig för barnets begreppsbildning, särskilt under de sju första åren. Elever med synnedsättningar är en mycket heterogen grupp med avseende på grad av funktionsnedsättning. Det är också stor skillnad om barnet varit blint från början eller haft synförmåga till en viss ålder. Barn i allmänhet lär mycket genom att observera och härma andra och identifiera sig med vad andra gör. Denna naturliga väg fungerar inte för alla barn med synnedsättningar. De behöver i stället ha en vuxen i närheten som benämner ting, uppmuntrar barnet att upptäcka och utforska med hjälp av känsel, lukt, smak och hörsel samt beskriver i ord och berättar utifrån barnets mognad och ålder.

Läs- och skrivutveckling

Grav synnedsättning och blindhet påverkar begreppsbildningen och det talade språket, men i vilken utsträckning det sker beror på omgivningens bemötande. Det är dock vanligt med förseningar i användandet av abstrakta ord och när det gäller att klassificera objekt. Vissa begränsningar i ordförrådet, då barnen primärt använder konkreta och funktionella ord, är också vanliga.

Små barn påbörjar sin läs- och skrivutveckling i allmänhet mycket tidigt, genom att de naturligt intresserar sig för omgivningen. Det finns böcker och tv i så gott som alla hem samt skyltar ute i samhället. Det lilla barnet handskas först med böcker som med andra föremål, visar sedan intresse för bilderna och så småningom även för själva innehållet i berättelserna. Runt tvåårsåldern kan barnet tala om innehållet i en engagerande barnbok på rätt nivå. Insikten om att den skrivna texten betyder något kommer tidigt och barnet interagerar med textens innehåll på många olika sätt. Parallellt sker en skrivutveckling då barnet först klottrar, sedan »lekskriver« med egna påhittade figurer, innan det kan börja skriva konventionella bokstäver. Ett barn med blindhet eller med svår synnedsättning kommer inte på samma naturliga vis i kontakt med böcker. Ett sätt att väcka barnets intresse för böcker och att börja förstå det skrivna ordets funktion är att göra taktila böcker med föremål man kan känna på, på varje uppslag.

Barn med måttliga synnedsättningar är, som tidigare påpekats, en mycket heterogen grupp. Generellt kan dock sägas att det är lättare för dem än för ett blint barn att tidigt förstå det skrivna ordets användningsområde. Barn med olika grad av synnedsättningar och barn som är blinda har stora likheter med barn som har full synförmåga då det gäller att medverka i högläsningssituationer, det vill säga att få lyssna, förstå och samspråka kring en berättelses innehåll.

Många barn med synnedsättningar behöver stort stöd från omgivningen, till exempel genom att man läser högt för dem vilket utvecklar den egna vanan att läsa även för nöjes skull (Dominkovič et al., 2006). Elever med grav synnedsättning har en komplicerad lärandesituation eftersom informationen i samhället är starkt visualiserad. Viggo, som är nio år och blind sedan födseln, frågar sin mamma vad det är att se och vad färg är. Svaren på dessa frågor är inte lätta att förmedla.

För skolbarn med synnedsättningar innebär funktionsnedsättningen vanligen att läshastigheten är lägre och att överblicken över en text blir sämre, vilket leder till sämre spontan och aktiv textbearbetning. Det tar till exempel dubbelt så lång tid att avkoda skrift med fingrarna (att läsa punktskrift) som att läsa vanlig text med ögonen. Det tar också längre tid att läsa uppförstorad text med hjälpmedel och kort läsavstånd. Även stavning kan vara svårare för elever med synnedsättningar, eftersom de har svårare att uppfatta alla de ordbilder i text, reklam och tv-text som seende omges av. De möter inte så ofta text på ett naturligt sätt som seende barn gör. Dessa elever brukar använda sig av olika strategier för att uppmärksamma ljudbildning och artikulation extra mycket.

Den känslomässiga utvecklingen

Synen är även viktig för den känslomässiga utvecklingen. Barnpsykiatern Berit Lagerheim (1998) menar utifrån forskning och klinisk erfarenhet att ett barn med grav synnedsättning påverkas av bristen på ögonkontakt i den tidiga utvecklingen, så att det blir svårare att bygga upp inre bilder av familjen och omgivningen och därmed svårare att utveckla grundläggande tillit och trygghet. Det är därför viktigt såväl för den begreppsmässiga utvecklingen som för den känslomässiga anknytningen, att man redan från början förstärker genom andra sinnen.

Trots att det är möjligt att kompensera mycket via andra sinnen, känns synnedsättningen som en utmaning, beroende på vilken situation eleven befinner sig i. Personer med synnedsättning har unika behov av undervisningsstrategier för att utveckla kompensatoriska färdigheter i att använda hörselsinnet och det taktila sinnet, eller beröringssinnet, för att utforska omvärlden och för att få förståelse av verkligheten. Det gäller såväl elever som går i grundskola som särskola.

Axel, sju år, som har varit blind sedan födseln har även diagnosen autism och är elev i särskolan. Axel är mycket rörlig och nyfiken. Hans händer och fingrar »är överallt« och han känner på saker. Ibland stoppar han dem i munnen. Många grundskoleelever med synnedsättning upplever sig själva som seende i vissa situationer och som funktionshindrade i andra. Det är många elever som låtsas se mer än vad de gör för att inte känna sig avvikande.

Eleverna själva uttrycker ofta att deras starkaste önskan är att ha fler kamrater och att vara mer delaktiga i jämnårigas sociala liv. Synnedsättningen innebär försvårande omständigheter, när det gäller att ingå i sociala sammanhang med många människor. Dessa situationer är svåröverblickbara, när man främst har hörseln att utgå ifrån. Personen med synnedsättning har behov av att veta vilka personer som är närvarande och uppfatta det som händer i rummet. Människorna förflyttar sig och kommunicerar med kroppsspråk, blickar och gester som undgår den som har nedsatt syn. För att fungera så självständigt som möjligt är det viktigt att få lära sig att hitta till olika platser i vardagen. Att känna sig trygg vid självständig förflyttning är något som många elever med synnedsättning behöver stöd i, och där kan habiliteringen, synkonsulenter eller rådgivare från Specialpedagogiska skolmyndigheten hjälpa till.

Vad behöver jag som pedagog tänka på?

Att organisera och planera det pedagogiska arbetet

Utgångspunkten är att elever med synnedsättning ska delta i klassundervisning tillsammans med andra. Detta kräver teamarbete och förstärkt kompetens i skolan. Vid mottagande av en elev med grav synnedsättning är ett sätt att skapa bra förutsättningar att man är två lärare i klassen, varav en har specialpedagogisk kompetens med inriktning mot synnedsättning. Att i god tid planera för ett fast hemklassrum med den utrustning som eleven behöver och specialistkompetens i arbetslaget är en nödvändig förutsättning för att göra undervisningen meningsfull för eleven. Eftersom elever med synnedsättning har behov av speciella, individualiserade tekniska hjälpmedel, behöver planeringen av skolstarten ske i god tid.

För blinda elever eller elever med grav synnedsättning handlar det om en annan lästeknik via Braille, som är ett namn för punktskrift, för att få till läsutveckling med hjälp av taktil skrift. Det är svårt att tro att klassläraren ska klara detta ensam. Det behövs stöd av en lärare med utbildning inom synområdet och fortbildningskurser för alla undervisande lärare.

Exempel på vanliga läs- och skrivtekniska hjälpmedel som är svåra att förflytta är punktskriftsmaskin, stationär dator med stor skärm, förstorande hjälpmedel och skrivare. Allt detta kräver att man förbereder sig kunskapsmässigt men även tänker igenom vilket hemklassrum klassen ska ha. Placeringen i klassrummet är också viktig med tanke på individuella hjälpmedel, som kikare for att se på tavlan, bärbar dator eller andra hjälpmedel för att till exempel kunna föra egna anteckningar. Anpassade läromedel, taktila bilder, svällpapper, ritmuff som möjliggör för eleven själv att göra taktila bilder och så vidare kan man få mer information om via SPSM (Specialpedagogiska skolmyndigheten, www.spsm.se).

En annan typ av förberedelse handlar om att ta reda på och beställa de läromedel som eleven behöver. På punktskriftsbiblioteket (TPB) och på SPSM kan man beställa böcker i punktskrift. Man kan också ladda ned textview, som är ett gratisprogram från punktskriftsbiblioteket. Det behövs för att läsa e-böcker. Talböcker finns att anskaffa på många håll men de ska inte ersätta det egna läsandet.

Vidare är förflyttning eller mobility en utmaning för elever med svårare synnedsättningar. Det är skolans ansvar att ge extra förberedelsetid för personal att tillsammans med eleven utforska skolans lokaler och skolgården, för att eleven ska lära sig hitta – samt märka upp lokaler så att eleven känner sig trygg i omgivningen redan vid terminsstart.

Den fysiska miljön handlar även om ljudmiljön. Eftersom hörseln är ett viktigt kompenserande sinne för elever med synnedsättning, är det betydelsefullt att ta reda på elevens möjligheter att lyssna och ta in information, då det förekommer mycket bakgrundsljud. I vissa miljöer är det inte möjligt att anpassa bullernivån, men det gäller att anpassa bullernivån i de fall då det är möjligt. Att sätta filttassar under stolarna är till exempel en enkel åtgärd som kan ge en tystare ljudmiljö i klassrummet. Alla elever med funktionsnedsättningar får anstränga sig mera för att fungera i skolan; och nivån på bakgrundsljud kan vara tröttande också för elever med måttliga synnedsättningar.

Det är viktigt att organisera material i klassrummet med en konkret struktur i hyllor, lådor och kartonger märkta på ett för eleven begripligt sätt med till exempel taktila symboler eller punktskrift. Allmänna råd om utrustning och placering i klassrummet finns bland annat i Synguiden (2007). Ofta kan elevens föräldrar eller eleven själv bäst beskriva sina behov.

Att få en karta över var alla sitter i klassrummet och var alla har sin tillhörighet vid grupparbeten, om man har gjort förflyttningar i klassrummet, är en förutsättning för att eleven ska få överblick och kunna ingå i samspel med andra. Ett alltför rörligt arbetssätt gör det svårt för eleven med synnedsättning och kan leda till osäkerhet och passivitet.

En fast lokal även högre upp i åldrarna är att föredra för dessa elever. Det är troligtvis inte möjligt i ämnen som kemi, fysik, idrott med mera. Det är en fördel att låta eleven få en fast arbetsplats i alla salar och tillgång till en lugn plats på skolan för att arbeta med uppgifter som kräver stor koncentration. Man kan märka upp lokaler utifrån elevens behov, så att hon kan orientera sig på egen hand. Det kan handla om att ha salsbeteckningar presenterade i punktskrift utanför varje rum eller att förtydliga dörrar och trappor med kontrasterande färger.

För att underlätta för elever med synnedsättning att komma in i gemenskapen med de andra eleverna är minskad klasstorlek att rekommendera. Läraren behöver schemalägga grupparbeten och planera arbetsgrupper i olika konstellationer, för att eleven ska kunna genomföra specifika uppgifter eller arbeta i ett visst ämne. En liten grupp gör det möjligt för eleven att vara aktiv och delaktig. Hon ska ges tillfälle att få ingå i olika konstellationer med strukturerade arbetsuppgifter, vilket ökar den sociala delaktigheten. Elever med funktionsnedsättningar i åldrarna tretton–sexton år uttrycker att det är en fördel att även få prova att grupparbeta med elever från andra klasser. Då lär man känna fler jämnåriga och chanserna att få vänner ökar (Göransson, 2008).

All personal på skolan har behov av kompetensutveckling när det gäller bemötande och inkludering. En synkonsulent från kommunens elevstödsteam, habiliteringen eller rådgivare från Specialpedagogiska skolmyndigheten eller motsvarande brukar kunna vara behjälplig med att utforma det individuella stöd var och en behöver för att få begriplig information. Via SPSM kan lärare även få vägledning och fortbildning liksom oftast via det centrala resurscenter för syn som är placerat på två geografiska platser i Sverige – Stockholm och Örebro. Runt vissa elever är flera stödjande verksamheter inblandade. En bra samverkansmodell kan då vara att en lärare fungerar som pedagogisk samordnare mellan all skolpersonal och representanter från andra stödjande verksamheter. Eleven själv och samordnaren bör ha viss gemensam tid för planering.

Det direkta arbetet och kontakten med och mellan elever

Gruppen elever med synnedsättningar är mycket heterogen och behovet av stöd varierar. Många av de anpassningar som beskrivs här är inte nödvändiga för alla. Det är viktigt att pedagogerna får hjälp av specialister för att utröna vad varje elev behöver, att man har ett nära samarbete med familjen och, inte minst, att man frågar eleven själv.

Informationsteknik och datoranvändning är ett viktigt pedagogiskt område för dessa elever. Läraren bör behärska elevens datoranpassningar och lära eleven kortkommandon, ordbehandling och fingersättningar. Svåra synnedsättningar omöjliggör ofta användning av mus. Läraren kan använda datorn för att kommunicera med eleven till exempel genom att spara lektionsanteckningar och ge dessa till eleven på USB-minne eller via mejl.

Det är nödvändigt att lära vissa elever *strategier för att förvara sina saker, hitta saker och undersöka föremål.* Ett sätt är att lära eleven att arbeta systematiskt från vänster till höger. När pedagogen medvetet använder lägesbegrepp för att beskriva var på bänken något ska ligga och var eleven kan hitta det, underlättas detta lärande. Hur abstrakta lägesbegreppen ska vara beror på ålder.

Ett sätt att möjliggöra för elever med synnedsättning att *delta i gemenskapen* är att låta dem berätta vad de tänker göra på rasten innan de går ut. Tänk också på att det tar längre tid för eleven med synnedsättning att plocka ihop för att hinna ut samtidigt som alla andra. Trots att eleven då vet vart de andra tänker ta vägen, behövs ofta visst stöd av personal för att eleven ska kunna vara delaktig på raster.

Vid undervisning av elever med svårare synnedsättningar i alla åldrar är *syntolkning* viktig. Syntolkning innebär att ge eleven muntlig information om sådant som de andra eleverna inhämtar via synen. Personal kan syntolka genom att beskriva var kamraterna befinner sig och vad de gör. Det kan till exempel betyda att du som pedagog beskriver rummet, vad som är karakteristiskt för det och hur det är möblerat, om ni till exempel är på en okänd plats. Du bör se till att eleven alltid vet vilka personer som är närvarande i ett rum och var de olika personerna befinner sig. Beskriv vad som händer i olika situationer, som då ni sitter i matsalen eller är ute på promenad. Fäst också stor vikt vid att i ord beskriva föremål, storlek, ytstrukturer, avstånd och höjder på ett jämförande sätt. Det stöder alla elever i deras begreppsuppfattning. Vid beskrivning ska man benämna riktningar och föremål och försöka undvika orden »här, där, så här, ditåt« med flera.

I *ett inkluderande arbetssätt* kan arbetsmetoder, pedagogiska upplägg och material som är anpassade utifrån synspecifika grundtankar med fördel användas i hela klassen. Ett exempel är arbete med rumsuppfattning, som är en grund för orientering och för att förstå en modell eller karta. Man kan konkretisera genom att bygga en modell av klassrummet efter att eleven systematiskt fått röra sig runt i det och känna på väggar, bänkar med mera samt lyssna till eko-ljud i olika delar av rummet. I detta arbete kan flera elever delta. Det finns många praktiska tips om hur man kan bygga modeller på olika sätt och om hjälpmedel i form av taktila jordglober med mera i den litteratur som rekommenderas på SPSM:s hemsida.

Följande är ett exempel på hur kunniga lärare, som ser möjligheterna och vågar låta eleven prova på olika praktiska moment, kan stimulera elevernas delaktighet i naturorienterande ämnen. Det genomfördes först som ett forskningsprojekt men överfördes sedan till vanlig skolvardag: Som hjälpmedel i kemi användes mätglas märkta med punktskrift eller tejp med olika upphöjda mönster för olika mått och en talande våg. Eleverna gavs dagen innan möjlighet att ta del av instruktioner för laborativa undervisningsaktiviteter i punktskrift eller med förstorad text. De fick informera sig om allt material som skulle ingå i undervisningen och laborationerna genom att känna på det i förväg. Allt material var organiserat på plastbrickor liknande de som brukar användas i skolbespisningar och en bricka med material på bordet användes för varje övning. Textinformation hade omvandlats till tal via datorn för att ge eleverna möjlighet att följa vad som händer i till exempel en kemisk reaktion i realtid under en laboration (Supalo et al., 2009).

Att hitta sin identitet

Patrik är sexton år och har en måttlig synnedsättning. Han tycker att skolarbetet går mycket bra; han har fått de anpassningar han behövt under sin skoltid. På den skola han går är alla införstådda med hans funktionsnedsättning men det har varit besvärligt att behöva förklara så mycket för olika lärare, menar han. Det sociala livet i klassrummet fungerar för honom bland annat tack vare att anpassningar gjorts, men även på grund av hans utåtriktade personlighet. Utanför klassrummet kan det dock vara lite svårt. Det största bekymret nu är att det är svårt för honom att veta om en flicka han är intresserad av är intresserad tillbaka. Han kan inte riktigt läsa av alla blickar och kroppsspråket på avstånd, men som tur är finns det sms. »Man får chansa«, säger Patrik.

Många elever med måttliga eller uttalade synnedsättningar har, som nämnts, svårt att hitta sin identitet på grund av att funktionsnedsättningen inte alltid är så tydlig. Vissa känner sig ibland som seende och ibland som en person med uttalad synnedsättning. Andra elever kan ha ett uttalat behov av att inte bli betraktade som »handikappade« alls. Det gäller för Gisela i exemplet nedan:

> Gisela är intresserad av nästan alla skolämnen utom idrott. Hon är social, utåtriktad och populär bland jämnåriga, särskilt bland pojkarna. Gisela är inriktad på att bli musiker eller musiklärare eftersom hon är mycket duktig på att spela piano, både jazz och klassiskt. Hon tar privatlektioner i pianospel och arbetar ofta extra med att ackompanjera sångare.
>
> Gisela har en progredierande, det vill säga tilltagande eller ökande, ögonsjukdom, som innebär att hon nästan saknar mörkerseende och att hon bara kan läsa med mycket avancerade hjälpmedel. Hon har bland de bästa betygen i klassen och musikstycken lär hon sig utantill. Det brukar ta mellan en och tre gånger innan hon kan sin pianostämma utantill efter att ha hört ett stycke. Synkonsulenten vill att Gisela ska lära sig Braille (punktskrift) men det vill hon inte höra talas om. Hon lär sig genom att lyssna på lektioner och genom litteratur intalad på band.
>
> Gisela är ofta ute på stan ensam på kvällarna. Hon ser då nästan ingenting men vill inte använda vit käpp. Flickans föräldrar och lärare är ibland oroliga för henne på grund av detta. Också för att hon lätt och gärna får nya pojkvänner. Ibland är det pojkar som hennes mamma tycker är direkt olämpliga och som hon tror utnyttjar Gisela. Gisela försvarar sin självständighet och vill hellre bli hjälpt hem av någon pojkvän än att utmärka sig genom att använda vit käpp.
>
> Klasskamraterna särbehandlar henne inte på något sätt, sin

synnedsättning vill hon inte diskutera och synkonsulenten vill hon inte träffa. Hon tycker att hennes liv fungerar bra som det är.

En komponent i ett inkluderande arbetssätt är att skapa förståelse bland andra normalseende elever om hur det är att inte kunna se eller att vara synskadad. Upplevelseövningar, med bindel för ögonen eller med speciella glasögon som »fejkar« olika typer av synproblem, och med efterföljande reflektion är ett sätt. Att få göra olika övningar, men vid upprepade tillfällen, och få dela erfarenheter med varandra efteråt i små samtalsgrupper, skapar ett öppet klimat och möjlighet att ställa frågor.

I en intervjuundersökning med elever med olika funktionsnedsättningar och några av deras klasskamrater om vad som är viktiga faktorer för att skapa en inkluderande skola, poängterar eleverna stämningen på skolan. De menar att det är viktigt att lärare och andra vuxna syns till i korridorer och uppehållsrum, att de småpratar och frågar hur eleverna har det och att rektor kommer ut i klasserna ibland och pratar med eleverna. Det handlar om att de vuxna vågar vara lite personliga och bjuda på sig själva. Denna grundstämning av omsorg och av att »bry sig« ses som väldigt viktig för ett positivt och inkluderande klimat elever emellan (Göransson, 2008):

> Det viktigaste, men även det svåraste, som ung synskadad är att man hela tiden måste veta vad man vill, och tro på sig själv. Det finns så många som utgår från att man inte klarar av vissa saker. Då gäller det att bevisa att man faktiskt gör det. Det kan vara svårt ibland, när man själv tvivlar på sin förmåga. Men om man aldrig ger upp och är envis som synden tror jag att man kan komma långt när det gäller att överbevisa stelbenta byråkrater om sin förmåga (Norelius, Synguiden 2007, s. 177, www.spsm.se).

Hörselnedsättning och dövhet

Att leva med nedsatt hörsel kan innebära allt från en lindrig hörselnedsättning till dövhet. Personer med hörselnedsättningar eller dövhet är en mycket stor grupp i Sverige. De utgör långt över en miljon. De hörselskadades riksförbund, HRF, räknar med att det finns cirka 25 000 barn och ungdomar i åldrarna 0–15 år med någon grad av hörselnedsättning (www.hrf.se). Ingen hörselnedsättning är den andra lik men gemensamt för alla skolelever är att även en liten hörselnedsättning kan påverka i vardagen, eftersom de befinner sig i en situation där man kommunicerar mycket via det talade språket, ofta i en bullrig miljö. Alla elever med hörselnedsättningar är inte kända. En av lärarens uppgifter är att uppmärksamma om en elev verkar höra dåligt.

Vad är hörselnedsättning och dövhet?

Örat registrerar vanligen ljud mellan 20 och 20 000 hertz. Känsligheten är störst i de områden där talet ligger, det vill säga mellan 500 och 4 000 hertz. Hörselorganet består av olika komponenter som har till uppgift att fånga upp vibrationer/tryckförändringar i luften och att transportera och omvandla dessa till nervimpulser som går till hjärnan för tolkning. Hur hörseln fungerar beskrivs ingående av bland annat Gustafsson (2009).

Normal hörsel innebär att kunna höra talspråk på cirka 8 meters håll i en bullerfri miljö. En *lätt hörselnedsättning* innebär att kunna höra talspråk på 2–8 meters håll i en miljö utan störningsljud. *Medelsvår hörselnedsättning* innebär att kunna höra talspråk på 0,1–2 meters håll. En *grav hörselnedsättning* innebär att inte alltid kunna höra talspråk på en meters håll med hjälpmedel. Personer som med hjälpmedel inte kan höra talspråk på en meters håll anses ha en funktionell dövhet (Hörselboken, 2010, www.horselboken.se).

Hörselnedsättning uppstår när det finns problem i någon eller några av följande funktioner: att fånga upp ljud, att omvandla dem och i själva tolkningen. Hörselnedsättningar delas vanligen in i två huvudtyper:

1. *Ledningshinder eller konduktiv hörselnedsättning* – i form av svårigheter att leda ljudvibrationer vidare till innerörat – hindrar ljud från att nå fram och orsakas av problem i ytter- eller mellanörat. Exempel på grundorsaker till ledningshinder är missbildningar och/eller avsaknad av ytteröra, hörselgång, trumhinna samt hör-

selben. Ledningshinder i mellanörat, som gör ljudet svagare utan att hörselsinnet är skadat, kan uppstå på grund av öroninflammationer, öronkatarr eller ärftlig sjukdom. I en del fall kan behandling återställa hörseln. Personer med denna typ av hörselskador får annars oftast god kompensation med hörapparat. Ledningshinder är den vanligaste orsaken vid lätt och måttlig hörselnedsättning.

2. *Sensorineurala hörselnedsättningar* – då ljudvågor inte kan omvandlas till elektriska impulser/nervimpulser eller då impulserna inte kan nå hjärnan. Denna typ av hörselnedsättningar kan orsakas av skador i innerörats hörselsnäcka eller nervtrådarna från snäckan. Dessa skador kan ha uppkommit på olika sätt. Hos barn kan det röra sig om en följd av medfödda skador, sjukdomar eller olyckor. De kan också orsakas av att hörselmembranets sinnesceller är skadade eller saknas. Om bara vissa celler på hörselmembranet är skadade kan det bli svårt att uppfatta vissa språkljud. Om antalet celler är reducerat kan det hjälpa att öka ljudnivån, annars är den här typen av skador svåra att kompensera med vanliga hörapparater. En sensorineural hörselnedsättning kan också orsakas av brister i hörselnervens funktion. Språkljuden »smetar av sig« och blir svåra att särskilja. Skador på hörselnerven, som i hörselkedjan kommer efter snäckan, förekommer men det är mycket sällsynt. Det kan även finnas nedsättningar relaterade till hjärnans system för avkodning och tolkning av det hörda. Sensorineurala faktorer är den vanligaste orsaken till grava hörselnedsättningar och till hörselnedsättningar hos småbarn.

Men den vanligaste orsaken till hörselnedsättningar i befolkningen är trots allt *bullerskador* eller *åldersförändringar*. Genetiska faktorer har stor betydelse för risken att få bullerskador eller åldersförändringar, eftersom olika personer är olika känsliga.

Det finns dubbelt så många barn med hörselnedsättningar vid skolstarten som i ett–tvåårsåldern. Många kan ha haft en funktionsnedsättning tidigt, men antalet upptäckta och diagnostiserade ökar allt eftersom undervisningen blir mer abstrakt och kontexten blir mindre konkret. Generellt blir antalet personer med hörselnedsättningar högre ju högre upp i åldrarna man kommer, vilket är förklarligt med tanke på att hörselnedsättningar orsakade av bullerskador och åldersförändringar framträder först senare i livet.

Bland elever med hörselnedsättningar och döva elever är utvecklingsstörning eller synnedsättning vanliga tilläggsfunktionsnedsättningar (Gustafsson, 2009).

Det finns drygt 4 000 elever i åldrarna sex–tjugo år i Sverige som har en sådan hörselnedsättning att de använder två hörapparater eller cochleaimplantat (Coniavitis Gellerstedt, 2008). Personer med cochleaimplantat (CI) har ett inopererat tekniskt hjälpmedel som stimulerar hörselnerven.

En person kan ha en hörselnedsättning orsakad av en kombination av flera olika faktorer. Det är inte ovanligt att en hörselnedsättning åtföljs av associerade problem som ljudöverkänslighet eller tinnitus, då man upplever sig höra ett ljud eller en ton som inte kommer från någon yttre ljudkälla (Gustafsson, 2009).

Hörselnedsättningen kan individuellt variera stort, men en vanligt förekommande hörselnedsättning ligger inom diskantområdet (till exempel på grund av bullerskador). Det innebär att konsonanterna är de språkljud som lättast »faller bort«, eftersom de ligger i den högre frekvensområdena. »Jag åker till Stockholm« blir »_a_ å_e_ _i_ _ _ _ o _ _ _ o_ _«. Dessutom produceras konsonanterna ofta inne i munnen och kan därför inte avläsas på läpparna. Vokalerna däremot syns väl på läpparna men är inte lika informationsbärande. De språkljud som hörs kan även bli förvrängda eller flyta ihop. Därmed blir det svårt att uppfatta vad som sägs.

Att utvecklas och leva med hörselnedsättning eller dövhet – konsekvenser i vardagen

Alla funktionsnedsättningar som påverkar barnets möjligheter att ta in, tolka och integrera sinnesintryck medför att informationsbearbetningen kompliceras och det tar längre tid att bygga upp föreställningar om omvärlden och personerna i den.

De perceptuella intrycken från hörselsinnet används inte bara för att uppfatta tal. Med hjälp av framför allt synen men även hörseln orienterar vi oss i rummet: Vi vet vilka personer som är där och i vilken del av rummet de befinner sig i. Det första sinne som informerar oss om att något spännande håller på att hända i rummet kan vara hörseln; med hjälp av hörseln vänder vi också vårt intresse mot sådant som lockar. Var det inte någon som sa »åka till simhallen«? Ett barn som bara delvis eller under vissa goda förhållanden uppfattar denna typ av signaler blir mer visuellt orienterat. Det tittar på andra människors ansikten, på miner, gester och kroppsspråk och försöker utröna vad det är som pågår.

När uppfattningen av tal är bristfällig påverkas också talproduktionen. Barn med cochleaimplantat utgör ett undantag, vilket vi återkommer till nedan. Barn med medfödda eller tidiga hörselnedsättningar upptäcks ofta genom att deras tal är försenat, eller i svårare fall genom uteblivet tal. Talutveckling hos barn med hörselnedsättning påverkas förutom av hörseln även av arbetsminnets kapacitet, avläsningsförmåga och ordförråd. Barn som spontant utvecklar talat språk som sitt första språk har oftast lindriga, ensidiga eller måttliga hörselnedsättningar och inga andra samtidiga funktionsnedsättningar. Teckenspråk kan vara ett komplement eller ett andra språk för vissa barn med hörselnedsättningar.

Inom forskning och pedagogisk litteratur verkar lindrigare hörselnedsättningar samt konsekvenserna för utveckling och lärande vara mer sparsamt beskrivna än grava hörselnedsättningar och dövhet. Många forskare och pedagoger har ägnat sig åt tvåspråkighetsproblematiken, när man använder både teckenspråk och talat språk för inlärning och annan kommunikation. Roos (2006) betonar de teckenspråkiga barnens utmaningar och kompetens, då dessa barn måste lära sig svenska som andra språk samtidigt som de lär sig läsa och skriva. Generellt kan man säga att ju mer omfattande hörselnedsättningen är, desto större krav ställs på barnets förmåga till abstrakt tänkande. För att hänga med i skolan behöver eleven med nedsatt hörsel alltid koncentrera sig hårdare samt utnyttja sitt arbetsminne och sin fantasi för att kunna tolka såväl undervisningens innehåll som vad som pågår i det sociala samspelet.

Vad barnet hör beror på en kombination av faktorer, inte enbart på art och grad av hörselnedsättning. Ljudmiljö och avstånd påverkar starkt och ibland kan det verka som att barnet hör, ibland inte, beroende på situationen. De flesta typer av hörselnedsättningar medför, som tidigare nämnts, att konsonantljud drabbas mera än vokalljud, och att det kan ske förvrängningar i vad som uppfattas. Att »hänga med« i verbal kommunikation kräver därför en extra stor ansträngning. Trötthet och problem att minnas kan bli en följd av ansträngningen att höra, särskilt om hörselmiljön är dåligt anpassad.

Många med hörselnedsättningar har även tinnitus, vilket oftast innebär att personen går omkring med en mer eller mindre hög ton i örat som inte härrör ur någon yttre källa. För dem som använder hörapparat kan det vara så att de, trots hörselnedsättningen, upplever vissa ljud som starka och störande. För en del kan särskilt mekaniska ljud som stolsskrap eller pappersprassel orsaka mer obehag än för den som har ordinär hörsel. Hörapparaten förstärker samtliga ljud.

En undersökning av läsutveckling hos barn med hörselnedsättning i årskurs 2–6 visade att de var i takt med utvecklingen hos normalhörande under de tidiga skolåren, men de äldre barnen läste långsammare, och det förekom en större andel som fick låga poäng på läsförståelsetest (Hendar, 2008). När innehållets grad av abstraktion ökar ställs större krav på skolan att bereda dessa elever möjlighet att leva upp till sin potential.

Hjälpmedel

Tidig upptäckt av hörselnedsättningar medför att teckenspråk kan börja användas som kommunikationssätt för de barn som bedöms behöva det. Samtliga nyfödda i Sverige screenas numera för att upptäcka hörselnedsättningar.

För barn med svåra hörselnedsättningar kan cochleaimplantat (CI) bli ett väl fungerande hjälpmedel. En del av hjälpmedlet opereras in i innerörats snäcka (cochlea), den andra yttre delen fästs oftast vid örat och tar in ljuden som processas och sänder hörselsignaler digitalt direkt via hörselceller och hörselnerven till hjärnan, som uppfattar det som ljud (Gustafsson, 2009). Detta hjälpmedel underlättar förståelse av tal, medan andra ljud uppfattas mindre tydligt. Resultaten blir bäst om hjälpmedlet ges före ett års ålder så att barnet tidigt får möjlighet att lyssna till talspråk. För att barnet ska lära sig bearbeta och tolka signaler från tal krävs en process i hjärnan. Ett barn riskerar att försenas i sin talspråksutveckling om det inte får hörselupplevelser av tal på ett tidigt stadium (Sektionen för cochleaimplantat, Karolinska, www.karolinska.se).

Barn med cochleaimplantat fungerar inte som helt normalhörande barn. Uppfattningarna går isär om teckenspråkets fortsatta betydelse för dessa barn (Sveriges Dövas Riksförbund, www.sdr.se). Barn med cochleaimplantat utvecklar i många fall ett extra tydligt tal, eftersom de fått höra talet via en ljudprocessor, men man får därför inte dra slutsatsen att dessa elever uppfattar tal lika väl som de talar. De är beroende av teleslingor och annan teknisk utrustning och kan inte betraktas som normalhörande (Hörselboken, 2010, www.horselboken.se). Många barn och vuxna med grava hörselnedsättningar har dock med CI fått ökad möjlighet att kommunicera via tal. För att implantatet ska fungera för en vuxen förutsätter det att personen har haft så god hörsel att hon vet hur tal låter och har lärt sig tolka tal. För de flesta barn med hörselnedsättningar kan traditionella hörapparater ge kompensation.

Gustafsson (2009) ger utförlig information om hur olika typer av hörapparater fungerar och hur de kan individanpassas.

Vad behöver jag som pedagog tänka på?

Precis som med andra funktionsnedsättningar är art och grad av funktionsnedsättning bara två av de faktorer som påverkar hur hindrande omgivningen blir för individen i olika situationer. Möjligheterna att uppfatta ett budskap styrs av avstånd till ljudkällan, akustiken, bakgrundsljud/oljud, hur många personer som kommunicerar och om ljuset och personernas placering medför att eleven kan överblicka vilka som talar och se dem i ansiktet. För oss pedagoger räcker således inte kunskap om funktionsnedsättningen i sig; vi måste också förstå dess påverkan och att den kan vara olika i skilda sammanhang – samt se de pedagogiska konsekvenserna. En person med en grav hörselnedsättning kan i praktiken vara döv i situationer med sämre ljus och akustikförhållanden.

Som lärare behöver du informera dig om de olika skolalternativ som finns för dessa elever, och tillsammans med familjen och experter göra en kompetent bedömning av om den verksamhet du arbetar i tillfredsställer den individuella elevens behov och rättigheter till likvärdig skolgång.

När det konstaterats att ett barn har en hörselnedsättning redan i förskoleåldern ställs familjen inför valet av skola. Det finns, främst i storstadsregionerna, teckenspråkiga specialförskolor där barngruppen är liten och barnen erbjuds att utveckla sitt första språk, teckenspråk, i ett naturligt sammanhang tillsammans med hörande och döv personal. Simonsen et al. (2009) menar att kommunikationsmodaliteten ska avgöras utifrån individens och omgivningens förutsättningar. Dammeyer (2010) påpekar dock att hur kommunikationen fungerar har en tydlig koppling till psykosociala svårigheter hos barn med hörselnedsättning. Dessa svårigheter var 3,7 gånger vanligare i gruppen med elever med hörselnedsättning än för normalhörande.

Eftersom de flesta döva barn i dag får CI, har de teckenspråkiga förskolorna numera ett stort utbud av talat språk i sina miljöer. Man använder tekniska hjälpmedel och utvecklar språk och kommunikation på det sätt som lämpar sig bäst för varje enskilt barn. Många föräldrar väljer att placera sitt barn i en vanlig förskola med assistent, där personalen ibland får stöd av specialpedagog som ger pedagogisk konsultation. Om det finns en specialpedagog kan de arbeta med hela barngruppen och »träna« språk och kommunikation med barnet i naturliga sammanhang. Det ska finnas motsvarande stöd även i skolan.

Val av skola grundar sig till stor del på vilket språk eleven främst använder/kommer att använda för kommunikation: tecken eller tal. Enligt HRF (Hörselskadades Riksförbund) går 84 procent av alla elever med hörselnedsättningar i Sverige i vanlig klass (www.hrf.se). För teckenspråkiga barn finns statliga specialskolor på sex orter i landet (se www.spsm.se). I vissa kommuner finns hörselklasser där elever med hörselnedsättningar undervisas i mindre grupp av specialutbildade lärare.

I vanlig klass ska eleven och skolpersonalen få stöd av kommunens hörsellärare och SPSM. Kanske går flera elever med hörselnedsättningar i samma klass. Detta förutsätter bland annat god kunskap om kommunikativa strategier i klassrummet hos samtliga undervisande lärare och särskilda anpassningar av miljön. En annan modell är en klass som består av cirka två tredjedelar hörande elever och en tredjedel döva elever eller elever med hörselnedsättning. Klassen undervisas av en vanlig lärare och en hörselpedagog, som tecknar flytande och behärskar den begreppsliga vokabulär som behövs.

McGain och Antia (2005) fann att döva elever/elever med hörselnedsättningar inte skilde sig signifikant från sina normalhörande jämnåriga kamrater i kommunikation i klassrummet och socialt beteende. Däremot fanns en skillnad i prestationer i skolämnena i läsning. Läsförståelse utvecklades inte lika snabbt för eleverna med funktionsnedsättning, vilket kan bero på att undervisningen inte har varit tillräckligt anpassad (Roos, 2006). När det gällde att använda sig av skriftspråk och matematik utvecklades grupperna lika snabbt. De normalhörande eleverna lärde sig teckenspråk i stort sett i samma omfattning, särskilt de som hade någon döv elev eller elev med hörselnedsättning som bästa vän. I skolverksamheten som beskrivs här fanns kunnig och engagerad personal och en skicklig teckenspråkstolk, som kunde tolka även specifikt innehåll i skolämnena.

Varje elev har rätt till den skolplacering som ger honom eller henne den bästa möjligheten att tillgodogöra sig undervisningen utifrån sina egna behov och förutsättningar, och att fungera i socialt samspel med sina kamrater och lärare. Det är viktigt att planeringen för barnets skolgång börjar i god tid före skolstart. Behoven kan förändras och ett omval av skola kan vara nödvändigt. Information och diskussion med familjen och eleven om vilka olika möjligheter till skolgång som finns är nödvändig och bör ske kontinuerligt. Inför valet av skola behövs vanligen flera informationstillfällen och studiebesök.

Att organisera och planera det pedagogiska arbetet

Elever med hörselnedsättningar utgör ett brett spektrum. Bland de med svårare nedsättningar finns önskemål om teckenspråksundervisning och tillgång till teckenspråklig miljö i större omfattning än vad som förekommer. Många elever med hörselnedsättning som redan kan teckenspråk vill lära sig mer och många som inte kan teckenspråk vill lära sig det. En undersökning med drygt 600 elever med hörselskada eller dövhet visar att det är en tredjedel som har sådana önskemål, vilket kan tyda på att de inte fått sina behov tillfredsställda tidigare. Eleverna i undersökningen var tretton till nitton år gamla. De yttre förutsättningarna för delaktighet (i skolarbete och på raster) i grundskolor, gymnasieskolor och hörselklasser brister för uppemot en tredjedel av eleverna enligt Coniavitis Gellerstedts (2008) undersökning. Till externa förutsättningar räknades tillgång till undervisning på teckenspråk, undervisningsgruppernas storlek, elevernas placering i rummet, anpassning av lokaler, pedagogiskt och psykosocialt stöd samt tekniskt stöd och bemötande.

Olika omgivningsaspekter i såväl den fysiska som den sociala miljön är av central betydelse för döva elever och elever med hörselnedsättningar. Faktorer i den fysiska och sociala miljön avgör hur funktionshindrad man blir. Då elevgruppen är så heterogen, behöver pedagogerna ta experter till hjälp för att anpassa skolsituationen på bästa sätt för var och en. Alla behöver naturligtvis inte alla de anpassningar som tas upp här. I den vanliga skolan krävs ofta att man vidtar ett antal åtgärder, för att miljön inte ska skapa delaktighetsinskränkningar för den aktuella elevgruppen. För maximal hörbarhet krävs en god akustisk miljö och ett väl utprovat sätt att använda hörapparat och andra tekniska hjälpmedel, och dessutom god belysning och en placering så att elever som kompletterar med att läsa på läpparna (läppavläsning) kan se den som talar. Att det inte bara gäller läraren utan också alla kamrater, är en nödvändighet för många. Det kan innebära att gruppstorleken måste minskas.

Att eliminera störande ljud är en viktig förutsättning för att skapa fungerande kommunikation i klassrummen. »Bullret är vår värsta fiende och en tyst miljö vår bäste vän« (Gustafsson, 2009, s. 6). Rummets akustiska egenskaper, som efterklangstid och elektromagnetiska störningar, påverkar lyssnarmiljön. Att försöka koppla bort ovidkommande prat i klassrummet, skrap med stolar och annat buller kan orsaka koncentrationssvårigheter och svåra problem med trötthet och huvudvärk som följd. Det påverkar lärandet och skapar stress. Att använda mycket textilier, sätta tassar på stolar och bord, liksom lister runt dörrar för att dämpa slammer är exempel på enkla åtgärder. Hörselvården bistår med akustikbedömning och kommunen genomför till exempel sanering med akustikplattor.

Det är viktigt ur delaktighetssynpunkt att alla lokaler som eleven ska vistas i har en sådan ljudmiljö att kommunikation blir möjlig. De sämsta ljudmiljöerna är oftast matsal och korridorer. Många elever har svårigheter att delta i samtal där, och tio procent uppger också att de har svårt att vara delaktiga i samtal i elevernas uppehållsrum. Mer än var tionde elev i grundskolan och var femte elev i gymnasieskolan uppger att de har svårigheter att följa undervisningen i en eller flera lokaler som används för undervisning (Coniavitis Gellerstedt, 2008).

Vanligt är att eleven som måste koncentrera sig maximalt för att höra inte orkar fullt ut – och att hon har hört vad som sagts i början och i slutet av en längre genomgång men inte i mitten. Eleven har då svårt att uppfatta sammanhanget. Om processen att höra och tolka är för krävande finns det risk för att det återstår för lite kapacitet för att lagra och därmed minnas informationen. Detta tyder i klartext på att även om eleven i en bullrig miljö kan höra vad som sägs, är det betydligt svårare att ta till sig kunskap och senare minnas den än om informationen mottagits i en bättre lyssningsmiljö (Gustafsson, 2009, s. 52).

Exempel på tekniska lösningar för att öka kommunikationen elever emellan är trådlösa mikrofoner. Dessa mikrofoner, som arbetar på olika frekvens på varje bänk, är en lösning som använts med bra resultat (Gustafsson, 2009). Det finns också system med en central, hängande trådlös mikrofon som kan ta upp allt ljud i klassrummet och eleverna kan kommunicera utan att sätta på någon mikrofon.

Även elever med auditiva perceptionsproblem, uppmärksamhetssvårigheter och inlärningssvårigheter kan, trots att de i princip har »normal hörsel«, ha extra stort behov av en god ljudmiljö och akustikbehandling av lokalerna. Ett fungerande system för att kunna höra de andra eleverna, och att läraren upprepar deras svar om det råder osäkerhet, är viktigt för delaktigheten. Numera finns olika fasta eller bärbara slingsystem med mikrofoner inte bara för läraren utan även för andra elever, för att möjliggöra kommunikation elever emellan (Gustafsson, 2009).

Alla i omgivningen behöver vara medvetna om att hörapparater som hjälpmedel inte kompenserar för alla brister i och med att de även förstärker ovidkommande ljud. Att använda hörapparat undanröjer inte problemen, som när man använder glasögon.

En av de viktigaste förutsättningarna för delaktighet är lärarens förhållningssätt och pedagogiska strategier. Dialogisk pedagogik kräver att deltagarna är aktiva, både som lyssnare och som talare. Detta kan bli en svårighet för eleven. I ett klassrum försiggår ofta många olika parallella aktiviteter med kommunikativa inslag; någon kanske arbetar själv med att söka information eller läsa medan andra samtalar och arbetar i grupp. Läraren går runt och hjälper till och svarar på frågor parallellt med att det pratas från olika håll. Normalt använder vi hörseln för att orientera oss om vad som pågår och var olika personer befinner sig i rummet. Detta kan vara omöjligt eller mycket tröttande för eleven med hörselnedsättning. Upplägget på situationer och längden på olika aktiviteter måste alltid tänkas igenom.

Bara en sådan sak som att läraren vänder sig mot whiteboarden och pratar samtidigt som han eller hon skriver försvårar oerhört, eftersom ljuden går in i tavlan i stället för ut i rummet – och varken ansiktets uttryck eller läppavläsning är möjlig. Många elever kan själva beskriva hur kommunikationen i klassrummet ska vara organiserad för att fungera maximalt bra för dem. När pedagogen vill förmedla något måste han/hon se till att ljuset faller i ansiktet så att läpparnas rörelser syns tydligt då han pratar. Många ord innehåller flera ljud som är lika, till exempel »trettiofem«, »sextiofem« och sjuttiofem«. Eleven kan ha svårt att uppfatta vilken sida det var man skulle slå upp. Läppavläsning kan göra att vissa missförstånd undviks, men ännu bättre är att komplettera med att presentera informationen skriftligt. Det är enkelt att skriva »55« på tavlan direkt efter att man sagt det. Det handlar om att etablera aktiva rutiner för att ge eleven stöd som ökar delaktigheten; och att visa respekt och förståelse genom att komma ihåg att ge sådan enkel hjälp, utan att eleven behöver be om det.

Viktigt stöd är också att tydligt kunna se andra elever som talar för att kunna tolka det som sägs. Delaktighet kräver att man får veta vem som har bidragit med ett visst inlägg, inte bara i form av ämnesinnehåll utan också exempelvis små kommentarer som utgör socialt kitt i en grupp. Tillrättalagd metodik och kommunikativa strategier i arbetssättet är kärnfrågor. Enkla åtgärder som att läraren ställer sig i en bra position med goda ljusförhållanden i förhållande till eleven och använder sig av mikrofon, utan att eleven behöver påminna om detta, bör vara självklara, liksom att läraren systematiskt säger namnet på den elev som får en fråga och sammanfattar vad övriga elever sagt (även felaktiga svar), om det inte finns en teknisk lösning som medger fullt medhörande.

Ansvaret för att den tekniska utrustningen är uppladdad och fungerar ska ligga på någon vuxen, så att eleven har möjlighet att koppla av under raster. Att upprätta ett tydligt system för turtagning, så att bara en åt gången pratar, är pedagogens ansvar. Undersökningar av elevers erfarenheter visar att lärarnas förmåga att hantera undervisningssituationen, medvetenhet om klassrumsdialogens betydelse för samspel och lärande skattas högt för att åstadkomma en god lärandemiljö. Inte minst viktigt är förståelsen för hur sättet att lägga upp undervisningssituationen fungerar för varje enskild elev.

Det har under ett antal år funnits flera bevis på att elever med hörselnedsättning/hörselskada har markant sämre resultat i skolan än vad som är förväntat. Enligt Hörselskadades Riksförbund, (www.hrf.se) är det 37 procent av de sökande till riksgymnasiet för hörselskadade som inte har godkänt i alla kärnämnen jämfört med 10 procent bland ett tvärsnitt av alla elever som gått ut grundskolan. Detta kan bara förklaras med att skolan inte lever upp till målsättningen om en likvärdig utbildning för alla.

Det direkta arbetet och kontakten med och mellan elever

Isabella ville inte berätta om sin hörselnedsättning i skolan. Hörapparaten stoppade hon ned i väskan på vägen dit. När hon inte hörde eller inte var säker på om hon hört rätt, använde hon sig av olika strategier för att dölja sitt problem. Ibland log hon och nickade utan att ha förstått. Ännu oftare tittade hon ned i bänken för att undvika att få frågor. Vissa lärare som inte kände till eller förstod hennes funktionsnedsättning tyckte att hon verkade nonchalant och ointresserad. Skolresultaten blev sämre.

Uppmuntrad av klassläraren fattade Isabella beslutet att gå ut öppet med sin hörselnedsättning i klassen. Men först fick alla elever starta med en inlevelseövning i hur det är att ha en grav eller måttlig hörselnedsättning. De fick ha lurar eller öronproppar under ett antal lektioner och raster för att själva få prova på vad det innebär att försöka höra i skolan om man har en hörselnedsättning. Övningen var starkt känsloväckande och gav upphov till livliga diskussioner vid upprepade tillfällen. När Isabella så småningom framträdde och berättade om sin hörselnedsättning var det helt tyst i klassrummet. Många elever bidrog med olika förslag på hur man skulle kunna underlätta. Att påverka attityder så att eleverna använder sina hjälpmedel (cirka 30 procent av alla elever som har hörapparat använder den inte i skolan enligt Coniavitis Gellerstedt, 2008) och att själv som pedagog vara ett föredöme i sitt sätt att skapa kommunikation i klassrummet, tillhör det mest väsentliga en pedagog kan bidra med.

Var tionde elev med hörselnedsättning/hörselskada i grundskolan och var femte elev i gymnasieskolan som går i vanliga klasser, uppger att de sällan eller aldrig hör vad klasskamrater svarar på frågor (Coniavitis Gellerstedt, 2008). Förutom de tekniska lösningar och pedagogiska strategier som beskrivits för att skapa fungerande klassrumskommunikation, behöver läraren regelbundet använda rutiner for att kontrollera att budskapet på lektionerna gått fram. Många elever håller en låg profil och vill inte avbryta och fråga, när de är osäkra på om de har förstått eller hört. Eleven själv vet många gånger inte om hon har uppfattat något korrekt förrän missförståndet är ett faktum. Gustafsson (2009) ger ett slående exempel: Eleven uppfattade: »Kom hit din skit!«, men vad som sades var: »Välkommen hit!« Det gäller med andra ord att kontrollera att muntliga meddelanden gått fram.

Det är utpekande att hela tiden direkt fråga eleven hur/om hon har förstått. Läraren får själv hitta på andra sätt att informera sig om hur budskapet uppfattats. Ett alltför stort antal elever (mellan 15–20 procent) upplever att de har svårt att delta i undervisning och skolarbete och visa sina kunskaper under lektioner. Mer är 40 procent av elever med hörselnedsättning har svårt att visa sina kunskaper i prov med hörövningar. Dessa siffror bygger på enkätsvar från fyra hundra elever med hörselnedsättning (Coniavitis Gellerstedt, 2008).

Lärarnas sätt att undervisa framhävs som en av de viktigaste förutsättningarna för delaktighet i undervisningen, tillsammans med en bra ljudmiljö i de sammanhang då elever själva tillfrågats. Att medvetet lägga in »self-advocacy« på skolschemat/i skolaktiviteterna har visat sig vara en avgörande faktor för lyckad övergång till vuxenlivet som även har betydelse för framgång i arbetslivet. »Self-advocacy« handlar om att lära sig förklara sina svårigheter och stå upp för sina behov. Det handlar om att själv kunna beskriva sina svårigheter, men även att kunna påvisa och ställa krav på hur undervisningen behöver vara tillrättalagd för att fungera (Test et al., 2005).

Om du arbetar med teckenspråkiga elever är det viktigt att de får lära sig läsa genom att få ord och begrepp presenterade, i ett sammanhang som väcker deras naturliga lust och nyfikenhet att förstå budskapets innehåll. Texter som kommunicerar ett innehåll ska få läsas tyst av eleven utan krav på att hon samtidigt ska teckna orden – detta för att ge eleven en chans att uppfatta textens huvudsakliga budskap (Roos, 2006). Teckenspråk har inte använts för att förmedla kunskap förrän på 1970-talet i Sverige. Det innebär att till exempel matematikens språk ännu är ett språk under utveckling på teckenspråk.

Inkludering har många betydelser och tolkas olika. Det är viktigt att samtliga berörda diskuterar vad begreppet innebär för dem, vilka fördelar och nackdelar en viss skolform kan komma att ha för eleven och vad som krävs i organisationen för att genomföra den modell man valt på ett bra sätt. Förutsättningarna i omgivningen för en lyckad inkludering ska analyseras vid upprepade tillfällen. Elevens behov kan förändras över tid, vilket är en anledning till att det behövs en kontinuerlig utvärdering av hur den valda skolan påverkar elevens skolframsteg och sociala situation. Förändringar kan behöva göras »under resans gång.«

Att inkludera elever vars funktionsnedsättning på något sätt drabbar kommunikationen brukar vara en speciell utmaning. Det gäller framför allt döva elever och elever med hörselnedsättningar samt elever med svårigheter inom autismspektrumet. De själva, deras familjer och de intresseföreningar som representerar dem brukar vara de som mest förespråkar specialverksamheter. Detta är logiskt eftersom »att gå i skolan« som fenomen är en social, kommunikativ situation. Att skapa verklig delaktighet i skolan för dessa elever kräver förändring på djupet.

Två elever med hörselnedsättning går i en ordinär klass med normalhörande elever. De får hjälp av en teckenspråkskunnig assistent hela dagarna. Det är historielektion och läraren har samlat alla elever runt en introduktion till den nordiska vikingatiden och vikingarnas liv. Han berättar livfullt om vikingarna och deras resor. Han antecknar centrala begrepp och stödord som eleverna ska lära sig, så att de finns synliga. Många bildillustrationer av klädedräkter, bostädernas utseende, hushållsföremål och vapen används. Assistenten tecknar men hinner inte riktigt med att fånga in de övriga elevernas spontana kommentarer och är inte heller tillräckligt säker i teckenspråket för att klara att teckna alla de begrepp som används.

Läraren ställer avslutande frågor riktade till enskilda elever. De flesta frågorna är av övergripande natur och handlar om att förstå sammanhangen i vikingarnas liv. De två eleverna med hörselnedsättning får också varsin fråga, men de handlar om att beskriva sådant de sett på bild. Förmodligen får dessa elever en mer fragmentarisk bild av vad lektionen gick ut på. En av pojkarnas mamma säger att det finns stora fördelar socialt för hennes son att gå i den vanliga klassen, men att han kämpar hårt för att uppfatta det som undervisningen handlar om och för att hänga med i »kompisarnas snack«.

Läraren är nöjd med hur han har anpassat undervisningen genom att individualisera utifrån vars och ens förutsättningar. Hörselpedagogen menar att de två eleverna i det här fallet mycket väl skulle kunna förstå samband och sammanhang i historielektionens innehåll lika bra som de andra eleverna – om de bara fick chansen. Inkludering kan, som tidigare påpekats, definieras på många sätt, men för att bli »en process som maximerar alla elevers rättighet till ett brett, relevant och stimulerande innehåll i läroplanen/undervisningen och som genomförs i den miljö som har mest inflytande på deras lärande« krävs mycket av omgivningen (Cigman, 2006, s. 26, författarnas översättning).

Motoriska funktionsnedsättningar

Vad är motoriska funktionsnedsättningar?

Motoriska funktionsnedsättningar är ett samlingsbegrepp för olika diagnoser som innebär begränsad motorisk förmåga. Även termen rörelsehinder används. Terminologi för funktionsnedsättningar är i ständig förändring. En generell, väl avgränsad definition av vad denna funktionsnedsättning innefattar saknas oavsett terminologi. Ibland beskrivs rörelsehinder utifrån typ och grad av funktionsnedsättning, ibland utifrån de grundläggande orsakerna och i andra sammanhang utifrån dess konsekvenser. *Motor impairment* är ett paraplybegrepp för ett antal olika tillstånd som påverkar den motoriska förmågan. Motoriska funktionsnedsättningar kan delas in i två kategorier utifrån orsak:

1. *Neuromotoriska funktionsnedsättningar (neuromotor impairments)* – orsakas av neurologiska skador, som begränsar muskelkontroll och rörelseförmåga, till exempel cerebral pares, multipel skleros, muskeldystrofi samt skador relaterade till ryggmärgen som ryggmärgsbråck och skador på ryggmärgen. Ibland räknas även epilepsi hit.
2. *Muscular/skeletal conditions* – innebär svårigheter att kontrollera rörelserna, men inte beroende på neurologiska orsaker utan till exempel barnreumatism, missbildade kroppsdelar eller amputation samt skelettskador som extrem kortväxthet, benskörhet och skolios.

De flesta elever som har en motorisk funktionsnedsättning har det på grund av en skada som är medfödd eller som uppstått tidigt i livet. Den motoriska funktionsnedsättningen kan vara av olika omfattning och yttra sig på många skilda sätt. Gemensamt är att förmågan att utföra viljemässigt styrda rörelser är nedsatt i något avseende. Den kan vara kombinerad med exempelvis perceptions- och/eller koncentrationsstörningar, synnedsättning och/eller utvecklingsstörning.

Bland personer med neuropsykiatriska funktionsnedsättningar är det mycket vanligt att ha svårigheter med viljemässigt styrda rörelser. Det kan vara svårigheter med motorisk kontroll, planering av rörelser/handlingskedjor och/eller samordning av motoriken. Orsakerna bakom motoriska funktionsnedsättningar varierar alltså. I det följande exemplifieras ett antal diagnoser som kan medföra rörelsehinder (www.rbu.se; Farrell, 2006).

Diagnoser som medför rörelsehinder

Cerebral pares (cp) är ett samlingsnamn för irreversibla hjärnskador, det vill säga sådana skador som inte växer bort eller kan åtgärdas. Bortsett från barn med neuropsykiatriska funktionsnedsättningar, som beskrivits i kapitel 6, är de med diagnosen cerebral pares den största gruppen barn med motoriska funktionsnedsättningar. Cp-skador påverkar personens förmåga att kontrollera muskelgrupper eller motoriska funktioner i specifika delar av kroppen eller i några fall i hela kroppen. Hur nedsatt muskelkontrollen blir beror på var i hjärnan och vid vilken tidpunkt skadan inträffat.

Syrebrist i hjärnan och blödningar är två vanliga orsaker till cp, som oftast inträffat under graviditeten. Hos en del barn har skadan uppkommit efter förlossningen. Ett fåtal fall av cerebral pares beror på huvudskador och hjärnhinneinflammation. Konsekvenser av cp är för vissa barn att musklerna är spända hela tiden eller spänns onormalt mycket vid rörelse. De har spastisk cp som beror på att nervbanorna som förbinder ryggmärgen med hjärnbarken är skadade. Benen kan vara mer påverkade än armarna (diplegi), armarna mer eller lika påverkade som benen (tetraplegi) eller så är ena kroppshalvan påverkad (hemiplegi). Exempel på konsekvenser är ofrivilliga och omotiverade »felaktiga« rörelser och omotiverade växlingar i muskelspänning. Detta kan göra det svårt att utföra ändamålsenliga rörelser. Kvarstående reflexer kan också orsaka problem.

Ryggmärgsbråck är en medfödd defekt på vävnaden runt ryggraden, som inte slutits som den bör. Resultatet blir begränsad kontroll av organ och muskler styrda av nerver som sitter nedanför den nivå där skadan finns. Ju större skada och ju högre upp den sitter, desto större blir effekterna. Kontakten mellan hjärnan och nervsystemet nedanför det område där skadan sitter är störd. Flertalet av dessa har någon form av motorisk funktionsnedsättning, vilket gör att cirka hälften är rullstolsburna. Antalet barn som föds med ryggmärgsbråck har minskat i Sverige på grund av fosterdiagnostik (www.rbu.se).

Barnreumatism förekommer i många olika former men typiskt är att den är kronisk och smärtsam. Den utvecklas ofta tidigt i barndomen och medför inte sällan betydande frånvaro från skolan, vilket försvårar elevens lärande och möjligheter att få sammanhang i det hon lärt.

Hydrocefalus kallas i dagligt tal för vattenskalle. Hos barn med hydrocefalus hopar sig hjärn- och ryggmärgsvätska i hjärnans hålrum. Det är vanligt att operera in en ventil, en så kallad shunt, som reglerar trycket. Trots det påverkas motoriken så att ett visst mått av klumpighet och svårigheter att samordna öga och hand förekommer hos flera av dessa barn. Spannet är stort inom gruppen. Några har associerade funktionsnedsättningar som bristande koncentrationsförmåga och/eller problem med synen.

Medfödd benskörhet påverkar den motoriska förmågan, då benbrott lätt uppstår vid ansträngande aktiviteter.

Kortväxthet i olika former påverkar den motoriska förmågan, kanske främst genom att den fysiska miljön vanligen inte är anpassad till personer med kortväxthet. Tidig diagnos är viktig för att sätta in medicinsk behandling till exempel med hormonsprutor och ortopedisk behandling. Som kortväxt räknas den som är kortare än 150 centimeter som vuxen (www.rbu.se, Bryant et al., 2008).

Epilepsi i form av anfall som innebär att eleven faller till golvet blir självklart uppmärksammat av omgivningen. Det är kanske inte lika självklart att all personal känner till att epileptisk aktivitet i hjärnan även kan yttra sig odramatiskt i form av korta ögonblick eller stunder, då eleven inte är medveten (absenser). Om man inte känner till det, finns en risk att man tror att eleven bara är ouppmärksam eller dagdrömmer.

Dyspraxi är ingen diagnostisk term men används av vissa forskare och praktiker för att beskriva en neurologiskt grundad nedsättning i förmågan att organisera rörelser. Dyspraxi kommer från grekiskans »praxis« och betyder att göra, genomföra. Barn med dyspraxi har svårigheter att viljemässigt styra sina motoriska handlingar.

Många elever med någon form av motorisk funktionsnedsättning har även någon associerad funktionsnedsättning som exempelvis talsvårigheter, inkontinens, epilepsi, synnedsättning eller utvecklingsstörning. Detta innebär att även elever med en lättare motorisk funktionsnedsättning totalt sett kan ha en omfattande funktionsnedsättning.

Att utvecklas och leva med en motorisk funktionsnedsättning – konsekvenser i vardagen

Alla människor är beroende av sin fysiska kropp och om kroppen skadas uppstår problem. Oftast går vi igenom det dagliga livet utan att reflektera över detta. Kroppen är den bas vi agerar utifrån och vi tar för givet att den ska fungera. Så är det inte för personer med motoriska funktionsnedsättningar. För dem gör sig kroppen ständigt påmind. Det är viktigt att komma ihåg att det finns en stor variation inom gruppen, och att elevernas utmaningar i vardagen kan se mycket olika ut.

Grovmotorisk förmåga innebär att kunna använda stora muskler i idrott och en rad andra aktiviteter. Man måste kunna göra bedömningar av olika inkommande sinnesintryck och reagera relativt snabbt med adekvata muskelrörelser. Medan en motorisk aktivitet pågår måste man kunna fortsätta agera målinriktat utifrån feedback från sinnesorganen. En form av grovmotoriskt minne möjliggör att man kan komma ihåg hur musklerna brukar användas för att genomföra olika steg i en fysisk aktivitet på ett lyckat sätt. För vissa barn fungerar hela denna process automatiskt, medan andra behöver öva mycket för att lyckas. Barn kan i sin utveckling ha nedsatta funktioner som påverkar grovmotoriken. Här följer några exempel:

En svagt utvecklad känsla för kroppens position gör att man inte riktigt vet var man har sin kropp när den är stilla. När en elev är koncentrerad på en sak, som att skriva, glömmer hon bort att flytta fram stolen så att hon sitter bra utan glider ned hela tiden. Skrivandet försvåras men det verkar som om eleven inte automatiskt kan hålla reda på sin kropp.

Det kinestetiska sinnet ger information från den egna kroppen, till exempel om kroppens position och rörelser. Svagt utvecklat kinestetiskt sinne gör att eleven inte har kontroll över sina kroppsrörelser under en aktivitet som att hoppa. Exempel: För Lena känns kroppen opålitlig. Hon har lärt sig att gå med kryckor men hon är rädd för att göra det. Hon vet att om hon faller så kan hon inte ta sig upp själv och det är en skrämmande tanke för henne att bli liggande på skolgården.

Den visuo-spatiala förmågan hjälper oss att med synen uppfatta rummet, föremåls position i förhållande till varandra samt avstånd och hastighet med vilken ett föremål närmar sig. Svårigheter att snabbt bearbeta visuo-spatial information kan göra det svårt att till exempel fånga en boll. Dålig integration mellan det verbala och det motoriska innebär att vissa barn har svårt att omvandla verbala instruktioner till rätt motorisk handling. Att ta emot verbala instruktioner på idrottslektionen fungerar då inte. Utmaningar som kräver motorisk planering medför att det blir svårt att välja motorisk aktivitet/strategi för att uppnå ett mål, som hur snabbt man ska springa för att fånga bollen. Koordinationen mellan muskelgrupper kan också vara nedsatt vilket gör det svårt att synkronisera rörelser. Även bland personer med neuropsykiatriska funktionsnedsättningar är det vanligt med dessa typer av svårigheter.

Om det motoriska minnet inte fungerar optimalt kan eleven inte snabbt minnas den korrekta sekvensen av muskelrörelser som ingår i genomförandet av en aktivitet. Muskeltonus, det vill säga muskelspänningen, kan vara för låg och då saknas styrka. Bristande förmåga att överblicka och övervaka den egna aktiviteten gör det svårt att värdera hur effektivt muskelsamordningen fungerar under en aktivitet. För elever med dessa typer av svårigheter uppstår ofta situationer då de spontant vill delta i aktiviteter men kroppen lyder inte (Brookes, 2007; Farrell, 2006):

»När de spelar fotboll vill jag gärna vara med men det går inte«, säger Lina. »Jag tänker att om jag bara kunde hålla mig upprätt på benen lite längre så skulle jag kunna vara med. Jag drömmer om att kunna spela i riktiga matcher men när de springer riktigt fort har jag ingen chans. Det känns orättvist och jag blir avundsjuk på de andra.«

Väl fungerande finmotorik möjliggör sådana funktioner som att greppa små objekt, knäppa och knäppa upp knappar samt att skriva.

Finmotoriska färdigheter består av styrka, finmotorisk muskelkontroll och skicklighet. För att kunna skriva krävs penngrepp, handkoordination och ett utvecklat motoriskt-muskulärt minne. Elever är beroende av finmotorisk kontroll av ögonmusklerna vid läsning för att kunna fokusera och urskilja bokstäver och hålla sig på spåret i texten. De elever som har finmotoriska svårigheter har svårt att skriva läsligt även med övning; de har svårt att skriva av från tavlan och de har dåligt utvecklade färdigheter i att klippa och måla. Då en stor del av en skoldag innehåller olika finmotoriska aktiviteter, framför allt skrivuppgifter, kan dålig handfunktion vara en av de största utmaningarna för elever med motoriska funktionsnedsättningar.

Vad behöver jag som pedagog tänka på?

Det har redan poängterats att det finns en stor variation inom gruppen elever med motoriska funktionsnedsättningar och att det inte finns några enkla samband mellan en diagnos och svårigheter på individnivå. De svårigheter som uppstår i skolsituationen kan ses som ett kontinuum där en elev med en viss diagnos kan ha ett stort behov av stöd, behöva visst stöd eller inget stöd alls. Omgivningsfaktorer, som vilka anpassningar som görs i olika skolsituationer och vilka attityder som råder kring vad elever med rörelsehinder kan prestera, har visat sig ha stor påverkan (Malmqvist, 2000).

En elev med diagnosen cerebral pares kan skriva något långsammare än de övriga i klassen och ha svårt för att gå i backar och trappor. Tänkbara anpassningar för den här eleven är att få ha en egen dator med anpassat tangentbord att skriva på, att få längre tid på prov och att den mesta undervisningen sker i ett hemklassrum. En annan elev med samma diagnos kan behöva ett annat och mycket mer omfattande stöd på grund av talsvårigheter, svårigheter med att skriva och att förflytta sig mellan lokaler. Historiskt sett har personer med motoriska funktionsnedsättningar varit exkluderade från många miljöer (Cigman, 2006). Deras intresseorganisationer tillhör de som driver frågan om inkludering starkast.

Att organisera och planera det pedagogiska arbetet

Att skapa tillgänglighet för alla är ett viktigt samhällsmål. Tillgänglighet handlar om den fysiska miljöns utformning, men också om attityder och bemötande. Barriärer är inte bara fysiska. Precis som alla elever med eller utan funktionsnedsättningar har elever med motoriska funktionsnedsättningar rätt till lika tillgång till utbildning enligt skollagen.

Lokalerna i nya skolor brukar vara väl utformade, men även äldre skolor har skyldighet att anpassa lokalerna för att kunna ta emot elever som behöver anpassningar på grund av motoriska funktionsnedsättningar. Enligt skollagen är huvudmännen ansvariga för skolans lokaler men någon detaljerad beskrivning av hur de ska utformas finns inte. Lagen ger utrymme för kommunala och fristående skolor att säga nej till att ta emot en elev, om det skulle innebära betydande organisatoriska eller ekonomiska svårigheter. Detta ska bara ske i undantagsfall.

Det förekommer att elever måste åka in i skolan via en bakdörr eller får ta långa omvägar till olika lektioner så att de missar rastaktiviteter. En rullstolsburen pojke var tvungen att köra sin rullstol genom flickornas omklädningsrum för att komma till pojksidan inför idrottslektionen, på grund av hur den fysiska tillgängligheten var utformad. Brister i fysisk tillgänglighet hämmar elevens delaktighet och signalerar ett psykologiskt budskap om att eleven är mindre värdefull.

På Skolverkets webbplats (www.skolverket.se) finns beprövade och funktionella förslag på anpassningar av lokaler samt råd om hur en tillgänglighetsinventering kan gå till. Lärares kunskaper och förhållningssätt är avgörande faktorer för om dessa elever ska känna att de erbjuds verklig delaktighet i klassens aktiviteter. Barriärerna finns framför allt i faktorer i omgivningen.

Forskning visar att elever med motoriska funktionsnedsättningar som grupp ligger under genomsnittsnivån i skolresultat. Samspelet mellan elevens svårigheter och skolans brist på kompetens och förståelse för hur man ska möta dessa svårigheter bidrar till att denna grupp elever inte når målen i samma utsträckning som andra. De största svårigheterna har ofta de elever med en diagnos som indikerar cerebral påverkan, exempelvis cerebral pares eller ryggmärgsbråck med hydrocefalus (Skolverket, 2001a).

Malmqvist (2000) har visat att med enkla hjälpmedel vid provtillfällen som dator, mer tid och större text kan elever med rörelsehinder prestera lika bra som klasskamraterna.

Då elever är olika och har skilda behov och förutsättningar är det viktigt att elev och/eller föräldrar/vårdnadshavare är aktivt deltagande vid utvecklingssamtal och upprättande av individuell utvecklingsplan samt åtgärdsprogram. Därigenom kan du som lärare få deras syn på vad eleven behöver. I många fall är det inte säkert att det behövs något speciellt. Om eleven har flera olika funktionsnedsättningar samtidigt behövs anpassningar utifrån de begränsningar och möjligheter eleven har. Utbudet av hjälpmedel är omfattande och behoven individuella.

Som lärare kan du få information genom specialpedagogisk konsulent, om det finns en sådan i kommunen, samt genom Hjälpmedelsinstitutet (www.hi.se) och Specialpedagogiska skolmyndigheten (www.spsm.se). Utan vårdnadshavares och elevens egen aktiva medverkan i utvecklingssamtal och beslut är dock risken stor att insatser inte får avsedd effekt. Balans mellan för högt ställda förväntningar, på grund av att personer i omgivningen inte förstår elevens svårigheter, och för lågt ställda förväntningar, för att man inte vill utsätta eleven för alltför stora utmaningar, uppnås lättast i dialog mellan samtliga inblandade parter. Att utgå från att dessa elever ska vara delaktiga genom kunskap om och användning av de hjälpmedel som behövs, i stället för att undvika kravsituationer för att det »är synd om dem«, bör vara utgångspunkt för skolans verksamhet.

Det direkta arbetet och kontakten med och mellan elever

Det kan behövas pedagogiska anpassningar för elever med olika typer av motoriska funktionsnedsättningar. För elever med grovmotoriska svårigheter behöver man planera för att ge mer erfarenheter av olika grovmotoriska aktiviteter. En elev som upplever svårigheter kan tänkas undvika vissa typer av aktiviteter. Därför behöver man som pedagog vara uppmärksam på att alla elever får allsidig motorisk träning. Nedan följer några viktiga områden där man kan skapa aktiviteter som är roliga för alla elever, även de som inte nödvändigtvis behöver tillrättalagda aktiviteter.

Kanske är det så i dagens samhälle att många elever är alltför stillasittande och att det behövs mycket mer insatser för att stimulera till fysisk aktivitet med hänsyn till vad som kan motivera elever i vissa åldrar. Att få övning i att balansera utvecklar kontroll och koordination genom att det är en tvåsidig aktivitet. Elever med motoriska funktionsnedsättningar bör få tillrättalagda tillfällen att öva extra på motoriska aktiviteter i naturliga situationer. Att gå längs en tejpad linje och att alternera med att stå på ett ben inom en cirkel är exempel på enkla aktiviteter. Hela havet stormar är en lek där motoriken används naturligt. Man kan göra en hinderbana med olika saker att krypa genom, över och under. Att krypa utvecklar koordination, lateralisering och synkronisering av de båda kroppshalvorna. Övningar i att klättra stärker musklerna, utvecklar hållningen och ger möjlighet att se omgivningen ur olika perspektiv.

Lärare som är med på raster kan stimulera elever till att hoppa på olika sätt, vilket ger kroppskontroll och balans. Andra exempel på övningar är att tillrättalägga tillfällen då eleverna får sparka och sikta mot ett mål, samt dra och fösa eller knuffa för att ge kontroll över objekt. Kroppsrullningar, till exempel med hela kroppen på matta, utvecklar medvetenheten om relationerna mellan de övre och nedre delarna av kroppen och »knutpunkter« som nacke och fotleder. Att rulla objekt utvecklar koordination. Springa, gå, vrida, vända och böja på kroppen på olika sätt behöver inte bara ske på idrottslektioner utan kan ingå i dans och lekar. Alla dessa sätt att använda kroppen förekommer naturligt i olika lekar. Ibland behöver lekarna tillrättaläggas och styras av vuxna för att garantera att elever med motoriska funktionsnedsättningar får tillräckligt med övningstillfällen.

I många fall kan det lätt bli så, att den som har mest behov av att få använda sin motorik får färre tillfällen än andra att göra det. Om idrotten består av mycket fotboll och annat, som den rullstolsburne inte kan delta i så lätt, missas tillfällen till såväl träning som delaktighet. Det finns inget enkelt svar på frågan om hur man ska göra men det är lämpligt att ta upp sådana frågeställningar vid samtal.

Elever som får för lite motoriska erfarenheter kan få bristande självförtroende och inte våga sig på nya aktiviteter eller att experimentera. Det finns en risk att de blir exkluderade från kamratgrupper och får för lite motoriska övningstillfällen. Det är tröttande att sitta i rullstol hela dagen.

Petras klasskompisar sa förut till henne: »Du blir väl inte trött. Du sitter ju i rullstol hela dagen.« Men så fungerar det inte för Petra. Även den mest bekväma kroppsställning blir obekväm ganska fort eftersom hon inte kan förflytta sin kropp särskilt mycket. Det som behövs är bara att någon hjälper till att flytta henne lite i rullstolen. Nu har klassrumsklimatet blivit så öppet att Petra själv vågar be om det. De andra eleverna har fått prova på att sitta i rullstol och Petra har berättat i klassen om hur det är för henne. Många gånger förväntas elever med rörelsehinder träna mycket mer än andra; men tränandet kan komma i konflikt med sociala mål. I Petras målsättning står att hon ska träna på att bära bort brickan själv vid lunchen, ta på sig ytterplagg för att gå ut på rasten och så vidare. Detta tar så lång tid att Petra missar samvaro med klasskamraterna. Hon uttrycker en önskan att någon bara snabbt kan hjälpa henne på med kängor och att knäppa jackan, för att hon ska hinna ut på rasten tillsammans med alla andra. Träna vill hon göra vid något annat tillfälle.

För elever med finmotoriska svårigheter är en tänkbar åtgärd att lägga in mer finmotoriska aktiviteter naturligt i den dagliga rutinen. Det bör grundas i en kartläggning av elevens förmågor och begränsningar. Specialpedagogen/specialläraren kan hjälpa till med en sådan kartläggning och ge råd om lämpliga övningar. Att en elev som har svårt att skriva för hand får använda dator vid uppgifter som kräver skrivande kan i vissa fall vara en bra lösning.

För en del av de mindre diagnosgrupperna är vissa svårigheter speciellt utmärkande. Det gäller exempelvis elever med ryggmärgsbråck, som ofta har svårt med struktur samt rums- och tidsuppfattning eftersom de aldrig utforskat rummet. Det är däremot vanligt att de har en god social och verbal förmåga. Som i all pedagogik gäller det att ta tillvara styrkorna och kompensera för de svaga sidorna.

Elever med reumatism behöver ofta hjälp att ta igen det de förlorat på grund av hög frånvaro, så att de inte kommer efter sina klasskamrater. Lärarna till dessa elever måste förstå att deras förmåga att röra sig fluktuerar och att de inte brukar kunna sitta länge, för att det orsakar smärta och de känner sig stela. De behöver därför få tillåtelse att röra sig ofta.

För elever med kortväxthet är det viktigt att de blir bemötta med hänsyn till sin ålder och inte till sin kroppslängd.

Elever med epilepsi kan känna en stor osäkerhet inför att delta i olika aktiviteter, eftersom de inte vet när de ska få ett anfall. Det gäller trots att medicinering hjälper många att bli anfallsfria. Vissa personer känner av ett anfall innan det bryter ut. De kan ha förnimmelser i form av underliga lukter, smaker, synintryck eller ljud. De kan också agera märkligt. En elev brukade resa på sig, gå runt i klassrummet och sedan gå till fönstret och dra persiennerna upp och ned. Alla visste då att det betydde att han nog snart skulle få ett epileptiskt anfall och de var genom skolsköterskan införstådda med hur de skulle bete sig. Ibland kunde till och med ett anfall avvärjas.

Elever med epilepsi i form av absenser har sin speciella problematik. Det är viktigt att lärare känner till att det som ser ut som ouppmärksamhet kan vara något annat. Dessa elevers typ av anfall påverkar möjligheterna att få sammanhang i en lektion eller ett innehåll i en text. Inträffar det ofta är det, som en elev sa, »som om lampan släcks och tänds hela tiden«. Det som framför allt är viktigt är att pedagogerna är medvetna om detta och ger möjlighet till repetition. De som har absenser kan, när de »återkommer till verkligheten«, känna det som att omgivningen har förvandlats, då de inte vet hur länge de varit »borta« och vad som hänt under tiden. De kan också uppleva det som att märkliga saker har inträffat. De kan känna sig overkliga och underliga till mods och kanske bete sig på ett sätt som gör att lärare tror det rör sig om någon form av »utagerande beteende«, fast det snarare beror på förvirring.

Hos elever med motorisk dyspraxi kan funktionsförmågan variera från dag till dag, vilket felaktigt kan leda till att läraren tror att eleven trotsar. En del elever är försenade i sina rörelser, så att de inte hinner planera att ta bollen eller flytta armarna och forma händerna för att ta emot. En dag kan eleven färglägga en kartbild och utan problem hålla sig innanför linjerna. Nästa dag går det inte alls. Det är som om strategier och rörelsemönster ibland glömts bort. Vissa elever utför en massa onödiga rörelser. De verkar inte kunna planera var de olika kroppsdelarna ska befinna sig, vilka muskler som ska spännas och vilka som ska vara avslappnade, hur de ska samordna olika rörelser och hur hårt de ska ta i, när de till exempel ska slå bollen i brännboll. Resultatet blir ofta misslyckat trots stor ansträngning (Brookes, 2007).

Attityder och att skapa självkänsla

De flesta elever med motoriska funktionsnedsättningar »sticker ut« eftersom det syns att de går osäkert eller sitter i hand- eller eldriven rullstol. Även andra hjälpmedel som ortopediska skor och trehjulig cykel kan få människor att stirra. Det påminner ständigt eleven om att han eller hon är annorlunda och det kan kännas pinsamt.

Vissa elever behöver och vill ha hjälp av någon kamrat, till exempel på raster; men om läraren öppet frågar alla vem som vill hjälpa Mirja i dag, är det ett utpekande och det skapar en osäkerhet. Tänk om inte någon vill. Det händer också att människor ställer påträngande frågor om varför eleven sitter i rullstol eller något annat. Allra värst känns det, säger Mirja, när de inte ens frågar henne direkt utan vänder sig till hennes kompisar eller hennes mamma »som om jag inte kunde prata själv«. Ett bra sätt att påverka attityder på en skola brukar vara om elever själva vågar framträda och berätta om hur det är att ha en motorisk funktionsnedsättning och hur de vill bli bemötta. Detta behöver inte alls ske i form av att bara de som har en funktionsnedsättning berättar. Det kan ske i arbete runt känslor med alla elever.

Ett annat sätt är att låta elever med motoriska funktionsnedsättningar framträda i något som de är bra på. Ett exempel är handikappidrotter. Att tidigt lära eleverna strategier för att stå upp för sina behov och konfrontera otrevligt eller påträngande bemötande från andra människor är viktigt för alla elever med funktionsnedsättningar. Kanske är det extra viktigt för den här elevgruppen, där så många har en synlig funktionsnedsättning men där få har svårigheter att uttrycka sig verbalt. Precis som andra elever med funktionsnedsättningar behöver dessa elever ges tillfälle att ventilera sina känslor inför funktionsnedsättningen.

Erik är tio år och går i en klass med jämnåriga, men på grund av tillväxtproblem ser han ut att vara ungefär sju år. Hur känns det när alla i skolan som inte känner honom behandlar honom som om han gick i årskurs 1?

Annas funktionsnedsättning är osynlig. Hon har extremt skör benstomme och kan därför inte delta i alla aktiviteter. Det är otroligt tröttsamt att jämt behöva förklara sig och försvara varför hon inte vill vara med på saker, tycker Anna. Även för elever vars funktionsnedsättning är uppenbar för omgivningen, brukar det kännas orättvist att behöva träna hos en sjukgymnast för att uppnå sådant som är självklart för andra. De starka känslor som väcks måste få utlopp och det måste få vara tillåtet att vara ledsen och arg. Någon form av temaarbete runt känslor kommer alla elever till del, oavsett funktionsnedsättning. Det behöver inte läggas upp så att några pekas ut utan kan behandlas som det allmänmänskliga behov det är.

Niklas är spastisk och har ofrivilliga rörelser. Ibland far armarna iväg åt olika håll dit han inte vill. Det ger en känsla av maktlöshet. Toalettbesök och att klä av och på sig ytterkläder fordrar stor koncentration och energi. När han lyckats med det känner han sig mycket trött, så egentligen blir det nästan ingen avkoppling på rasterna för honom. Han kan gå lite själv, men det är en stor ansträngning för honom och efter några steg brukar han falla. Hans dröm är att i framtiden kunna gå med bara en käpp.

Elever med funktionsnedsättningar skaffar sig strategier för att möta omvärldens okunskap och omgivande människors ibland direkt olämpliga bemötande. Ett sätt att reagera om man blir retad är att ignorera det. Man tittar bort och låtsas inte höra, men det känns sorgligt inombords för många. Ett annat sätt är att försöka avväpna med humor. I vissa situationer kan eleven börja förklara sin funktionsnedsättning och eventuellt även be om förståelse: »Jag föddes för tidigt. Jag kan inte rå för det.« En del yngre elever ber om förstärkning: »Jag ska hämta min pappa eller min storebror.« Andra reaktioner är att bli arg och hota, slå eller bara svära eller att börja gråta. Elever med funktionsnedsättningar kan behöva både vuxenvärldens och sina klasskamraters stöd i att bemöta omgivningens reaktioner.

FÖRSLAG TILL REFLEKTION

- Vad lägger du i begreppet funktionsnedsättningar? Vilka är elever med funktionsnedsättningar?
- Vilka kunskaper kan man kräva av *all* personal på en skola om funktionsnedsättningar? Vad kan man kräva av personal som har direkt kontakt med elever med funktionsnedsättningar i undervisningssituationer?
- Vad betyder det vilka termer man använder för att beskriva elever med funktionsnedsättningar eller liknande svårigheter?
- Välj ut någon/några elever som du kommit att tänka på i samband med att du läst om olika funktionsnedsättningar och fundera på:
  - Vad är utmärkande för de situationer då det fungerar bra för dessa elever?
  - Hur skulle fler situationer kunna bli bra situationer för dem?
  - Vilka är elevernas starka sidor som ni kan ta tillvara?
  - I vilka sammanhang får eleven känna sig stolt över sig själv?
- Vilka utmaningar kan uppstå för elever med olika funktionsnedsättningar i samspel med andra elever?
- Vilken inlevelse och kunskap runt olika funktionsnedsättningar är eftersträvansvärd bland andra elever?
- Hur kan undervisningen läggas upp så att samspel mellan elever med och utan funktionsnedsättningar uppmuntras?
- Hur ser du på olika stödformer och hur man ska avgöra vad som är mest optimalt runt elever i behov av särskilt stöd (på kort sikt och på lång sikt)?
- Vem/vilka bär ansvaret om elever misslyckas i skolan?
- Hur kan elever med funktionsnedsättningar få känna att de är en resurs i skolan?

DEL III

SPECIALPEDAGOGIK I PRAKTIKEN

KAPITEL 8

SAMVERKAN KRING ELEVER I BEHOV AV SÄRSKILT STÖD

SAMVERKAN ÄR BETYDELSEFULL i alla skolsituationer – mellan lärare och elev, mellan lärarna i arbetslaget samt mellan skolan och hemmet – och berör därmed alla lärare och alla elever. För elever i behov av olika typ och grad av särskilt stöd utökas behovet av samverkan. Det kan gälla elever som vårdnadshavare eller lärare av olika anledningar oroar sig för, eller som man som lärare har svårt att hantera i klassen. Men det gäller också elever med specifika funktionsnedsättningar eller elever som har fått en diagnos. Läraren har ibland många olika samarbetspartners både inom skolan och från andra verksamheter. Det här kapitlet lyfter fram hur samverkan kring elever i behov av särskilt stöd kan utformas.

Samverkan inom skolan

Skolans rektor är ytterst ansvarig för elevhälsoarbetet. Lärare, elever och vårdnadshavare kan vända sig till elevhälsan när de behöver råd och stöd. Den samlade elevhälsan ska, enligt den nya skollagen som tillämpas från och med 1 juli år 2011, arbeta förebyggande och hälsobefrämjande genom medicinska, psykosociala, psykologiska och specialpedagogiska insatser. Det ska när det behövs finnas tillgång till skolläkare, skolsköterska, psykolog och kurator samt specialpedagogisk kompetens så att specialpedagogiska insatser kan tillgodoses (Prop. 2009/10:165; SFS 2010:800, kap. 2, 25 §).

Det är vanligt att specialpedagogen eller specialläraren är den man som lärare i första hand vänder sig till, och som blir den närmaste samarbetspartnern, det vill säga den som vid behov lotsar vidare till andra inom elevhälsan. Specialpedagogen eller specialläraren gör utredningar och är behjälplig vid skrivandet av åtgärdsprogram. De kan också rikta insatser direkt till vissa elever eller ge en enskild lärare eller hela arbetslaget handledning i pedagogiska frågor. Oavsett vilken form av stöd det handlar om, så är en gemensam syn och god samverkan en förutsättning för att eleven ska få en bra skolsituation.

I vissa klasser där det finns elever som behöver fysiskt eller socialt stöd, alltså annat stöd än det rent pedagogiska, finns ibland en elevassistent. Skolverkets utvärdering av insatser för elever med funktionsnedsättningar (2001a) visar att elevassistenter har en viktig roll, då de ger såväl praktiskt som pedagogiskt stöd. Ofta följer assistenten eleven under hela skoldagen och är därmed den som har bäst överblick över skolsituationen som helhet. Assistentrollen innebär ett omfattande samarbete med eleven, lärarna, hemmet och fritidshemspersonalen.

I särskilda undervisningsgrupper eller inom särskolan blir behovet av samverkan ofta omfattande. Speciellt viktig är en väl fungerande samverkan inom arbetslaget mellan alla dem som arbetar tillsammans med en elevgrupp eller klass. Inom särskolan samarbetar lärarna i hög grad med andra yrkeskategorier inom skolan men också med yrkesgrupper utifrån, till exempel från barn- och ungdomshabiliteringen. Det är vanligt att habiliteringspersonal som sjukgymnaster, logopeder och hörselpedagoger kommer till skolan och ger enskilda elever behandling eller träning samt handleder skolpersonalen. Samordning mellan olika aktiviteter blir då viktig så att eleven, trots att hon går ifrån klassen, känner sig delaktig i klassens arbete.

Det är också viktigt med samverkan och samordning mellan olika samhällsinstitutioner som är inblandade i ett barns livssituation. Det kan exempelvis handla om samverkan mellan sjukvård, socialtjänst och skola. En del kommuner har inrättat en central samordningsfunktion som håller ihop insatser som görs av olika myndigheter.

Kommunikation och samverkan mellan hem och skola

Kommunikation och samarbete mellan hem och skola har stor betydelse för elevernas skolsituation. En del elever får under sin skoltid en medicinsk eller neuropsykiatrisk diagnos. Den första tiden efter att diagnosen ställts handlar kommunikationen mellan hemmet och skolan i stor utsträckning om frågor kring diagnosens betydelse, både för barnets behov av och rätt till stöd i skolsituationen. Skolpersonal och föräldrar kan känna sig osäkra på vilka konsekvenser diagnosen bör få i skolan; men efter hand stabiliseras barnets skolsituation och samarbetet finner sina former. Oavsett tidpunkt för diagnosens tillkomst, varierar föräldrars möjligheter och önskan att vara delaktiga i det pedagogiska arbetet i skolan, från att de endast vill ha information om beslutade åtgärder till att de aktivt deltar i planering och genomförande. Om samarbetet mellan hem och skola fungerar väl, stämmer oftast skolans och hemmets bilder av barnets skolsituation överens och man känner förtroende för varandra.

Skolpersonal och föräldrar grundar sina uppfattningar om den andra parten antingen på direkta kontakter vid personliga möten eller på indirekta kontakter genom hörsägen eller andrahandsinformation. När barnet eller någon annan berättar något som verkar konstigt för föräldrar eller skolpersonal, är det viktigt att tala med den det gäller för att få en förklaring. I annat fall finns det risk för att onödiga missförstånd och kontroverser uppstår.

I särskolan är en tät kontakt mellan föräldrar och skolpersonal särskilt viktig. Många elever har mycket speciella behov på grund av funktionsnedsättningar eller sjukdom. Det innebär ibland att skolpersonalen förutom det rent pedagogiska också ägnar sig åt omsorg och behandling. Det kan handla om sondmatning, blöjbyte, sjukgymnastik eller hjälp med förflyttning mellan rullstol och arbetsstol. Särskolan beskrivs ibland som alltför inriktad på omsorg på bekostnad av lärandet, alltså att lärandet sätts i andra hand och att det viktigaste blir att eleverna mår bra och trivs (Skolverket, 2001b). Denna kritik dementeras av lärare i särskolan, som menar att omsorgen är en förutsättning för lärandet. Ibland är föräldrar och skolpersonal inte överens om huruvida det är viktigast att eleverna mår bra eller att de lär sig så mycket som möjligt.

Samarbete i skilda former mellan olika aktörer både inom och utanför skolan är alltså avgörande för att alla elever ska få en bra skolsituation. För dig som lärare är det särskilt viktigt att etablera en god relation till elevernas föräldrar eller vårdnadshavare. Huvudansvaret för att få till stånd ett bra samarbete med hemmet ligger på skolan och det är väl använd tid att satsa på detta. Kommunikation och samverkan mellan skolan, hemmet och sjukvård/habilitering har studerats av Jakobsson (2002). För att visa på komplexiteten i samarbetet beskrivs detta i kommande avsnitt. De kategorier och exempel som beskrivs kan i de flesta fall översättas och generaliseras till skolsituationer i allmänhet.

Föräldrars förhållningssätt i kontakten med skolan

Föräldrar intar olika förhållningssätt till skolan. De kan sammanfattas i begreppen *engagemang, uppgivenhet* och *förnöjsamhet*. I det följande beskrivs förhållningssätt som du som lärare kan komma att möta från föräldrar till elever i behov av särskilt stöd.

Engagemang

Föräldrarna kan visa engagemang på olika sätt, vilket kan yttra sig som *förnekande och ifrågasättande, oro och kontroll* eller *medvetenhet och distans*.

Vid förnekande och ifrågasättande förkastar föräldrar utlåtanden från utredningar, kräver att de görs om eller tillåter inte att deras barn blir föremål för psykologisk utredning som skolpersonal förespråkar. Om barnet får en diagnos vill de inte att skolan ska veta det och de avstår från att informera. Barnets tillkortakommanden accepteras inte utan orealistiska krav ställs på skolan. Föräldrarna anser det vara skolans fel när barnet inte utvecklas som de hoppats, eller så tycker de inte att skolpersonalen förstår problematiken. Lärarnas kompetens och omdöme ifrågasätts och de tycker att det saknas resurser eller hjälpmedel.

Ett exempel är pappan till Klara i grundsärskolans träningsklass. Han tycker att skolan inriktar sig för mycket på sociala aktiviteter på bekostnad av det pedagogiska och uttrycker sin besvikelse över att »skolan inte lyckats lära barnet läsa«. Ett annat exempel är läraren som säger att de inte vet vilka krav de vågar ställa på Lisa, för ibland verkar det så bra i skolan men sedan ringer mamman och säger att Lisa är ledsen. Han säger: »Naturligtvis borde vi ha klargjort för mamman varför vi tycker att vi måste pressa Lisa lite ibland. Vi är nog för konflikträdda som inte vågar ta upp det med henne.« Båda exemplen visar att det är viktigt att som lärare förklara och motivera sina pedagogiska ställningstaganden för föräldrarna; i annat fall kan konflikter mellan hemmet och skolan uppstå eller osäkerhet och rädsla hos skolpersonalen inför föräldrarnas missnöje.

Oro och kontroll innebär att föräldrar ser sig som barnets ombud. De håller sig informerade om den senaste forskningen kring barnets diagnos eller funktionsnedsättning. De engagerar sig i föräldraföreningar och intressegrupper, söker information aktivt och kontrollerar vad som görs inom olika verksamheter. I förhållande till skolan intar de en aktiv roll med täta kontakter med skolpersonalen. De litar inte på att skolpersonalen vet vad som är bäst utan skaffar sig information om och vill ha kontroll över allt som sker i skolan. De håller sig underrättade och ställer stora krav på personalen och skolverksamheten, och har klara genomtänkta uppfattningar om vad de anser vara en bra skolsituation och vad som är bäst för det egna barnet. De stöder sitt barn med skolarbetet i hemmet genom att träna extra på det barnet har svårt för. Läxförhör, redovisningar och prov ses som viktiga och de betraktar det som sitt ansvar att se till att barnet får bra resultat. De lägger därför ned avsevärd tid på att stödja barnet hemma med skolarbetet.

Det förekommer att föräldrar som inte tror att skolan förstått barnets problematik försöker hitta insatser utanför skolan som komplement till skolverksamheten eller söker efter en annan skola som de tror bättre kan tillgodose barnets behov. Det finns föräldrar som beskriver en ständig kamp för barnets rätt till resurser, stöd, pedagogiska hjälpmedel och ett »bra« bemötande från skolpersonal och andra elever. Det kan vara bra att som lärare förstå att oro och kontroll kan bottna i att föräldrar känner ett tungt ansvar för att göra det bästa de kan för sina barn.

Medvetenhet och distans innehåller mycket av det engagemang som ingår i oro och kontroll men på en mer balanserad nivå med en genomtänkt, medveten och distanserad hållning till skolan och barnets skolsituation. Föräldrar som visar medvetenhet och distans är välinformerade, förhåller sig kritiskt till information de får och överväger noga vad som ska föras vidare till skolan från andra myndigheter, utifrån vad de tror att skolan behöver veta. En fungerande kommunikation mellan hemmet och skolan anses viktig och den bild de ger av barnet och skolsituationen överensstämmer med den bild skolpersonalen ger. De accepterar sitt barn utifrån dess förutsättningar och har en positiv inställning till barnets utvecklingsmöjligheter. Att eleven tycker det är roligt, får lagom pedagogiska utmaningar och gemenskap med andra elever och med skolpersonalen framhåller de som viktigt. Föräldrarna kompletterar skolans arbete genom att stödja hemma med läxor och försöka överföra skolkunskaper på situationer i vardagen. En förälder beskriver att hon försöker göra matematik av allt de gör hemma. Barnet får räkna tallrikar, kakor och allt möjligt i vardagssituationer. Föräldrar med detta förhållningssätt är lätta att samarbeta med.

Uppgivenhet

Uppgivenhet innebär att föräldrar försöker men inte riktigt orkar ta tag i de svåra frågor och uppgifter det innebär att ha ett barn med stort stödbehov. De tycker det är arbetsamt och tidsödande med alla kontakter de måste ta och upprätthålla, och de känner sig missnöjda med bristen på samordning mellan olika myndigheter, verksamheter och yrkesgrupper. En del föräldrar anser att skolan inte tillvaratar deras kunskaper och att ingen lyssnar och förstår. De känner sig maktlösa och tycker att skolan definierar vad barnet behöver utifrån sitt perspektiv och sina kunskaper, utan att föräldrarna tillfrågas eller får möjlighet att vara delaktiga.

Ett exempel är en förälder som tycker att hennes barns skolplacering är felaktig. Hon menar att skolledningen över huvud taget inte ville lyssna på hennes argument för en annan placering. Som lärare är det viktigt att lyssna på föräldrar som känner sig uppgivna och ingjuta hopp hos dem så att de orkar ta ett aktivt föräldraansvar.

Förnöjsamhet

Förnöjsamhet framstår som det minst ansträngande förhållningssättet och innebär att föräldrar litar på »experterna«, känner förtroende för företrädarna inom de olika verksamheterna och förutsätter att alla gör det som är bäst för barnet. Föräldrarna talar positivt om skolan och är nöjda med barnets lärare och mötet med skolpersonalen. Denna inställning förekommer både i fall där kommunikationen är omfattande och väl fungerande och där kommunikationen är i stort sett obefintlig.

I det första fallet är föräldrarna nöjda för att de uppfattar sig som en jämbördig samarbetspartner. De tycker att hemmet och skolan möts på lika villkor med barnets bästa som gemensamt mål, och anser att de har möjlighet att påverka och vara delaktiga. Ett väl fungerande elevhälsoteam som möter föräldrarna med respekt, eller när en tidigare negativ skolsituation blivit bättre, är exempel på bidragande orsaker till att föräldrar känner sig nöjda. En förälder säger: »Då tog Elsa tag i det och sedan har det fungerat bra.«

I det andra fallet är föräldrarna nöjda för att de inget hör från skolan, och de förutsätter då att allt fungerar bra. Det förekommer att föräldrar som inte besökt skolan efter att barnet placerats där och aldrig haft annat än telefonkontakt med läraren tycker att barnet har en bra skolgång. Det har inte blivit av eller så har de inte haft möjlighet att komma till skolan av olika anledningar. De är nöjda med barnets skolgång för att »skolan tar hand om det« och de själva inte behöver engagera sig. Som lärare upplever man ofta dessa föräldrar som ointresserade.

Kanske ett hembesök är bättre än ett utvecklingssamtal i skolans lokaler? Vid ett utvecklingssamtal i hemmet träffade läraren för första gången en pappa som berättade om sina egna negativa upplevelser av skolan, och att han inte klarat av att besöka sina barns skola. Han hade varit på väg vid ett tidigare tillfälle men inte orkat gå in. Efter att kontakten var etablerad blev det ett nära samarbete mellan läraren och föräldrarna. Exemplet visar att det inte alltid är som man tror och att det är viktigt att på olika sätt försöka etablera kontakt med alla föräldrar.

Skolpersonals förhållningssätt i kontakten med hemmet

Liksom föräldrar har olika uppfattningar om skolan uttrycker också skolpersonal skilda uppfattningar om hemmet. Skolpersonalens förhållningssätt i kontakten med hemmet kan sammanfattas i begreppen *förståelse* och *tilltro*. Som lärare är det viktigt att reflektera över sina egna uppfattningar och vad de får för konsekvenser för det pedagogiska bemötandet i skolan.

Förståelse

Det är vanligt att skolpersonalens bemötande av föräldrar till barn med funktionsnedsättningar präglas av förståelse för föräldrarnas situation med stort vårdansvar och oro för barnet. Förståelsen visar sig antingen som *medlidande* eller *medkänsla*. Sättet att visa förståelse på påverkar indirekt barnets skolsituation, vilket framgår av den följande beskrivningen.

Skolpersonal som känner medlidande tycker så synd om barnet och föräldrarna, att de från skolans sida inte ställer samma krav på dessa föräldrar som på andra föräldrar. Likaså förekommer det att det inte ställs samma krav på elever med funktionsnedsättningar som på andra elever vad gäller att de ska göra sina hemuppgifter. Ibland undanhåller skolpersonal viss information för att inte lägga ytterligare sten på föräldrarnas börda. Ett exempel är läraren som menar att de inte kan säga till föräldrarna hur det verkligen är, att barnet inte har en enda kamrat i skolan. Skolpersonal säger sig också förstå att föräldrarnas sorg och oro leder till inkonsekventa krav på skolan och att de inte orkar ta föräldraansvaret helt ut: »De gör så gott de kan och det får räcka, så vi ställer upp och stöder föräldrarna med sådant som vi inte gör med andra föräldrar. Vi gör det för pojkens skull och hoppas att föräldrarna så småningom orkar ta över«, säger en lärare.

Vid medkänsla uttrycker skolpersonalen också förståelse för föräldrarnas situation men med en balans i förståelsen, som yttrar sig i form av beskrivningar av ett jämlikt förhållande med gemensamt ansvar. Kommunikationen beskrivs av skolpersonalen som öppen och väl fungerande. Medkänsla kan också yttra sig genom att man har förståelse för föräldrars oro och agerande, samtidigt som man försöker ställa sig utanför och analysera och förstå hur man själv som skolpersonal är inblandad och vad det medför för barnets skolsituation. Det är inte ovanligt att föräldrar vänder sig till skolpersonalen med sin oro för barnet. En lärare säger: »Mammans oro sprider sig till oss och skapar en rädsla att vi inte ska göra rätt. Till exempel har vi på sista tiden börjat fundera på om det vore bättre för eleven att gå över till särskolan. Vi förstår vad vi blir inblandade i men har svårt att värja oss. Föräldrarna borde få mer stöd i en föräldragrupp, där de kan diskutera och se hur andra har det. Nu har de bara oss att prata med«. Som lärare är det viktigt att kunna förhålla sig till det man blir inblandad i och kunna hänvisa vidare när det går utanför lärarens yrkesroll.

Tilltro

Skolpersonalens tilltro till hemmet varierar mellan *förtroende* och *misstroende*.

Förtroende visar sig genom att skolpersonal uttrycker sig i positiva ordalag om hemmet och föräldrarnas sätt att stödja barnet och ta ansvar i sin föräldraroll. Formuleringar från skolpersonal som: »Vi har stort förtroende för Hannas mamma«, »Föräldrarna gör väldigt mycket med barnen hemma« samt »Han får stöd på rätt sätt hemma och det har nog varit avgörande för hans positiva utveckling, för det räcker inte med att skolan ställer upp«, är uttryck för förtroende.

Misstroende innebär att skolpersonal anger hemsituationen som orsak till problem som upplevs i skolan. Hemförhållanden med bristande omvårdnad och stimulans ses som viktigare orsak till elevens svårigheter eller utvecklingsnivå, än funktionsnedsättningen eller det pedagogiska bemötandet i skolan. Yttranden som: »Hemförhållandena styr utvecklingen mer än diagnosen« och »I en annan hemsituation tror jag inte han hade behövt gå i särskolan« visar på detta.

Hemmets roller i förhållande till skolan

Föräldrarna är *samverkanspartners, kontaktskapare, samordnare* och *informationsbärare* i förhållande till skolan. För barn med många och komplicerade funktionsnedsättningar innebär föräldrarollen ett stort antal kontakter med representanter för olika professioner och verksamheter. Föräldrar beskriver att de upplever sig som »spindeln i nätet«, som måste hålla ordning på och dra i alla trådar för att få systemet runt barnet att fungera.

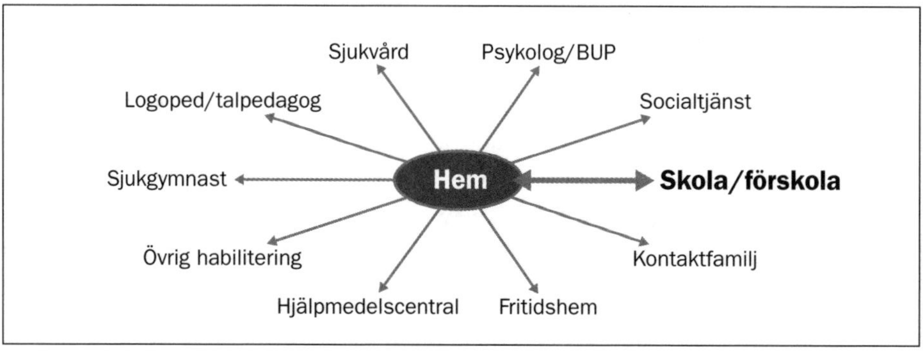

Figur 8.1: Hemmet är som en spindel i centrum av det professionella nätverket.

Att vara skolans samverkanspartner utgör en viktig roll för hemmets egen skull men i minst lika hög grad för skolans. Skolan är, för att kunna bemöta barnet utifrån dess behov, i vissa fall i hög grad beroende av samverkan med hemmet för att få information, kunskaper och kontakter som föräldrarna har tillgång till.

Hemmet har också rollen som kontaktskapare och dörröppnare till andra verksamheter och myndigheter. Enligt sekretesslagen är det inte möjligt för skolan att utan vårdnadshavares medverkan eller tillstånd ta kontakter eller samverka med sjukvård, habilitering eller socialtjänst kring ett konkret fall. Hemmet fungerar också som sambandscentral mellan olika myndigheter och verksamheter. Att vara samordnare och informationsbärare innebär att föräldrarna tar emot information från olika håll, avgör vad som behöver spridas till andra delar av nätverket samt själva överför eller tar initiativ till att lämplig information överförs. Det är med anspelning på denna roll som föräldrar beskriver känslan av att vara en spindel, som ska se till att allt i nätet kring barnet fungerar och att samtliga inblandade tar sin del av ansvaret. Många föräldrar har därför tagit på sig uppgiften att hålla ihop kontaktnätet, då de inser att de är de enda som har överblick över alla insatser som görs inom olika myndigheter och verksamheter. Att etablera en bra kontakt med hemmet, med väl fungerande kommunikation, är därför en mycket viktig uppgift för dig i ditt arbete som lärare.

Kommunikation och samverkan mellan skolan och sjukvård/habilitering

Som lärare kommer du främst i kontakt med sjukvård och barn- och ungdomshabiliteringen, om du i din klass har elever med fysiska funktionsnedsättningar som behöver någon form av träning eller behandling. Habiliteringen arbetar på uppdrag av föräldrar men oftast blir skolan inbegripen i de åtgärder som genomförs. Det är vanligt att habiliteringspersonal kommer till skolan och träffar eleven under skoltid. Kommunikationen mellan sjukvård/habilitering och skolan innehåller främst information och råd till skolan. Föräldrar och sjukvårds- eller habiliteringspersonal bestämmer tillsammans vad skolan behöver veta. Det kan handla om resultat från psykologiska och medicinska utredningar och annat man bedömer som viktigt för skolpersonalen att känna till.

Information ges antingen vid gemensamma möten eller via hemmet. Mötena kan också innehålla gemensam planering och samordning av habiliteringspersonals insatser i skolan. Oftast är det skolan som söker information och stöd. Skolpersonalen frågar och sjukvårds- och habiliteringspersonalen svarar. Ibland ges rekommendationer angående skolgången och läkare skriver intyg om bedömda resursbehov. Intyg från läkare väger ibland tungt i beslut om tilldelning av resurser.

Sjukvård och habilitering medverkar också vid verkställandet av insatser som beslutats enligt LSS-lagen, till exempel vid utprövning och utvärdering av fysiska och pedagogiska hjälpmedel. Dessutom får elever träning under eller efter skoltid. Vanligt är insatser av logoped, talpedagog, sjukgymnast eller syn- eller hörselpedagog.

Insatserna av personal från habiliteringen kan organiseras på olika sätt: *Integrerade insatser* genomförs i den ordinarie skolverksamheten och i samverkan med skolpersonalen. Habiliteringspersonalen instruerar, handleder och följer upp insatserna, medan skolpersonalen genomför arbetet inom klassens ram. *Individinriktade insatser* riktas till enskilda elever och genomförs av habiliteringspersonal i skolans lokaler, men skilt från klassens ordinarie arbete och utan att skolpersonalen är involverad. Eleverna avviker från klassen då habiliteringspersonal är tillgänglig. Icke skolförlagda insatser riktas till enskilda elever utanför skoltid på sjukhus eller habiliteringscenter. Ansvaret för att följa med eleverna till habiliteringen ligger då på föräldrarna.

Habiliteringspersonalen kan utgöra ett viktigt stöd för skolpersonalen i arbetet med eleverna, då ansvaret för elevernas skolsituation delas mellan flera. De själva kan då främst ansvara för pedagogiska frågor kring elevernas lärande. Arbetsterapeuter från habiliteringen hjälper till med råd, anpassning och anskaffning av hjälpmedel, ofta utifrån personalens förslag och önskemål.

Om ett hjälpmedel inte passar eller inte finns för elevens speciella behov, gäller det att komma på egna lösningar. En assistent säger: »Mycket hänger på att vi som finns i den dagliga verksamheten ser vad som behövs och vad som kan förbättras och för det vidare.«

Logoped och sjukgymnast är de yrkesgrupper från habiliteringen som elever och skolpersonal oftast har kontakt med. Vanligt är att habiliteringspersonalen kommer till skolan en eller två gånger i veckan och tränar eleven enskilt. I särskilda undervisningsgrupper, där många elever har enskilt stöd vid olika tider, kan följden bli att antalet tillfällen under veckan då hela gruppen är samlad blir få. Insatserna kan också ske i direkt anslutning till ordinarie skolarbete. Habiliteringspersonalen handleder då skolpersonalen så att de kan lägga in den träning eller behandling eleven är i behov av på ett naturligt sätt i det pedagogiska arbetet i klassen.

Kommunikation, relationer och samverkan betyder mest

Kommunikationen mellan olika aktörer är, som vi hävdat tidigare, mycket viktig. Oavsett vad som står i styrdokument och lokala planer, är det som sker i den konkreta skolsituationen i hög grad beroende av samspelet mellan människor samt förhållanden i den enskilda situationen. Väl fungerande kommunikation kan bidra till att skapa goda förutsättningar för delaktighet och lärande för alla elever. Omvänt kan brist på kommunikation eller brott i kommunikationen, på grund av konflikter eller när olika mål motverkar varandra, utgöra hinder för elevers möjligheter till delaktighet och lärande.

När man studerar skolsituationer framträder ett komplicerat nätverk av kommunikation, relationer och samverkan mellan olika aktörer inom och utanför skolan. Det dagliga arbetet i skolan påverkas såväl av förhållanden inom skolan som i det omgivande samhället. Samhällets ideologi och styrning utgör bakomliggande styrmedel, som via lokala tolkningar och beslut direkt eller indirekt anger inriktning och ramar för skolans verksamhet.

Konsekvenser av politiska och verksamhetsanknutna tolkningar och beslut framträder i de konkreta skolsituationerna. Hem, sjukvård, habilitering, socialtjänstens individ- och familjeomsorg, förskola och fritidshem är betydelsefulla samverkanspartners i skolsituationer för elever med funktionsnedsättningar. Vid social problematik kan personal från socialtjänstens individ- och familjeomsorg utgöra ett stöd för dig som lärare. Hemmet har en central ställning som sambandscentral mellan de olika verksamheterna. Skolsituationer formas alltså genom ett komplicerat nätverk av relationer. Elevens individuella förutsättningar samverkar med förhållanden i den omgivande miljön, som därmed blir avgörande för vilka förutsättningar till delaktighet och lärande eleven ges i skolsituationen.

FÖRSLAG TILL REFLEKTION

- På vilket sätt är relationen mellan pedagog/pedagoger och vårdnadshavare viktig för resultaten i skolan?
- Vilka exempel på olika förhållningssätt har du stött på från föräldrars sida gentemot skolan och vice versa?
- Vilka erfarenheter har du av hur hem och skola kan samarbeta på ett positivt sätt?
- Vilka utmaningar kan uppstå i samarbetet mellan hem och skola?
- Vilket inflytande ska föräldrar/vårdnadshavare ha på skolans verksamhet?
- Hur kan du använda dig av experter/resurspersoner från till exempel elevhälsa, elevstödsteam och/eller från habiliteringen för att utveckla din undervisning?
- Varför är samarbetet mellan kollegor runt elever i behov av särskilt stöd viktigt för måluppfyllelse – socialt och kognitivt?
- Vad behövs för att elever med funktionsnedsättningar ska få möjlighet att leva upp till sin verkliga potential i skolan?

KAPITEL 9

SKOLANS SPECIALPEDAGOGISKA VERKSAMHET

»UNDERVISNINGEN SKA ANPASSAS till varje elevs förutsättningar och behov« (Lgr 11, s. 5). Elevers förutsättningar och behov ska därmed vara utgångspunkt för den specialpedagogiska verksamheten i skolan. Skolans verksamhet utformas, förändras och utvecklas genom kommunikation och samverkan mellan olika aktörer i och utanför skolan. Det sker antingen genom överenskommelser mellan likvärda parter, till exempel mellan lärarna i ett arbetslag, eller som konsekvens av en hierarkisk maktordning, det vill säga när beslut av politiker eller tjänstemän på olika nivåer ska verkställas. Två elever med liknande individuella förutsättningar kan därför ha väldigt olika skolsituationer och kan nå olika långt i utveckling och lärande beroende på en mängd varierande faktorer. I det här kapitlet ger vi en bild av olika samverkande aspekter som har betydelse för elevers möjligheter till lärande och delaktighet.

Vad inverkar på elevers skolsituation?

Enligt Moira von Wright (2000) har det stor betydelse från vilket perspektiv man som pedagog tar sin utgångspunkt i det pedagogiska arbetet. I det *punktuella perspektivet* ses människor som fasta punkter. Man utgår i detta perspektiv från en elevs funktionsnedsättning, diagnos eller annan fast egenskap. Det leder till vissa förutbestämda pedagogiska ställningstaganden och begränsningar, till exempel utifrån en diagnos: »För en elev med autism måste undervisningen läggas upp så här.«

I det *relationella perspektivet* däremot är det vad som händer i mötet mellan människorna i den aktuella situationen som är utgångspunkten. I det perspektivet finns det därför inga på förhand bestämda begränsningar. Det senare sättet att tänka ger en lyhörd och aktiv pedagog som ser sin egen del i det som sker, och som upplever att man som pedagog kan påverka elevers möjligheter till lärande.

Innehållet i det här kapitlet exemplifierar konsekvenser av olika pedagogiska ställningstaganden och handlingsalternativ. Nilholms (2007) dilemmaperspektiv (s. 35) kan appliceras på texten. Som lärare ställs du dagligen inför olika dilemman att ta ställning till och det finns sällan några rätta svar. Det som ur en synvinkel kan verka som en bra lösning kan ur en annan få negativa konsekvenser. Så är det till exempel för eleven som får enskild specialundervisning men som samtidigt missar den sociala samvaron i klassen. Det gäller att väga olika alternativ mot varandra och göra medvetna val. I det följande finns många konkreta exempel på pedagogiska dilemman och lösningar som får skilda konsekvenser. Vi påpekar återigen att kommunikation, relationer och samverkan mellan ett antal olika aspekter är avgörande för hur elevernas skolsituation gestaltar sig. Sambanden mellan det som sker i skolan illustreras i figur 9.1. Figuren utgör en del i den helhetsmodell som presenterades i figur 1 i början av boken (se s. 17).

Skolans specialpedagogiska verksamhet indelas i figuren i en yttre ram och ett inre område: *Skolans miljö och organisation* ger de yttre förutsättningarna för skolverksamheten. Verksamheten får sin konkreta utformning i *det dagliga arbetet i skolan* under lektioner, raster och andra aktiviteter under skoldagen. Den yttre ramen består av fyra aspekter – *fysisk miljö, psykosocial miljö, personal- och elevgrupper* samt *specialpedagogiska åtgärder* – och det inre området består av tre aspekter – *elevers förutsättningar, arbetssätt och förhållningssätt* samt *aktiviteter och sammanhang.* Miljö och organisation kan antingen skapa möjligheter eller hinder för det dagliga arbetet i klasser och grupper. Möten mellan människor och samspelet mellan de olika aspekterna i figuren är avgörande för kvaliteten på det pedagogiska arbetet.

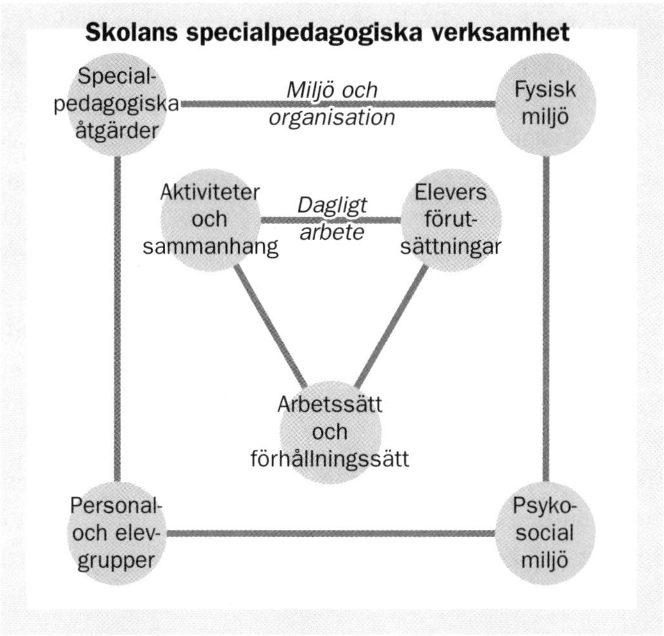

Figur 9.1: Samverkande aspekter av betydelse i skolans specialpedagogiska verksamhet (Jakobsson, 2002, s. 104). Skolans miljö och organisation utgör en ram kring det dagliga arbetet i skolan, antingen som stöd eller hinder för den pedagogiska verksamheten.

Skolans miljö och organisation

Miljö och organisation ramar in och skapar de yttre förutsättningarna för det dagliga arbete som skolpersonal och elever genomför i skolan. I det följande beskriver vi de fyra olika aspekterna inom skolans miljö och organisation mer konkret.

Fysisk miljö

Den fysiska miljöns utformning har betydelse för elevernas möjligheter att delta på samma villkor. Tillgängligheten för elever med funktionsnedsättningar begränsas av brister i bland annat lokalernas utformning eller på grund av avsaknad av hjälpmedel. I skolor där det finns elever med fysiska funktionsnedsättningar behövs olika typer av anpassning av den fysiska miljön, liksom hjälpmedel av skilda slag för att möjliggöra full delaktighet och lärande. För elever med motoriska funktionsnedsättningar blir ramper, hissar och dörröppnare viktiga och för elever med syn- eller hörselnedsättning handlar anpassningen om ljus respektive ljud. För elever med neuropsykiatriska funktionsnedsättningar är anpassning av ljudmiljö och mängden av visuella intryck viktig. Elever med allergier kan vara känsliga för vissa lukter eller material. Men även för elever utan uppenbara funktionsnedsättningar har den fysiska miljön – utformning av lokaler vad gäller rörelseutrymme, uppehållsrum, akustik eller den rent estetiska utformningen – stor betydelse.

Offentliga lokaler ska generellt vara tillgängliga för människor med funktionsnedsättningar genom handikapptoaletter, automatiska dörröppnare och hissar. I grundskolan är den fysiska miljön ofta inte från början specifikt anpassad till någon särskild funktionsnedsättning eller speciell elevgrupp, utan anpassning görs när det finns behov av det. I särskolor och lokaler för särskilda undervisningsgrupper däremot, är lokalerna vanligen mer eller mindre anpassade för den tänkta elevgruppen. Om lokalerna ligger i anslutning till grundskolor finns de ofta i en egen avdelning eller byggnad. Lokalerna för de särskilda undervisningsgrupperna kan också vara belägna tillsammans med övriga klassers. En konsekvens när lokalerna ligger avskilt är att elevernas kontakter begränsas, då de sällan träffar elever utanför den egna klassen eller »huset«. Vid en del skolor förekommer därför organiserade kontakter, till exempel mellan grundskola och särskola, då elever från grundskolan i små grupper deltar i aktiviteter i särskolan – eller då elever från särskolan deltar i en grundskoleklass under vissa lektioner eller aktiviteter.

Hjälpmedel såsom rullstolar och rollatorer tar mycket plats. Där det finns många elever med fysiska funktionsnedsättningar, kan det bli trångt om lokalerna inte är tillräckligt rymliga. Detta kan i vissa fall utgöra ett hinder för verksamheten.

Det förekommer att man samlar alla elever med fysiska funktionsnedsättningar från flera kommuner i en väl fysiskt anpassad miljö med stor personaltäthet, få elever och många assistenter i grupperna. Verksamheten styrs då till stor del av att nästan alla elever har begränsad rörelseförmåga eller annan funktionsnedsättning. Det finns också skolor där nästan ingen anpassning gjorts men där personalens uppfinningsrikedom är så stor att det ändå fungerar tillfredsställande. Bristfällig anpassning av lokalerna innebär att arbetet blir fysiskt påfrestande med lyft och ansträngande arbetsställningar, vilket i vissa fall kan styra inriktningen av det pedagogiska arbetet och utgöra ett hinder.

Exempel är en grundskola där datarummet låg i källaren och den aktuella eleven fick bäras nedför trappan då ingen hiss fanns. När läraren fick ont i ryggen blev det ingen dataundervisning förrän en praktikant, som orkade bära eleven, anställdes. Förhoppningsvis minskar antalet sådana exempel i takt med att samhället blir alltmer tillgängligt.

Psykosocial miljö

Med psykosocial miljö menar vi främst den grundläggande atmosfär som råder mellan alla som ingår i skolsituationen. Den psykosociala miljön berör samtliga elever, oavsett utvecklingsnivå och eventuell funktionsnedsättning. Elevers möjligheter till inflytande hör samman med kommunikationen i möten mellan människor, exempelvis i mötet mellan skolpersonal och elever. Om kommunikationen mellan lärare och elever utgörs av ett pedagogiskt möte blir eleverna delaktiga i sitt eget lärande. De ges möjligheter att reflektera och ta ansvar för sitt arbete och får därigenom också stort inflytande över sin skolsituation.

Här fokuseras särskilt på elevernas möjligheter till inflytande och delaktighet i gruppgemenskap samt vid planering och genomförande av aktiviteter och skolarbete. Skillnader förekommer dels mellan *individrelaterade aspekter* som elevernas ålder, funktionshinder, utvecklingsnivå och personlighet, dels mellan *miljörelaterade aspekter* som skolform, skola och klass/grupp samt skolpersonalens förhållningssätt, entusiasm, art och grad av engagemang. De miljörelaterade aspekterna är mest betydelsefulla för elevernas möjligheter till delaktighet och engagemang i aktiviteter i skolan i kombination med de individrelaterade.

Elever med liknande individuella förutsättningar kan ha väldigt olika möjligheter till delaktighet beroende på personalens förhållningssätt. Evald, till exempel, får trots stora svårigheter med motorik och perception ta samma ansvar som övriga elever i klassen. När det är hans tur att ansvara för disken efter maten får elevassistenten honom att känna att det är han som genomför arbetet, även om assistenten i själva verket gör det mesta. Assistenten finns hela tiden bredvid och hjälper honom att styra handen med borsten. När han är klar rapporterar han med gester, kroppsspråk och ljud stolt till läraren: »Nu är *jag* klar med disken.« Elevens reaktion visar att assistenten, trots den hjälp som behövdes, lyckades få eleven att känna att han hade tagit det ansvar han fått och genomfört uppgiften på ett bra sätt.

Elever i gymnasiesärskolan behöver liksom i gymnasiet förberedas inför att de är på väg in i vuxenlivet. Det kan göras på många sätt. I en gymnasiesärskola driver personal och elever tillsammans en lunchrestaurang vilket ställer stora krav på personalen, då målet är att eleverna ska ta gemensamt ansvar för hela verksamheten.

I båda exemplen inriktar skolpersonalen sin handledning på att eleverna ska få uppleva att de klarar att genomföra sina uppgifter. I restaurangexemplet blir återkopplingen påtaglig när gästerna berömmer maten, medan eleven i diskexemplet uttrycker stolthet över att själv kunna rapportera till läraren att han klarat uppgiften. Tvärtemot detta förhållningssätt är det inte ovanligt att skolpersonal i sin välvilja hjälper till så mycket att de i stort sett utför arbetet i stället för eleven. Exempel är en elevassistent i grundskolan som står lutad över eleven med ett suddgummi i handen och rycker in och suddar åt eleven varje gång en bokstav inte hamnar rätt på raden i skrivboken. Även om det blir snyggt och rätt så får eleven inga möjligheter att själv ta ansvar.

De relationsmönster mellan vuxna och elever som förekommer i en skola kan beskrivas med utgångspunkt i elevers olika grad av inflytande och delaktighet i skolsituationen, på en skala mellan de tänkta ändpunkterna obefintlig och fullständig. Då ytterligheterna knappast återfinns i verkligheten i skolan beskrivs här tre hållpunkter på skalan: *föga inflytande, visst inflytande* och *stort inflytande.*

Föga inflytande

Eleverna är omgivna av många »experter«, som var och en eller tillsammans talar om vad som är bäst för dem. De tillfrågas sällan eller aldrig om vad de själva tycker. De är inte med och tar beslut om skolarbetets innehåll och genomförande utan utför de uppgifter som skolpersonalen bestämt, och de har då inte heller någon reell möjlighet att ta eget ansvar för arbetet. Skolpersonalen kontrollerar därför fortlöpande om det är rätt utfört. Då eleverna inte är medvetna om det sammanhang uppgifterna ingår i eller vad de syftar till, är de beroende av de vuxnas hjälp vid varje nytt moment.

Hanna i årskurs 3 har nästan inget inflytande över sin skolsituation och hon får ofta uppleva att hon inte klarar det som läraren bestämt att eleverna ska göra. En dag arbetar klassen med djuregenskaper på en stencil som är utlagd på bänken med textsidan nedåt. Ingen får titta på den förrän läraren säger till. Alla skriver samtidigt ett ord i taget: »Arg som ett ...«. Läraren skriver det rätta ordet på tavlan och eleverna skriver av. Nästa uttryck är »Vig som en ...«. En elev föreslår Barbiedocka men det är fel, säger läraren, för det ska vara ett djur. När papperet är ifyllt läser eleverna först två och två och sedan gemensamt igenom det skrivna. En elev i taget säger början av uttrycket och alla fyller i djuret. När det är Hannas tur vet hon inte vilket uttryck som står på tur. Läraren visar. Alla lägger papperet i väskan. Under hela denna tid ser det ut som om Hanna följer med. Hon deltar som de andra men när de ska skriva orden hinner hon inte med. Läraren suddar och fyller i åt henne när det blir fel.

Visst inflytande

Elever kan skaffa sig eller ges visst inflytande på olika sätt. Ibland intar de vuxna i skolan och föräldrarna tillsammans en aktivt styrande och bestämmande roll. Det vanligaste är att eleverna då passivt och okritiskt gör som de vuxna säger, men några elever försöker på olika sätt – dolt eller öppet – protestera mot de vuxnas direktiv och därigenom få ett visst inflytande. Gretas mamma har bett att få hem schemat för att hon ska kunna hjälpa till med läxorna. När läraren ger Greta schemat och säger att hon ska ta hem det, gömmer hon det under sitt skrivbordsunderlägg. Kanske har hon upptäckt att hon kan utnyttja att de vuxna är oroliga för henne för att få uppmärksamhet.

Det förekommer också att de vuxna lyssnar på och är lyhörda för elevers önskemål men sedan argumenterar för att övertyga eleverna om att de vuxna ändå vet bäst, och att de kommer att förstå det längre fram. Ett förhållningssätt är att de vuxna ger mycket tydliga och snäva ramar men att eleverna sedan får välja fritt och bestämma över sitt arbete inom den givna ramen.

Stort inflytande

De vuxna försöker få eleverna att ta aktivt ansvar för sitt skolarbete genom att dra sig tillbaka lite, inte hjälpa till för mycket utan ge utmaningar och stödja eleverna, så att de själva kan klara uppgifter som ligger på gränsen av deras förmåga. Evald ovan (se s. 258) är exempel på detta. Eleverna bestämmer tillsammans med de vuxna över sitt arbete och de görs medvetna om det sammanhang enskilda uppgifter ingår i. Medvetenhet om det egna lärandet i förhållande till såväl långsiktiga som kortsiktiga mål ses av skolpersonalen som viktiga. En lärare som arbetar kontinuerligt med att öka en elevs medvetenhet genom regelbundna samtal om lärandet, och enskilda uppgifters funktion i ett vidare sammanhang, är exempel på detta.

De vuxna försöker vara lyhörda för det eleverna signalerar genom beteende eller med ord, och gör dem delaktiga i planeringen genom att utgå från individuella förutsättningar och intressen. För elever som har svårigheter med att planera och välja gäller det att som lärare ange tydliga ramar för det som eleven kan vara med och bestämma över och att anpassa och begränsa antalet alternativ som eleven kan välja mellan. Det kan i vissa fall vara helt tillräckligt att ha två alternativ att välja mellan och eleven kan ändå uppleva att hon är med och bestämmer. Att gränserna för vad man som elev kan vara med och påverka är tydliga skapar en trygghet hos många elever – främst för elever med svårigheter med exekutiva funktioner (se kapitel 6).

En elev med motoriska funktionsnedsättningar, som inte kan uttrycka sin vilja i ord, kan med hjälp av en lyhörd lärares frågor bli delaktig i planering och genomförande av ett gemensamt temaarbete.

I en gymnasiesärskola ska fem elever tillsammans göra en tavla som anknyter till temat havet. Gruppen är hopsatt på ett sådant sätt att alla ska kunna bidra på sitt vis. Läraren ger genom musik och bilder exempel på vad som hör ihop med havet. Sedan får eleverna föreslå vad som ska finnas med på tavlan. För att Emil, som inte talar, ska kunna vara med och bestämma ställer läraren upprepade gånger ja- och nej-frågor och Emil markerar vad han tycker genom att nicka eller vrida på huvudet. Detta fortsätter tills allt är bestämt och arbetet har delats upp. En elev ska rita en segelbåt och Emil, som har svårt med motoriken och inte kan använda penna, ska först måla tavlans bakgrund – vatten och himmel – med en svamp.

Inga enkla samband

Mellan de tre beskrivna hållpunkterna varierar elevers möjligheter till inflytande och delaktighet, dels mellan olika elevers skolsituationer, dels mellan olika sammanhang i samma skolsituation, beroende på typ av aktiviteter, de vuxnas förhållningssätt, elevens utvecklingsnivå eller typ och grad av funktionsnedsättning. Observationer i grupper med elever med grava funktionsnedsättningar visar att inga enkla samband finns mellan elevers individuella förutsättningar, skolpersonals förhållningssätt och elevernas möjligheter till inflytande och delaktighet.

I homogena grupper, till exempel inom träningsskolan, där samtliga elever har stora och liknande funktionsnedsättningar, kan möjligheterna till kontakt med och stimulans genom kamrater bli mycket begränsade. I dessa grupper sker interaktionen ofta mellan en vuxen och en elev i taget. Det ställer stora krav på pedagogen att hjälpa eleverna att kommunicera med varandra, då en förutsättning för kontakter ibland är att de sker genom förmedling och på initiativ av en vuxen. I heterogena grupper, där eleverna har olika funktionsnedsättningar eller inga alls, finns möjligheter till mer spontana kontakter mellan elever. Bra tillfällen för att skapa en stark gruppkänsla är samspelssituationer kring gemensamma upplevelser eller innehåll som anknyter till gemensamma intressen.

Elevernas placering i klassrummet och det arbetssätt som tillämpas kan underlätta eller hindra elevernas kommunikation med varandra.

Det gäller i alla klasser, men blir särskilt avgörande i grupper med elever som har begränsade möjligheter att kommunicera. Möjligheterna till kommunikation blir väldigt olika beroende på om eleverna sitter i en rad, läraren framför och assistenterna bakom, eller om samtliga i rummet sitter i en ring, så att alla ser varandra. I grupper där samtliga elever har begränsade möjligheter att tala eller förflytta sig blir samspelet och elevernas delaktighet helt beroende av hur de vuxna agerar i olika situationer. En medveten planering av meningsfulla samspelssituationer är viktig för elevernas språkutveckling och samhörighet i alla klasser.

Personal- och elevgrupperingar

Skolor indelas vanligen i mindre enheter som består av både personal och elever. De brukar kallas för »arbetsenheter«, »band«, »spår«, »hus« eller något annat. I det följande beskrivs personalgrupperingar inom dessa enheter i form av arbetslag och elevgrupperingar i form av klasser och undervisningsgrupper. Grupperingar kan vara stadigvarande eller tillfälliga. Personal- och elevgrupperingar formas utifrån ett antal grundprinciper som samverkar i varierande grad. Störst samband mellan elevgruppers och personalgruppers sammansättning förekommer i särskolan samt i särskilda undervisningsgrupper, med elever med liknande funktionshinder. Personalen har ofta satts samman med utgångspunkt från de behov som förekommer i elevgruppen.

Personalgrupperingar

Personalgrupper kan vara sammansatta utifrån *skolans övergripande organisation, den aktuella elevgruppen* eller *speciella aktiviteter*. Personalen utgörs av olika kategorier av lärare, specialpedagoger och speciallärare, assistenter, fritidspedagoger, förskollärare, personal inom elevhälsan och övrig personal som ingår i skolans skötsel. Inom grundskolan är det vanligt att skolans övergripande organisation styr arbetslagens sammansättning samt att enskilda elevers behov leder till att ytterligare någon person med speciell kompetens eller speciella uppgifter tillkommer. I klasser i särskolan och i grupper med elever med liknande funktionsnedsättningar däremot, sätts arbetslaget ofta samman med utgångspunkt från de individuella eleverna och de olika behov som förekommer i gruppen. Oavsett hur arbetslaget är sammansatt är det viktigt att samtligas kompetens används i samverkan i arbetet med eleverna. Specialpedagoger eller speciallärare kan antingen vara direkt knutna till ett visst arbetslag eller placerade i ett centralt team och delta i arbetslagets träffar vid vissa tillfällen.

Det förekommer att grundsynen mellan olika yrkesgrupper inom arbetslaget skiljer sig åt angående verksamhetens mål och strategier och att alla inte ser på samma sätt på genomförandet av det som bestämts. Elevassistentens mål kanske främst är elevens välbefinnande, medan lärarens är elevens kunskapsutveckling. Exempel på detta är en lärare som tycker att assistenten hjälper till för mycket så att eleven inte får den pedagogiska utmaning som läraren avsett. Assistenten i sin tur tycker att läraren är hård och inte ser att korsetten skaver eller att eleven behöver vila. Raka motsatsen förekommer också, att läraren tycker att assistenten är »hård och omänsklig«, medan assistenten tycker att läraren är »alldeles för snäll och kräver för lite«. För att skapa en gemensam grundsyn är det angeläget att arbetslaget får handledning, till exempel av en specialpedagog, så att alla gemensamt arbetar mot samma mål. Pedagogisk dokumentation där mål och strategier bestämts gemensamt är här en god hjälp.

Arbetet inom personalgrupper organiseras och genomförs på olika sätt, beroende på elevgruppen, befintlig personal, kompetens och aktivitet. Vanligt i samtliga skolformer är att varje lärare är mentor eller kontaktperson för ett antal elever. Det innebär att man har ansvar för samordning, föräldrakontakter, utarbetande av individuella utvecklingsplaner, åtgärdsprogram och skriftliga omdömen samt har övergripande ansvar för planering och uppföljning av elevers arbete. Genomförandet däremot är allas ansvar utifrån olika organisationsmodeller.

Tre grundmodeller för att organisera och fördela ansvar och arbetsuppgifter mellan olika personalkategorier är vanliga: *statisk organisationsmodell, flexibel organisationsmodell* samt *arbetsintegrerad organisationsmodell.* Vid många skolor förekommer dock en kombination av olika sätt att organisera och fördela arbetet.

Den statiska organisationsmodellen bygger på fasta personal- och elevgrupper som bestäms genom schemaläggning vid läsårets början. Schema och därmed arbetsfördelning görs upp utifrån ämneskompetens och yrkesroller och gäller under en längre period, exempelvis en termin eller ett läsår. Eleverna är indelade i klasser och olika lärare har ansvar för olika ämnen. Elevassistenter assisterar i förekommande fall läraren eller enskilda elever under lektioner och ansvarar för elever utanför lektionstid, ibland tillsammans med fritidsledare. Trots att det är läraren som har det pedagogiska ansvaret är det vanligt att assistenterna tar stort pedagogiskt ansvar för elever med funktionsnedsättningar och avgör både vilka uppgifter eleven ska arbeta med samt när eleven ska delta i klassens arbete eller arbeta enskilt i ett annat rum. Elevassistenters kompetens och erfarenhet varierar mycket. Stina som har arbetat som elevassistent inom särskolan i trettio år har stor erfarenhet. Bara läraren säger vad hon är ute efter så kan Stina oftast plocka fram det material som är bra för varje elev.

Det finns lärare som helt lämnar över ansvaret för en elev till elevassistenten. Det har Melkers lärare gjort. När klassen ska börja arbeta går Melker in i ett litet rum bredvid klassrummet där han har sina saker. Assistenten följer honom hela tiden och hjälper honom att ta fram det han behöver. Han ska arbeta med matematik och svenska och sätter sig vid det runda bordet. Två andra elever kommer in och sätter sig där också. Melker bläddrar i boken och kommenterar det han ser och arbetar sedan på den sida han kommit till. Assistenten förklarar och visar när något blivit fel. Efter en stund kommer läraren in och tittar på vad de andra eleverna vid bordet gör och talar om vad de ska fortsätta med. Melker sträcker fram boken mot henne. Hon ler mot honom men kommenterar inte det han håller på med och tittar inte i hans bok. Läraren i det sista exemplet har helt lämnat över ansvaret för elevens arbete till elevassistenten, medan eleven försöker få samma uppmärksamhet från läraren som de andra eleverna får.

Att elevassistenten tar hand om »sin elev« helt och hållet är vanligt i grundskoleklasser, trots att elevassistenter utan pedagogisk utbildning inte ska ha pedagogiskt ansvar. Det är alltid läraren som har det pedagogiska ansvaret. I särskilda undervisningsgrupper, där många elever har stort behov av stöd, är rollfördelningen ibland mycket tydlig mellan lärare, assistenter och fritidspedagoger. Läraren undervisar och ansvarar för lektionerna, assistenterna ansvarar för hjälpmedel, på- och avklädning, toalettbesök, förflyttningar och tillsyn utanför lektionstid, och fritidspedagogen ansvarar för fritidsverksamhet och rastaktiviteter. Under lektionerna håller sig assistenterna i bakgrunden och rycker bara in när det behövs utifrån elevers önskan, på eget initiativ eller på lärarens uppmaning. Vid tillfällen då många vuxna behövs, som vid måltider och när samtliga elever ska kläs på samtidigt, hjälps alla åt. Lärarna har möjlighet till paus under raster och assistenterna under lektioner.

Den flexibla organisationsmodellen bygger på personal- och elevgrupper som skapas utifrån olika aktiviteters syfte och innehåll. Eleverna är indelade i klasser med klassföreståndare eller mentorer men mycket av arbetet sker genom temaarbete i flexibla grupper, vilka sätts ihop utifrån elevers val eller aktivitetens art. Utgångspunkten är att samtliga vuxna och elever har olika kompetens, intressen, förutsättningar och möjligheter. Fördelning av arbetet sker utifrån innehåll och syfte, och man försöker ta tillvara både vuxnas och elevers speciella kompetens. All personal står till förfogande för alla elever hela den tid eleverna vistas i skolan eller under den tid aktiviteten varar. En förutsättning vid denna arbetsfördel ning är att eleverna känner sig trygga med samtliga vuxna.

Den arbetsintegrerade organisationsmodellen bygger på fasta personal- och elevgrupper, medan arbetsfördelningen är flexibel. Detta sätt att organisera arbetet förekommer främst i grupper där eleverna har grava funktionsnedsättningar och det är ungefär lika många vuxna som elever. Det mesta arbetet genomförs individuellt med varje elev för sig. Lärare och assistenter bildar ett arbetslag med gemensamt ansvar för samtliga elever och allt arbete i en grupp. Läraren fungerar som arbetsledare och har ansvar för den pedagogiska planeringen för varje elev, men genomförandet är samtligas ansvar. Gemensam planering sker regelbundet under lärarens ledning och det behövs en noggrann dokumentation så att samtliga i arbetslaget är införstådda med syftet med olika aktiviteter. I det praktiska arbetet märks ingen observerbar rollfördelning, då alla ser ut att göra allt. Det kan också vara så att samma person arbetar med en elev under en längre period och ansvarar då för hela skoldagen och för anteckningar kring arbetet och elevens framsteg.

Elevgrupperingar

Elevgrupperingar kan göras utifrån ålder, typ och grad av funktionsnedsättning, utvecklingsnivå eller speciella aktiviteter. De kriterier som styr fördelningen av elever i klasser och grupper inom grundskolan är oftast relaterade till skolans organisation och inte till enskilda elevers behov och förutsättningar. Hela skolan kan till exempel antingen ha åldersblandade eller åldershomogena klasser med tjugo–trettio elever i varje klass. Antalet elever i klasser inom särskolan och i särskilda undervisningsgrupper varierar men innehåller vanligen högst tio elever.

Olika kriterier styr elevsammansättningen, exempelvis elevernas individuella förutsättningar, lokalernas beskaffenhet eller personalens kompetens. Ett kriterium är att det ska vara en väl fungerande grupp. Definitionen av »väl fungerande grupp« varierar dock. Det kan innebära att det i en grupp inte finns någon elev som talar eller förflyttar sig själv, medan det i en annan grupp bara finns en elev med fysisk funktionsnedsättning. Gruppens sammansättning får konsekvenser för personalens arbete men också för elevernas möjligheter till stimulans och social gemenskap.

Samband mellan personal- och elevgruppers sammansättning

Personalgrupper formeras som beskrivits utifrån skolans övergripande organisation, den aktuella elevgruppen eller speciella aktiviteter och elevgrupper utifrån elevernas ålder, utvecklingsnivå, funktionshinder eller speciella aktiviteter. Ett visst samband mellan personal- och elevgruppers sammansättning kan identifieras på grundval av de kriterier som styrt gruppsammansättningen. Ofta förekommer flera kombinationer samtidigt. Här följer exempel från tre olika skolsituationer:

Exempel 1 Grundskolan är indelad i tre arbetsenheter som alla innehåller elever från förskola till årskurs 6. I varje arbetsenhet finns en förskoleklass, en klass årskurs 1–3 samt en klass årskurs 4–6. All personal som arbetar i klasserna ingår i arbetsenheten. Sofia går sitt fjärde år i 4–6-klassen, som består av 31 elever. Arbetslaget som arbetar i klassen består av två klasslärare, en praktikant samt en speciallärare. Vid vissa lektioner är båda klasslärarna närvarande samtidigt. Sofia är i behov av särskilt stöd. Specialläraren planerar och följer upp det enskilda arbetet tillsammans med Sofia samt deltar vid planering för att underlätta att Sofias behov tillgodoses. Praktikanten har hand om dataundervisning för alla elever samt assisterar under lektioner. Löst knutna till arbetslaget är dessutom en resurslärare samt en slöjdlärare.

Exempel 2 Träningsskolan är byggd för att vara anpassad till elever med motoriska funktionsnedsättningar och samtliga elever har både intellektuella och fysiska funktionsnedsättningar. Skolan har ett upptagningsområde som består av flera kommuner och den innehåller 15 elever, fördelade på tre klasser. Klassindelningen har gjorts utifrån elevernas utvecklingsnivå samt art och grad av funktionsnedsättning, vilket resulterat i åldersheterogena klasser med elever på ungefär samma utvecklingsnivå och liknande funktionsnedsättningar. Johannas klass består av fem elever i årskurs 4–10. Ingen av eleverna har ett utvecklat tal och ingen kan förflytta sig självständigt. Arbetslaget består av fem personer varav en klasslärare och fyra elevassistenter, alltså en vuxen per elev. Klassläraren är pedagogiskt ansvarig och arbetsledare för assistenterna. De har olika roller vid gemensamma samlingar. Klassläraren leder samtalet och assistenterna stöder eleverna att kunna kommunicera. Vid enskilt arbete och praktiska aktiviteter däremot utför alla vuxna liknande uppgifter.

Exempel 3 Grundskolan är delvis nybyggd och innehåller elever från förskola till årskurs 9. Årskurs 6–9 är i ett särskilt hus, där varje klass har ett hemklassrum. Dessutom finns det ämnessalar. Lena går i årskurs 8 i en klass med 25 elever. De olika pedagogiska aktiviteter som förekommer styr personalens samverkan. Lenas klass är indelad i två grupper. Två klassföreståndare fungerar som mentorer åt var sin grupp och följer kontinuerligt upp elevernas arbete och ansvarar för den pedagogiska dokumentationen i form av individuella utvecklingsplaner, skriftliga omdömen och åtgärdsprogram. De byter grupp sinsemellan varje termin. Större delen av veckan har eleverna ämneslärare med olika ämnen i klassen eller i andra grupperingar. De flesta ämnen har dessutom lämnat tid till elevens val, där eleverna planerar en del av sitt arbete själva och arbetar under eget ansvar. När det är elevens val är alla elever i årskurs 7–9 med och det är olika ämnen i olika salar. Lärarna finns som handledare åt alla elever som valt en viss aktivitet i salar som kallas »Mattestuga«, »NO-stuga« och så vidare.

Exemplen visar hur flera principer för gruppindelning kombinerats på olika sätt. Elevgrupperingarna bygger i exemplen på olika pedagogiska idéer om i något avseende lämpliga grupper: i det första exemplet åldersblandade klasser, i det andra liknande utvecklingsnivå och funktionsnedsättning och i det tredje typ av pedagogisk aktivitet. Personalgrupperingarna har i det första exemplet främst anpassats till skolans grundorganisation för elevgruppering med tillägg för elever i klassen i behov av särskilt stöd, i det andra till den specifika elevgruppens utvecklingsnivå och funktionsnedsättningar samt i det tredje dels till grundorganisationen och dels till förekommande aktiviteter.

Det kan vara bra att fundera på utifrån vilken princip personal- och elevgrupper satts samman i den verksamhet där du arbetar eller kommer i kontakt med under din utbildning. Finns det en medveten strategi eller har slumpen avgjort hur det ser ut? Vilken betydelse har gruppindelning och gruppens sammansättning i olika avseenden? Ett samtal om hur det ser ut kan vara utgångspunkt för diskussioner om eventuella förändringar.

Specialpedagogiska åtgärder

I det här avsnittet beskrivs planering, uppföljning och utvärdering av specialpedagogiska åtgärder genom utvecklingssamtal och åtgärdsprogram samt förekommande stödformer.

Utvecklingssamtal och pedagogisk dokumentation

Specialpedagogiska åtgärder planeras, följs upp och utvärderas i samband med utvecklingssamtal och genom upprättande av åtgärdsprogram. Enligt skollag och skolförordning ska lärare, elev och vårdnadshavare samtala om hur elevens kunskapsutveckling och sociala utveckling kan stödjas och gemensamt utarbeta en individuell utvecklingsplan (IUP). För elever i behov av särskilt stöd ska dessutom ett åtgärdsprogram utarbetas.[7] Det ska föregås av en noggrann utredning med kartläggning och analys av elevens behov av stöd i relation till den lärandemiljö eleven befinner sig i. Åtgärdsprogrammet ska följas upp, utvärderas och revideras regelbundet. Samarbetet mellan hem och skola kring IUP och åtgärdsprogram sker ofta i samband med utvecklingssamtal. Därigenom har föräldrarna möjlighet att påverka sitt barns skolsituation.

För elever i komplicerade skolsituationer är det vanligt att någon i arbetslaget runt eleven fungerar som kontaktperson till familjen. Denna person kan också vara huvudansvarig för arbetet med IUP, skriftliga omdömen och åtgärdsprogram för eleven. En del föräldrar vill ha kontakt med »alla« som är inblandade i barnets skolgång och deltar kontinuerligt i planering och utvärdering. Andra föräldrar överlämnar helt ansvaret för barnets skolgång till skolan.

Individuella utvecklingsplaner och åtgärdsprogram formuleras ofta i anslutning till utvecklingssamtal. Det förekommer att åtgärdsprogrammet i stort sett är klart innan utvecklingssamtalet och att föräldrar och elever endast har möjligheter att ge synpunkter vid samtalet. Delaktigheten blir då inte så stor som i de fall där såväl skolpersonal som föräldrar och elev fått möjlighet att förbereda sig innan samtalet. Ett sätt är att den som gjort utredningen, ofta en specialpedagog, presenterar resultatet för arbetslaget och att förslag till åtgärder diskuteras vid ett förberedande möte. Elevens mentor samtalar sedan med eleven och föräldrarna får hem frågor att tänka igenom och samtala med eleven om hemma. När utvecklingssamtalet

---

7 För en utförlig presentation av pedagogisk dokumentation i form av individuella utvecklingsplaner (IUP) och åtgärdsprogram rekommenderas Skolverkets allmänna råd (2008); Asp-Onsjö (2008) och Andreasson & Asplund Carlsson (2009).

mellan mentor, elev och föräldrar sedan äger rum har samtliga haft möjlighet att förbereda sig.

Det är viktigt att åtgärdsprogrammet blir ett levande dokument som styr det pedagogiska arbetet i gruppen och individuellt med eleven. Det är alltför vanligt att åtgärdsprogram upprättas och sedan glöms bort tills de ska revideras nästa gång. Det kan naturligtvis finnas tydliga strategier och verksamheten kan vara målinriktad även om det inte upprättats ett skriftligt dokument. Likaså kan åtgärdsprogrammet vara väl formulerat och genomarbetat, men det följs inte och genomsyrar inte verksamheten. Skriftlig dokumentation kan dock ses som en garanti för att skolan bedriver ett medvetet genomtänkt arbete.

Trots uttalat stödbehov förekommer att åtgärdsprogram saknas samt att själva stödformen i sig ses som en garanti för att elever får adekvat stöd. Det gäller ibland vid placering i en särskild undervisningsgrupp eller när eleven får stöd av elevassistent. Åtgärden i sig ses som en garant för en genomtänkt planering utifrån elevens behov. Organisatoriska åtgärder garanterar dock inte självklart att en elev får sina behov tillgodosedda. Det viktiga är vad som görs i den situation som skapas genom en organisatorisk åtgärd och vilka nya möjligheter som öppnas. För elever med grava funktionsnedsättningar kan det vara många personer inblandade i olika åtgärder, även myndigheter och aktörer utanför skolan. Det är då viktigt att det sker en samordning, så att alla arbetar åt samma håll. Här är föräldrarna viktiga, då de är de enda som har mandat att ge klartecken till ett utvecklat samarbete mellan olika myndigheter. Samarbetssvårigheter med hemmet kan leda till att det är svårt att upprätta ett åtgärdsprogram som beaktar elevens hela situation.

Ett åtgärdsprogram ska inte enbart vara riktat mot den enskilda eleven utan också beakta grupp- och skolnivå. I Skolinspektionens granskning av skolor år 2009 (Skolinspektionen, 2010) kritiseras hanteringen av åtgärdsprogram. Åtgärderna läggs på individnivå, i stället för att förhållandena i skolsituationen analyseras, och handlar ofta om standardlösningar som inte utgår från den enskilda elevens behov, menar skolinspektionen. Granskning av åtgärdsprogram i forskningsstudier (Jakobsson, 2002; Asp-Onsjö, 2008) visar också att de flesta åtgärdsprogram nästan uteslutande ligger på individnivå och anger åtgärder riktade direkt till den individuella eleven. I de granskade dokumenten saknas ofta medvetet uttryckta planer för det gemensamma arbetet på gruppnivå, i syfte att öka elevers delaktighet och möjligheter till lärande. Endast i enstaka åtgärdsprogram nämns åtgärder eller förändringar på grupp- och organisationsnivå eller i arbetssättet i klassen. I ett av de granskade åtgärdsprogrammen uttrycks vikten av ett gemensamt förhållningssätt i arbetslaget och att samtliga måste hjälpa varandra att konsekvent låta eleven ta egna initiativ: »Det övergripande målet för den kommande perioden är att alla i allt arbete försöker få Hasse att själv kunna *sätta i gång, genomföra och avsluta uppgifter samt att ge signal när han är klar.* Det gäller såväl vid toalettbesök som vid vanligt skolarbete.«

Olika stödformer

Inom ramen för lärarutbildningen ska alla blivande lärare få en grundläggande specialpedagogisk kompetens för att kunna möta elever i olika behov av stöd inom ramen för det ordinarie arbetet i klassen. Speciallärare och specialpedagoger har en fördjupad utbildning och kan både arbeta direkt med elever och handleda enskilda lärare eller hela arbetslag, för att de bättre ska kunna anpassa undervisningen till olika elevers behov av stöd. Inom alla skolformer förekommer också olika former av specialpedagogiska arrangemang och särskilda åtgärder för elever i behov av särskilt stöd (Skolverket, 1998; Jakobsson, 2002). Stödet ges direkt till elever eller indirekt till skolpersonal eller föräldrar. Stöd till skolpersonal och föräldrar kan bestå av handledning och hjälp att samordna insatser. Den personal som, förutom klasslärare och ämneslärare, bistår elever direkt med särskilt stöd är resurslärare, speciallärare, specialpedagog, talpedagog, klass- eller elevassistent, fritidspedagog eller förskollärare. Det kan också vara personal från barn- och ungdomshabiliteringen, exempelvis sjukgymnast, logoped, hörselpedagog eller arbetsterapeut. De exempel som presenteras här visar att åtgärderna såväl kan ge möjligheter till som utgöra hinder för elevers delaktighet och lärande.

Specialpedagogiska åtgärder, som riktas direkt till elever, kan antingen inriktas mot hela lärandeprocessen eller mot resultatet. Vi uttrycker det som skillnaden mellan *stöd* att utveckla kompetens och *hjälp* att nå ett bra resultat. Stöd inriktas mot att göra eleverna delaktiga och ta ansvar för sitt eget lärande eller, annorlunda uttryckt, att eleverna ska lära sig lära. Hjälp däremot inriktas mot att eleverna ska bli klara med uppgifter i tid och kunna uppvisa ett godtagbart resultat. Det förekommer ibland skillnader i inriktning mellan de vuxna inom samma arbetslag, exempelvis mellan lärare och assistent. Vanliga stödformer är *stöd i särskild undervisningsgrupp eller särskoleklass, stöd inom ramen för klassens arbete* och *stöd vid sidan av klassens arbete i grupp eller enskilt.*

I det följande ges tre exempel på stöd i särskild undervisningsgrupp och klass inom särskolan respektive specialskolan. Som tidigare nämnts ses placering i en viss grupp, klass, skola eller skolform ibland som en stödform i sig och förväntas garantera att eleven får sitt stödbehov tillgodosett.

Exempel 1 I den särskilda undervisningsgruppen går fem elever i årskurserna 5–8, som alla fått diagnosen ADHD. De har tillhört gruppen under olika lång tid och målet är att de ska slussas tillbaka till sin klass när de känner sig mogna för det. I gruppen arbetar två lärare och en elevassistent. Klassrummet är rymligt och bänkarna är placerade utefter väggarna med skärmar emellan. Mitt i rummet finns ett ovalt bord med åtta stolar. Det är sparsamt med bilder på väggarna och det finns inte mycket material eller distraherande saker inne i klassrummet. Syftet med placeringen i den särskilda undervisningsgruppen är att eleverna ska träna sig på att hantera vardagen och de olika situationer som uppstår under en skoldag och att ta ansvar för sitt lärande. Verksamheten är därför mycket strukturerad med tydliga rutiner som övas in och följs noggrant. Enskilt arbete varvas med gemensamma aktiviteter under tydlig handledning av de vuxna. Eleverna får det stöd de behöver och de tycker det är skönt att det är så lugnt – och inte så många olika intryck som det blir i en stor klass, där det oftast bara finns en vuxen i klassrummet. För att de inte ska tappa kontakten med den ordinarie klassen deltar de tillsammans med en vuxen i utvalda aktiviteter under några lektioner i veckan.

Exempel 2 Särskolan har särskilda grupper speciellt inrättade för elever med autism eller autistiska drag. Lokalerna ligger i anslutning till en grundskola. Den grupp Eva går i har funnits i ett år och innehåller nio elever med diagnosen autism eller autistiska drag. Det beskrivs som en specialverksamhet. Lokalerna är belägna i en särskild byggnad, som kallas annexet. Eleverna har ingen naturlig kontakt med eleverna i grundskolan. Lokalerna är ändamålsenliga med många smårum. Under skoldagen varvas undervisning och fritidsaktiviteter. Varje elev har sin bestämda arbetsplats, ett bord och en hylla där alla saker förvaras. Kort med bilder, symboler eller ordbilder med dagens aktiviteter sätts varje morgon upp på väggen i den ordning de ska genomföras. Eleverna tar sedan bort ett kort i taget allt eftersom aktiviteten är genomförd. Var och en har en arbetsbok med dagens planering införd. Läraren har skrivit och numrerat. Eva har de saker hon ska arbeta med under dagen i en liten byrå med numrerade lådor. Hon arbetar med det som finns i respektive låda i nummerföljd. Det är mycket Montessorimaterial som används med inplastade bilder och kort med ord som ska läsas och paras ihop med bilder och siffror. Allt är väl strukturerat och i en viss ordning för att skapa trygghet för eleven. Personalen består av två lärare som har ansvar för den pedagogiska verksamheten, en förskollärare som har ansvar för fritidsverksamheten samt två assistenter.

Exempel 3 Specialskolan är inrättad för elever med hörselnedsättning eller dövhet. Det finns 12 klasser med 5–15 elever i vardera. I tal- och hörselklasserna har man tal som första språk och har tecken som stöd, medan man i dövklasserna har teckenspråk som första språk och talad svenska som andraspråk. Två av klasserna är för elever inom särskolan. Jonny går i tal- och hörselklass på särskolenivå med nio elever i årskurs 3–6. Lokalerna ligger i en separat byggnad och innehåller ett klassrum med bänkar placerade i

> ett U, två datorer och skärmar för en elev som behöver avskildhet. Vidare finns en dator i korridoren och ett litet samlingsrum. Två lärare och tre assistenter arbetar i klassen. Dessutom finns slöjdlärare och musiklärare. Flera anställda är själva döva eller har hörselnedsättning. Lärarna säger att miljön och verksamheten är väl anpassad till elevgruppen. De elever som går där ska vara beroende av tecken och ha fått hörapparat rekommenderad. Alla vuxna på skolan tecknar och får kontinuerlig fortbildning i teckenkommunikation.

De tre exemplen visar på en stödform där allt ingår i en helhet, där hela verksamheten är anpassad efter den aktuella elevgruppen. Inga särskilda insatser görs vid sidan av den ordinarie verksamheten, då det ligger inbyggt i verksamhetens organisation att olika elever har olika behov och behöver skilda former av stöd.

Stöd inom klassens ram kan ges dels tillfälligt av ordinarie lärare till alla elever i klassen utifrån behov som uppstår i arbetet med olika uppgifter, dels mer regelbundet och riktat till speciella elever av särskild personal, exempelvis speciallärare eller elevassistent. Elever kan få fysisk assistans, stöd i skolarbetet i olika ämnen, stöd för att motverka koncentrationssvårigheter samt stöd i sociala situationer i matsal, på raster eller under lektioner. Stöd ska enligt styrdokumenten i första hand ges förebyggande för att den aktuella eleven ska kunna delta i samma aktiviteter och utföra samma eller liknande uppgifter som resten av klassen. Stöd kan också ges genom alternativa aktiviteter och uppgifter. Exempel ges här från två skolsituationer. Det första exemplet är hämtat från en hemkunskapslektion i årskurs 7 i grundskolan:

> Mia mäter upp vatten i skålen men kommer på att det ska vara i kastrullen. Hon häller ut det och börjar om, sätter sedan kastrullen på spisen och sätter på plattan. Därefter ska hon hämta två matskedar olja och går först iväg enbart med måttet men kommer tillbaka och hämtar skålen. Under tiden hon är borta börjar det ryka i kastrullen som hon glömt. Läraren sätter av den men säger inget. Efter en stund är Mia tillbaka och har då jäst och olja

i skålen. Hon hämtar mjöl i bunken. Läraren säger till henne vad som ska göras som nästa moment. När hon ska hälla i vattnet läser läraren högt ur receptet:

Läraren: Häll i fingervarmt vatten. Är det fingervarmt? Känn efter!

Mia: Nej! (*Mia sticker ned handen i kastrullen och drar hastigt upp den igen.*)

Läraren: Häll då på kallt vatten tills det blir det. (*Mia får avgöra när det är lagom.*)

Läraren: Häll på det då. Vad står det sen?

Mia: Häll på mjölet!

Exemplet visar hur ordinarie lärare stöder en elev under lektionen utifrån det behov av stöd som uppstår. Det möjliggör för eleven att genomföra samma uppgift som övriga elever. Följande exempel visar hur en elevassistent stöder en elev med koncentrationssvårigheter i klassrummet under en förmiddag, för att han ska kunna delta i klassens arbete:

Patrik går i årskurs 1 i grundskolan. Eleverna i klassen ska göra ett ansikte i lera och får var sin lerklump. De börjar banka och kasta den mot bordet för att få den mjuk. Patrik ställer sig upp på bordet och kastar. Assistenten tar ned honom och förklarar att det handlar om att få lerklumpen mjuk. Patrik får mycket hjälp av assistenten under arbetet med leran och det blir till slut ett ansikte. Hon styr honom steg för steg i arbetet och så fortsätter det lektionen igenom.

Båda exemplen visar hur stöd och hjälp ges i det ordinarie skolarbetet i klassrummet på ett sätt som möjliggör elevernas deltagande i samma aktiviteter som resten av klassen. I båda fallen handlar det om att noga avväga när och på vilket sätt eleven behöver stöd eller hjälp. För mycket hjälp, när det inte behövs, hämmar elevens egen initiativförmåga och känsla av att klara sig själv, medan för lite hjälp i kritiska situationer kan leda till att eleven upplever misslyckande. Om läraren i det första exemplet inte hade påpekat att degvätskan var för varm hade bullarna antagligen blivit misslyckade, medan det är tveksamt om elevassistentens detaljerade styrning i det andra exemplet var nödvändig.

Det gäller att noga avväga vilken grad av styrning och ledning som behövs i olika situationer utifrån den enskilda elevens förutsättningar eller typ av funktionsnedsättning. Exempelvis har elever med Aspergers syndrom oftast svårast att vara delaktiga vid måltider, raster, praktiskt estetiska ämnen och andra tillfällen när strukturen inte är lika tydlig som under mer traditionella lektioner.

Stöd vid sidan av klassens arbete ges av specialpedagog, speciallärare eller elevassistenter i grupp eller enskilt. Dessutom förekommer träning eller behandling genomförd av specialutbildad skol- eller habiliteringspersonal. Elever kan exempelvis få träning i motorik av sjukgymnast från habiliteringen eller talträning av logoped eller talpedagog.

Stöd i grupp skilt från övriga klassens arbete förekommer i olika former. Ett sådant arrangemang är »Lilla gruppen«. Benämningen av gruppen varierar men ofta är beteckningen tänkt att uppfattas som något positivt. Stödformen innebär att elever från olika klasser vissa lektioner eller under längre tidsperioder kommer till ett särskilt rum och får undervisning. Lilla gruppen är ett fenomen som mer betecknar rummet med personal och material än en speciell elevgrupp, då olika elever kommer dit på olika tider när det passar in i deras schema. En variant är att några elever vistas i gruppen under hela skoldagen, medan övriga elever växlar. Dessa är i sina ordinarie klasser när de inte är i Lilla gruppen. Det förekommer att också elever utan funktionsnedsättningar eller specifika svårigheter är i gruppen för att de elever som är där permanent ska få lite fler sociala kontakter. Lilla gruppen används vanligen som ett komplement för att underlätta elevens deltagande i den ordinarie undervisningen i klassen, men det förekommer också att det betraktas som en konkurrerande verksamhet. Följande citat av två lärares beskrivning av elevers vistelse i liten grupp visar på helt olika synsätt:

Citat 1 Jennifers skolgång är en kombination av arbete i klassen och i Lilla gruppen. Det bygger på ett nära samarbete mellan alla inom arbetslaget. Vi ser klassen och Lilla gruppen som kompletterande och specialpedagogen håller ihop planering och uppföljning. I Lilla gruppen får hon individuell stimulans och hjälp att förstå sammanhang i omvärlden. Det ger handlingsberedskap för att hantera situationer som uppkommer, uppleva att hon kan klara saker och träna sin motorik så hon inte behöver känna sig så klumpig. I klassen och i andra grupperingar får hon arbeta med skolämnen, får sociala kontakter och praktisera mycket av det hon arbetat med i Lilla gruppen, får vara en i gänget, får stöd att klara skolarbetet och att vara som alla andra. Vi tycker det fungerar bra.

Citat 2 Ett bra samarbete kring barn kräver stor disciplin av mig som lärare så att jag inte ändrar i schemat utifrån det som spontant dyker upp. I temat om vatten, så har Margareta och en annan flicka arbetat med det i Lillklassen och har då förförståelse när det tas upp i klassen. Men de har bara varit med på vissa delar i klassen, då det oftast kolliderar med att de är i Lillklassen och har matte eller engelska. Det är positivt att flickorna gjort temat om vatten före de andra och att det då är bekant för dem men det är tragiskt att de missar lektioner, då specialundervisningen ej gått att få in när det är de ämnena i klassen. NO och SO går bra när flickorna är med från början av ett område, vilket sällan sker då de måste till Lillklassen och ha matte och engelska då. Det är ett stort problem att få schemat att passa så det är upplagt utifrån flickornas behov, när de behöver extra stöd och inte efter när det finns plats för dem i Lillklassen. Nu får de komma dit när det inte är andra barn där och då kolliderar det ibland med andra resurser och saker som styr att vissa saker måste ligga vid vissa tidpunkter. Det är alldeles för lite samarbete mellan oss lärare och det finns ingen tid till det.

Vid skolan i det första citatet förekommer en fortlöpande kommunikation inom arbetslaget och en specialpedagog kallar regelbundet till samtal för samordning av den aktuella elevens hela skolsituation. Kontakten mellan lärarna i det andra citatet beskrivs som sporadisk och präglad av brist på tid och klasslärarens tveksamhet inför arrangemanget med Lillklassen. Exemplen visar på vikten av kommunikation mellan de som är inblandade i skolsituationen.

Enskilt stöd exemplifieras med en situation i grundskolan där en speciallärare spelar ett spel med en elev som inte vill räkna i matteboken. Eleven har svårt att följa spelregler och att ta motgångar. Syftet med spelet är att i en lugn miljö försätta eleven i situationer, där han får möjlighet att träna dessa färdigheter för att kunna delta mer i klassens aktiviteter och kunna hantera sina känslor vid motgångar.

> Melker och specialläraren spelar ett mattespel med papperskknappar och tärning. Det finns olika många hål i knapparna. Man får ta en knapp i taget och lägga enkronor för det antal hål man har. När man har tio hål får man växla till tiokronor. Den som har flest tior vinner. Markus har fyra tior när läraren får sin femte tia.
>
> Melker: Vem har vunnit?
>
> Specialläraren: Jag har vunnit för jag har fem tior och du har bara fyra. Ska du inte gratulera mig?
>
> Melker: Dumma dig!
>
> Melker rör ihop pjäserna, surar och vägrar att göra något mer, men efter en stund säger han att hon ska få en kram senare. Han krånglar när han ska ta på sig, skriker och sparkar. När han är på väg ut från rummet vänder han sig om och säger: »Jag hatar när andra vinner över mig.«

Under spelet tänker Melker inte på att han räknar addition och subtraktion hela tiden utan problem i spelet. Allt går bra och han är samarbetsvillig ända tills specialläraren vinner. Lärarna har arbetat länge med hans svårigheter att styra sina känslor i samspel med andra och specialläraren tolkar hans sista yttrande som att det börjar ge resultat och att han nu börjar bli medveten om sina egna reaktioner. Exemplet visar på ett målmedvetet och långsiktigt arbete för att få eleven att fungera i samspelssituationer tillsammans med andra.

Det dagliga arbetet i skolan

Dagligt arbete är den specialpedagogiska verksamhetens konkreta uttryck i den sociala praktiken. Det dagliga arbetet utformas i mötet mellan de deltagande aktörerna i skolan. *Elevers förutsättningar* måste beaktas fortlöpande i det dagliga arbetet, och kan ses antingen som utgångspunkt för eller som »problem« i arbetet. Skolpersonals kunskaper och insikter om pedagogiska konsekvenser av olikheter i elevers förutsättningar, är avgörande för möjligheterna att anknyta arbetet till elevernas utvecklingsnivå, behov och intressen. *Arbetssätt och förhållningssätt* kan antingen främja eller motverka elevers möjligheter till delaktighet och lärande och därmed förebygga och motverka, eller orsaka och förstärka, svårigheter. *Aktiviteter* är konkreta yttringar, det vill säga innehåll och struktur i en målinriktad verksamhet, vars syfte och inriktning ingår i ett *sammanhang* som kan beskrivas på olika nivåer.

Att man som lärare samtidigt beaktar elevers förutsättningar, arbetssätt och förhållningssätt samt aktiviteter och sammanhang är betydelsefullt. Möjligheterna till delaktighet och lärande för eleverna är beroende av skolpersonalens förhållningssätt. När det pedagogiska arbetet planeras och genomförs i kommunikation och samspel mellan skolpersonal, elever och föräldrar – och de ingår i ett sammanhang där elevers olikheter i förutsättningar, behov och intressen används i innehåll och genomförande – är möjligheterna som störst.

Elevers förutsättningar

Förhållandet mellan krav och förutsättningar i den konkreta skolsituationen är avgörande för om elevers individuella förutsättningar leder till möjligheter eller hinder. Begränsningar, exempelvis i form av funktionsnedsättningar, riskerar att leda till svårigheter och problem. Därför måste de beaktas i mötet med de olika eleverna i arbetet i skolan. Individuella förutsättningar inom fem områden tas upp här: *kognitiva funktioner, tal- och språkfunktioner, sociala och emotionella funktioner, koncentrations- och uppmärksamhetsfunktioner* samt *fysiska funktioner.*

Områdena har berörts i de olika kapitlen i del 2 men definieras och sammanfattas i det följande. Syftet är att ge dig som verksam eller blivande lärare en orientering om pedagogiska konsekvenser av nedsättningar inom olika funktionsområden. Det gör vi genom att visa på några utmärkande drag, som kommer till uttryck i skolsituationer samt konsekvenser av det pedagogiska bemötandet för elevernas möjligheter till delaktighet och lärande. Fallbeskrivningarna är avsedda att inspirera till vidare reflektioner i relation till läsarens egna erfarenheter i stil med »Så är det inte hos oss«, »Precis så här brukar vi göra«, »Det har jag aldrig tänkt på förut«, »Hur skulle *jag* göra i en liknande situation?«, »Ja, *så* skulle man kunna göra, men hur skulle det fungera för Adam?«, »Tänk om det är därför som Eva ...« och så vidare.

Kognitiva funktioner

Kognitiva funktioner handlar om att uppfatta, bearbeta, lagra eller återge information. Exempel är bildandet av sinnesintryck och föreställningar, tolkningar, sökning av information i minnet och användning av erhållen information i problemlösande tänkande. Perception är den varseblivningsprocess som gör att vi uppfattar oss själva, andra och vår omvärld, föremål, händelser, situationer, talade och skrivna ord och meddelanden med mera. Perception handlar om hur vi tolkar våra sinnesintryck. Visuell och auditiv perception har stor betydelse, till exempel för läsning. Visuell perception är hur vi tolkar synintryck och auditiv perception hur vi tolkar hörselintryck. Att låta en elev med auditiva svårigheter använda bok och band, alltså lyssna samtidigt som hon tittar på texten, underlättar inte självklart förståelsen av texten, medan en elev med visuella svårigheter kan ha stor hjälp av att lyssna samtidigt som hon ser texten.

Spatial funktion ingår också i kognitiva funktioner och innefattar tillämpningen av hur rumsliga relationer uppfattas, förstås och bearbetas, till exempel att kunna orientera sig i omgivningen. Den spatiala funktionen är bland annat viktig för matematisk förståelse och vid bollspel. Nedsättningar inom det kognitiva området har beskrivits ingående i kapitel 5 om utvecklingsstörning, men även elever som inte har diagnosen utvecklingsstörning kan ha kognitiva svårigheter.

En faktor som påverkar omfattningen av kognitiva svårigheter är undervisningssättet. Om undervisningen är företrädesvis verbal kan det skapa problem för vissa elever. Det kan vara svårt att minnas allt som sagts, tolka det och uppfatta sammanhanget rätt. Det är inte ovanligt att elever lyssnat och tagit till sig det som sagts i början och i slutet men inte det som sagts i mitten. Detta kan ske om undervisningen är på lite för hög nivå, om man har svårt att höra och/eller om man har svårt att koncentrera sig länge av andra skäl. Följden blir att eleven mister helhetsbilden, men om man frågar om eleven förstått säger hon ja för hon har förstått delar av innehållet. Om bearbetningstakten av något skäl är långsammare räcker det inte med enbart muntlig information och genomgångar. Budskapet måste också göras synligt.

Svårigheter att komma ihåg kan förebyggas genom att man ger en instruktion i taget eller förtydligar genom att skriva eller visa med bilder på tavlan i vilken ordning olika moment ska genomföras. För att öka medvetenheten om när en viss ordningsföljd är viktig är det bra att arbeta konkret med hela förlopp. För de flesta är det självklart i vilken ordning man gör vissa saker, men för Lisa som går i träningsskolan är det inte alls självklart att man först tvättar, sedan hänger upp tvätten och stryker sist. Hon skulle mycket väl kunna göra precis tvärtom om hon vet att det är de tre momenten hon ska utföra. För att Lisa ska förstå att det har betydelse i vilken ordning man gör saker, får hon ansvara för skolans handdukstvätt varje dag under en vecka. Hon behöver göra det flera gånger och få handledning och förklaringar, för att hon ska förstå den helhet som de olika momenten ingår i.

Tid är ett abstrakt begrepp som elever i en klass kan ha kommit olika långt i att förstå. Någon vågar inte gå ut på rasten för han vet inte när han ska börja gå in igen. Någon har mycket lättare att förstå om man säger att vi ses på gårdsplanen klockan två än om man säger att vi ses om två timmar. Det senare kräver att man har en strategi för att se på klockan nu och räkna rätt framåt. Det är abstrakt att förstå att det finns en skillnad mellan vad som hände på elvahundratalet, sjuttonhundratalet och när farmor var ung. Förstår man inte hur dessa tider hänger ihop känns historia förmodligen ganska meningslöst.

För elever som har svårigheter med ordningsföljd och tidsuppfattning kan man göra skoldagens och veckans struktur konkret genom att sätta upp kort med aktiviteterna i ordningsföljd. Korten tas sedan bort allt eftersom olika aktiviteter genomförts. Eleverna kan då se i vilken ordning olika saker ska inträffa. Det innebär att när Erik redan halv tio frågar om han ska åka hem snart, kan läraren peka på de kvarvarande korten och prata om de aktiviteter som återstår: »Nej, först ska vi ha fruktstund och sedan ska du träffa Eva (sjukgymnasten) och sedan är det mat. Efter maten är det arbete en stund och sedan kommer taxin.« Erik verkar lugnad och arbetar vidare men frågar efter en stund igen, varvid läraren pekar och förklarar på nytt. Tid är ett abstrakt fenomen och Eriks tidsuppfattning innefattar inte hur lång en skoldag är. Läraren hjälper honom att konkretisera och strukturera tiden genom att visa på ordningsföljden av förekommande aktiviteter.

Avstånd är också ett abstrakt fenomen som kan förstås mer eller mindre konkret av eleverna i en klass. När så är möjligt är det viktigt att konkretisera genom att mäta och jämföra på olika sätt. Att använda den egna kroppen som mätinstrument ger en mer konkret förståelse än måttband och linjaler, till exempel genom att man stegar upp avstånd. Något annat som kan vålla svårigheter är att förstå och kunna översätta en kartbild till verkligheten. Att först orientera sig på kartan, identifiera var man befinner sig och målet man ska nå fram till, veta åt vilket håll man ska gå och hur långt det är innehåller många moment och kräver ett stort mått av abstrakt förståelse.

Tal- och språkfunktioner

Tal- och språkfunktioner handlar om ord- och begreppsförståelse, tal och kommunikation samt läs- och skrivutveckling. Även matematikutveckling är beroende av språklig kompetens. Detta har tagits upp i kapitel 4. Många elever har bättre förmåga att uttrycka sig än förståelse av innehållet. De har lärt sig att använda ord och uttryck som de hört ofta men inte förstått dem helt och hållet. Andra elever kan ha långsam tal- och språkutveckling, nedsättningar eller skador i talorganen, vilket kan yttra sig som svårigheter att uttala vissa ljud eller ord korrekt. Det kan leda till rädsla och oro för att tala när många hör på. Denna problematik är vanlig vid gomspalt. Om bakre mjuka gommen inte sluter tätt och luften sipprar ut genom näsan, blir talet nasalt och otydligt. Martin kämpar för att uttala s-ljudet och få in det på rätt ställe. Holger ger kortfattade knappt hörbara svar på lärarens frågor och ser märkbart besvärad ut. Av samtal med Holger framgår att han är mycket medveten om att hans tal låter annorlunda än andra tonåringars och han vill därför helst inte säga något när han är i en grupp.

Skriftspråksutveckling har också behandlats i kapitel 4. Här ges ett exempel som visar på att fonologisk medvetenhet, det vill säga att förstå att bokstäver är symboler för språkljud, är en grundläggande förmåga för att man ska kunna läsa och skriva: Lisa som har en grav utvecklingsstörning kan benämna saker men har svårt att förstå att de kan vara symboler för något annat. Hon tar fram en låda med stora plastbokstäver, plockar upp en i taget och säger vad de heter. Det blir rätt för det mesta. När hon plockat ned dem i lådan ritar läraren samma bokstäver på ett stort papper men då kan hon inte benämna dem. När läraren tar fram motsvarande plastbokstav, kan hon säga namnet. För Lisa utgör plastbokstäver och bokstäver i bokstavspussel föremål som man kan manipulera med. Hon fokuserar föremålet och inte formen. Hon förstår alltså inte bokstavsformer som symboler. Därför uppfattar hon plastbokstaven och den ritade bokstaven som två helt olika saker och inte som samma symbol för ett språkljud. Lisa har en grav utvecklingsstörning men exemplet är generellt. För alla barn är det först när insikten om att bokstäverna kan översättas till ljud som de »knäcker koden« och börjar läsa.

Sociala och emotionella funktioner

Sociala och emotionella funktioner handlar om individens sätt att förhålla sig till och samspela med andra människor, det vill säga relationer och social interaktion med enskilda individer och i grupp samt emotionella reaktioner i olika situationer. Det har berörts i flera kapitel men främst i kapitel 6.

I de flesta klasser finns några elever som har större behov än de andra av att få uppmärksamhet och att få stå i centrum. De har svårt att inrätta sig i gruppen och att samspela med de andra på lika villkor. Om de inte får den uppmärksamhet de har behov av försöker de genom olika beteenden att hamna i centrum och får därigenom uppmärksamhetsbehovet tillfredsställt.

Siv som går i förskoleklass bor i familjehem och träffar inte sina biologiska föräldrar. Följande situation visar hur hon på olika sätt försöker få uppmärksamhet. Fem flickor sitter ute vid ett bord och broderar. Siv klättrar upp på bordet och gör olika konster men de andra är helt upptagna av att sy. Till slut ramlar hon och slår sig och blir tröstad av flickorna. Siv sätter sig mellan flickorna och när de återgår till broderandet säger hon: »Min mamma är död.« Det förs därefter ett innerligt och allvarligt samtal mellan flickorna och Siv ser ut att njuta av att de tycker synd om henne. Efter hand återupptas broderandet. När de inte längre bryr sig om henne börjar hon prata småbarnsspråk och försöker få de andra att reagera. En assistent slår sig ned vid bordet och Siv sätter sig genast i hennes knä och blir kvar där medan assistenten hjälper till med handarbetena. Hon märker inte när de andra lämnar bordet och går in. Efter en stund upptäcker hon att hon är ensam kvar och springer efter.

Att starta bråk eller vara motoriskt orolig kan vara ett sätt att hantera ångest eller inre oro. Ett exempel är Oskar i årskurs 5 som är mycket orolig och störande under vissa arbetspass. Läraren tar upp problemet med specialpedagogen. De bestämmer att läraren under en vecka ska skriva ned i vilka sammanhang det inträffar. När de analyserar lärarens anteckningar upptäcker de ett mönster för när Oskar blir orolig. Det är när han ska sitta stilla och lyssna och själv förväntas vara passiv. Specialpedagogen som har en bra kontakt med Oskar pratar med honom om vad de upptäckt. Han berättar då, att när han sitter stilla utan att »ha något att göra« så kommer tankarna och oron för mamma som är psykiskt sjuk och missbrukar tabletter. Han är rädd att hon har tagit för många tabletter som hon gjorde kvällen före julafton och att han inte ska hinna hem innan det är för sent. Att starta bråk eller gå runt i klassen och sätta i gång något har blivit ett sätt att kunna hålla de svåra tankarna borta.

För att en grupp ska fungera är det viktigt att de som ingår i gruppen förstår vad det innebär att vara deltagare, det vill säga att de förstår och kan följa de regler som gäller för gruppen. I klasser där det finns elever som inte förstår och inrättar sig efter de regler som gäller i skolan eller som man bestämt tillsammans i klassen kan det bli problematiskt. Det gäller till exempel vid arbete i grupp eller vid lärarlett arbete. Elever som inte kan se sig själva i förhållande till de andra i gruppen kan bli arga, när de inte får svara på alla frågor i samlingen eller för att de inte får räkna i stället för att delta i en gemensam aktivitet. Det finns elever som agerar som om de är ensamma med läraren, och reagerar impulsmässigt och direkt med ljud eller rörelser på de intryck de får, utan att ta hänsyn till de övriga eleverna i gruppen. Ett sätt att hjälpa elever att utvecklas socialt och emotionellt är att en vuxen finns med och stöder och förklarar i sociala situationer. Den vuxne förklarar i förväg vad som ska ske, vad aktiviteten går ut på och hur eleverna förväntas förhålla sig i gruppen. I den konkreta situationen finns man med som stöd, för att förebygga och motverka att eleven misslyckas. Efteråt samtalar man med eleven om det som varit, följer upp och förklarar. Kanske behöver eleven först försättas i samspelssituationer tillsammans med *en* annan elev, därefter i en liten grupp och så småningom i en större grupp. Det gäller alltså att skapa situationer som går från ett enkelt samspel och till ett mer komplicerat, allt eftersom eleven blir medveten om vad som krävs för samarbete i grupp.

För de flesta elever är det inget problem att förstå att olika regler gäller i olika sammanhang. De skolas till exempel snabbt in i att det man får göra på rasten kanske inte alls är acceptabelt på lektionen. Elever för vilka det inte är så lätt att förstå detta behövs en nära handledning i konkreta situationer. Förhoppningsvis leder det till att de efter hand utvecklar förmågan att avgöra vad som passar in i olika sammanhang.

Även elever med grava funktionsnedsättningar kan uppfatta känslor och sinnesstämningar men kan ha svårt för att förmedla dem till andra. Carl som har en grav utvecklingsstörning, motoriska funktionsnedsättningar och talsvårigheter går i gymnasiesärskola. En dag har Carl något viktigt att berätta för sin lärare. Han passar på när de är ensamma. Han sätter ihop händerna och bryter isär dem flera gånger och försöker med enstaka ord, tecken och gester få henne att förstå. Till slut förstår hon att hans mamma och pappa skilt sig och att han är ledsen för det. Carls agerande visar att han uppfattar och på ett medvetet sätt kan förmedla känslor. I kommunikationen använder han ord, gester och tecken.

Elever som verkar osäkra och osjälvständiga behöver få uppmuntran och positiv respons på det de gör. Agneta känner osäkerhet vid varje nytt moment under slöjdlektionen. Hon genomför ett moment i taget och frågar innan hon fortsätter med nästa. Det kan därför vara bra att i förväg gå igenom hela processen, alltså vad arbetet ska leda till. Då kan eleven arbeta mer målmedvetet och har lättare att fortsätta med nästa moment utan att behöva fråga. Om elever inte fått någon klar bild av helheten skapar det en osjälvständighet.

Koncentrations- och uppmärksamhetsfunktioner

Koncentrations- och uppmärksamhetsfunktioner handlar om individens möjligheter att inrikta sig på, fokusera och hålla fast uppmärksamheten vid fenomen, samt vilja och kraft att slutföra uppgifter. Aktivitetsnivå och motivation ingår därmed i funktionsområdet. Begränsningar inom koncentration och uppmärksamhet har beskrivits i kapitel 6.

Nedsättningar inom dessa funktioner kan medföra problem i skolarbetet för den enskilda eleven. Det handlar om svårigheter att sortera intryck, att känna motivation och att kunna koncentrera sig en längre stund på en uppgift. Det ställer stora krav på pedagogen att lägga upp det pedagogiska arbetet på ett sådant sätt att elevens möjligheter att klara av den komplexa skolvardagen underlättas.

Kerstin reagerar på och störs av alla ljud hon hör. Hon uppfattar inte varifrån olika ljud kommer. Hon kan inte heller bortse från bakgrundsljud som hon inte behöver bry sig om, vilket gör henne frustrerad under lektioner där många olika aktiviteter pågår samtidigt. På slöjdlektionen sitter hon med andra elever vid ett ovalt bord. Det är helt lugnt runt bordet men inifrån träslöjden i rummet bredvid hörs hammarslag. Kerstin tror att det är en pojke på andra sidan bordet som bankar och ropar åt honom. Efter hand blir det ganska oroligt vid bordet och Kerstin blir mer och mer uppspelt. Hon rycker till varje gång någon höjer rösten, eller när det hörs något oväntat ljud, och ropar åt de andra att hon inte kan tänka när det är så mycket oväsen.

I en klass där det finns en elev som Kerstin eller Oskar (i förra avsnittet) är det viktigt att reflektera kring i vilka situationer det fungerar bra och när det inte gör det, och vad som är utmärkande för dessa situationer. Med detta som utgångspunkt gäller det sedan att lägga upp arbetet på ett sådant sätt att svårigheter förebyggs och motverkas. En så enkel åtgärd som att placera eleverna på ett annat sätt i rummet kan göra att Kerstin inte blir utsatt för så många intryck på en gång.

Koncentration och motivation hör ihop. Om elever inte känner sig motiverade att genomföra en uppgift har de också svårare för att koncentrera sig på den. Så är det för Emil i årskurs 8, som har dubbellektion i matematik i en särskild undervisningsgrupp. Emil suckar när han sjunker ned på sin plats fem minuter efter att lektionen startat. Han räknar en uppgift men lägger sedan ned huvudet mot bänken. Efter en stund går han och vässar pennan, leker en stund med suddgummit, tappar det ett stort antal gånger och ibland flyger det iväg så långt att han får ta en runda och hämta det. Det ser ut som om han försöker få tiden att gå. Ibland kommer läraren och återför honom till arbetet, men så fort hon avlägsnar sig slutar han arbeta. Han suddar bänken, på och under och gör sedan inget på en lång stund. Av beskrivningen framgår att Emil inte känner sig motiverad och har svårt för att koncentrera sig på att räkna uppgifterna i boken. Det kan bero på att uppgifterna är för svåra i förhållande till hans förkunskaper eller att de inte knyter an till hans erfarenheter och intressen. Det gäller här att bryta det slentrianmässiga räknandet i boken och låta honom arbeta med något som kan fånga hans intresse. Han behöver tydliga mål som han kan känna sig motiverad att uppnå.

Fysiska funktioner

Med fysiska funktioner avses möjligheter och begränsningar hos individen som en konsekvens av kroppslig struktur och funktion, bland annat i form av grov- och finmotorisk utvecklingsnivå. Begränsningar inom detta område kallas fysiska funktionsnedsättningar och kan utgöra ett hinder i vissa situationer.

Elevers nedsättningar inom olika fysiska funktionsområden yttrar sig på olika sätt i det dagliga arbetet i skolan. Graden av hinder som olika funktionsnedsättningar medför varierar, bland annat beroende på skolmiljöns utformning och skolpersonalens förhållningssätt i mötet med eleverna. Olika typer av fysiska funktionsnedsättningar – syn, hörsel och motoriska funktionsnedsättningar – har behandlats i kapitel 7. Här följer ytterligare några exempel.

Att skriva för hand kan vara en mödosam sysselsättning för en elev med motoriska funktionsnedsättningar. Tillgång till dator som hjälpmedel underlättar skrivandet.[8] Redan i förskolan använder barn datorer och det har blivit allt vanligare i alla klasser att eleverna långt ned i åldrarna har tillgång till datorer för skrivande och annat skolarbete. Det är därför inget konstigt om någon elev har en egen dator som hjälpmedel, när begränsningar i motoriken gör det svårt att forma bokstäver och siffror. För Ture som går i gymnasiet är datorn en absolut förutsättning för att han ska kunna anteckna när läraren skriver på tavlan och vid projektarbeten eller annat skrivande. De andra eleverna i klassen skriver också ut sina projektarbeten på dator, men skillnaden är att de också kan anteckna och skriva snabbt för hand, vilket Ture inte kan. Han har fått digitala matematikböcker och kan lösa uppgifterna på skärmen, då han annars skulle ha haft svårt att få siffrorna på rätt plats. Datorn har alltså ökat hans möjligheter till full delaktighet i det som övriga elever i klassen gör.

Elever som använder hörapparat behöver ofta få handledning i hur de ska använda den i olika sammanhang. Deras lärare bör informeras om vad som är viktigt att tänka på. Svens hörselpedagog pratar med honom om att han ska stänga av hörapparaten på musiklektionerna. Hon säger också att i träslöjden borde alla ha öronproppar och att hon ska dela ut det till hela klassen, för det är inte bara Sven som behöver det. Han ser nöjd ut när hon säger det. Detta är ett

---

8 Användning av informations- och kommunikationsteknik (IKT) i undervisningen för elever med funktionsnedsättningar beskrivs av Brodin & Lindstrand (2007).

exempel på att det som är viktigt för en speciell elev kan vara bra för de andra också. Eleven med hörselnedsättning blir inte så utpekad om alla uppmanas att använda öronproppar.

Arbetssätt och förhållningssätt

Arbetssätt och förhållningssätt handlar om det sätt på vilket det pedagogiska arbetet genomförs samt det professionella förhållningssätt som skolpersonalen ger uttryck för i mötet med eleverna. Arbetssätt och förhållningssätt kan främja elevers delaktighet och lärande, och förebygga eller motverka att svårigheter uppstår. Å andra sidan kan arbetssätt och förhållningssätt förstärka eller till och med orsaka svårigheter. Det är av betydelse i vilken grad varje elevs individuella förutsättningar och behov beaktas och tillgodoses. I det följande ges exempel på hur arbetssätt och förhållningssätt antingen skapar möjligheter eller utgör hinder för delaktighet och lärande.

Rutiner

Skolan är en verksamhet med hög grad av struktur, och återkommande rutiner utgör viktiga inslag under skoldagen. Rutiner strukturerar arbetet på ett sätt som skapar trygghet och gemenskap. De främjar även laganda och gemensamt ansvarstagande både för skolpersonal och för elever. Många elever har behov av att känna igen sig genom regelbundet återkommande aktiviteter. När det finns inarbetade rutiner så flyter arbetet ofta väl. Ett exempel på det är gymnasiesärskolan som driver en egen lunchrestaurang. Dagen börjar med samling. Kocken går igenom dagens arbete och arbetsuppgifterna fördelas utifrån vad som ska göras. Eleverna turas om att ha olika uppgifter i köket, bageriet och serveringen. Disk och efterarbete är allas ansvar. Dessa uppgifter återkommer varje dag, när eleverna arbetar i restaurangen och har blivit inarbetade rutiner. Lärarna säger till eleverna att de ska fungera som ett fotbollslag, där alla hjälps åt tills allt är färdigt. I fotbollslaget måste alla vara på planen hela matchen, så att det inte skapas några luckor.

Det finns också en fara att rutiner blir så automatiserade att de används oreflekterat som ett slags drill, utan att eleverna förstår eller tänker på vad det egentligen handlar om. I en del klasser sker detta i samlingen på morgonen, när man går igenom datum, dagens namn, väder, temperatur med mera. Om eleverna inte har någon klar bild av vad de olika inslagen egentligen står för måste de konkretiseras och anknytas till elevernas erfarenheter. I annat fall blir morgonrutinen bara något som man gör utan att det sker något lärande.

Samlingen kan användas som tillfällen då eleverna har möjlighet att berätta om egna upplevelser. I en klass i årskurs 2 används samlingen som ett språkutvecklande samtalstillfälle. En morgon frågar läraren vad eleverna gjort på påsklovet. Martins familj har varit och tittat på tranor och han berättar utförligt om det. Det förs ett långt samtal om tranor och många elever vill säga något. Martin och de andra eleverna associerar och kommenterar.

Moa har en påse med glaskulor med sig och får gå runt och visa dem för alla. Särskilt de stora kulorna beundras. Därefter går läraren igenom dagens arbete. Orden lektion, rast, lektion, mat, rast, idrott, rast, lektion samt buss–taxi–fritids sätts upp under vartannat i den följd man går igenom dem. En bild med en öppen mun (talpedagogträning för Martin) sätts upp bredvid den sista lektionsbilden. Lapparna tas bort efter hand som momenten är genomförda. Orsaken till denna konkretisering är att Martin har svårt med tidsuppfattning och ordningsföljd. De andra eleverna tycker också att det är bra att de går igenom vad som ska hända under skoldagen.

Läromedel och pedagogiska hjälpmedel

Läromedel är pedagogiska hjälpmedel som ska utgöra ett stöd för lärandet (se även s. 132). Det är de också i de flesta fall, men det förekommer att läromedel i stället försvårar lärandet eller att en lärobok styr undervisningen i stället för kursplanens mål. Att välja lämpliga läromedel är därför en grannlaga uppgift. Det gäller till exempel läromedel i matematik. Vissa elever blir förvirrade när de ska hoppa fram och tillbaka mellan olika böcker eller sidor och upplever att det är lättare när läromedlet har en tydlig och enkel struktur. Det gäller till exempel elever med neuropsykiatriska funktionsnedsättningar.

Hur läromedel används inverkar också på elevers möjligheter till lärande. Om alla elever förväntas arbeta i samma bok i samma takt blir det svårt för läraren att hantera det faktum att elever arbetar i olika takt och har olika individuella förutsättningar. Hur ska man göra med de elever som inte hinner med? Kan arbetet läggas upp på något annat sätt så att alla elever kan arbeta i sin egen takt och inte behöver jämföras med varandra utifrån hur snabbt de arbetar? Hur man åstadkommer pedagogisk differentiering är en svår uppgift i alla klasser, alltså hur man lägger upp arbetet utifrån att elever är olika.

Datorn används ofta som personligt hjälpmedel för kommunikation och skrivande av elever som har begränsade möjligheter att kommunicera genom tal och att skriva för hand. Det gäller till exempel elever som har svårigheter med perception och motorik. Att ha en egen dator eller ha tillgång till dator ökar möjligheterna till lärande. Olika former av anpassningar utifrån elevens speciella behov kan göras. Datorn kan användas som pedagogiskt hjälpmedel dels genom särskilda undervisningsprogram, dels för egen produktion av text och bild med program för ordbehandling, talsyntes och bildframställning. Många webbsidor har också anpassningar för olika funktionsnedsättningar för att öka tillgängligheten till information.

För elever med långsam språkutveckling kan bilder, tecken och piktogram användas som alternativ eller komplement till talat och skrivet språk. Piktogram är bildtecken som avbildar föremål och begrepp och som används för skrift. Vid arbete med tal-, läs- och skrivutveckling kan olika former av alternativ kommunikation förstärka och förtydliga de konventionella språkformerna. Johnny som går i grundsärskolan använder piktogram och tecken som stöd vid läsning och skrivning. Han ska skriva i kontaktboken att fotografen ska komma till skolan nästa dag. Han har en karta med piktogrambilder med text under till hjälp och skriver på datorn. När han ska skriva ordet »fotografen«, som är ett nytt ord för honom, tecknar läraren varje bokstav med hjälp av handalfabetet. När han är klar skriver han ut det, klipper ut texten och klistrar in i sin dagbok.

Talsyntes, det vill säga tal framställt på konstgjord väg, är en datorfunktion som används som hjälpmedel för elever med synnedsättning men kan också hjälpa andra elever att förstå sambandet mellan skrift och tal. Sanna och Petra i årskurs 1 använder talsyntesen när de ska skriva inbjudan till klassfesten. De sitter tillsammans vid datorn och diskuterar vad det ska stå samt skriver och lyssnar på vad de skrivit. När det låter konstigt ropar de på läraren och hon föreslår då alternativ som de prövar tills det låter rätt.

Förmågan att använda dator varierar naturligtvis mellan olika elever beroende på ålder eller art och grad av funktionsnedsättning men det går att göra anpassningar för de flesta elever. Det finns flera kommunikations- och dataresurscentra för personer med funktionsnedsättningar och för skolpersonal i olika delar av landet. De erbjuder utbildning, material, dataprogram, speciella anpassningar och handledning (se till exempel www.dart-gbg.org eller www.certec.lth.se).

Under senare år har det utvecklats en mängd hjälpmedel för att personer med funktionsnedsättningar ska ha lättare att klara av vardagen. Ett exempel är handdatorer som kan programmeras att ange när det är dags för olika aktiviteter. För Villy som har svårt med tidsangivelser underlättade det mycket när han fick en klocka som med ljudsignaler och röda prickar visade hur lång tid det var kvar tills han skulle gå till skolbussen. Då behövde mamma inte längre ringa och påminna honom. Vid fyra pip steg han upp, klädde på sig och åt frukost, när det pep tre gånger visste han att han hade god tid kvar men vid två pip var det dags att borsta tänderna och ta på ytterkläderna. När det hördes ett pip måste han gå iväg. Om han glömde bort hur många gånger det pipit så kunde han titta på klockan och se hur många prickar det var kvar.

För elever med funktionsnedsättningar finns alltså hjälpmedel och anpassningar av olika slag beroende på typ och grad av funktionsnedsättning. Det finns också en mängd undervisningsprogram i olika ämnen. Man måste dock komma ihåg att det inte är tekniken eller programmet i sig utan det sätt det används på som utgör det viktigaste medlet.

Kontroll och stöd, ansvar och inflytande

Lärarens arbete kan antingen inriktas mot att huvudsakligen kontrollera elevers arbete eller mot att stödja utifrån olika elevers eller gruppers behov. Om arbetssättet bygger på korta avgränsade moment, med kontroll innan nästa moment får påbörjas, ges eleverna inte möjlighet att ta eget ansvar mer än inom det enskilda momentet. En stor del av skolpersonalens tid går då åt till att kontrollera och informera om nästa moment. Så är det när Inez klass arbetar med bokstäver. Läraren delar ut plastfickor med arbetsschema och det material eleverna ska arbeta med. Varje elev har sin egen plastficka. Den innehåller ett arbetsschema för bokstavsinlärning, där eleverna för varje bokstav ska gå igenom 5–7 moment och kryssa för när de är klara med ett moment. Läraren rättar åt alla efter varje moment och skriver antingen ett R eller klistrar en stjärna efter uppgiften. Vissa stunder är det många elever som väntar på att få rättat, innan de kan fortsätta med nästa moment. Andra elever väntar på att få hjälp. Den täta kontrollen gör att läraren inte har tid att ägna sig åt de elever som behöver extra stöd.

Om eleverna i en klass i stället förväntas ta ett större ansvar för sitt arbete och använda varandra som resurser, ökar lärarens möjligheter att ge individuellt stöd åt en enskild elev eller en grupp under en längre stund. I Runes klass är det så. Efter rasten sätter eleverna direkt i gång att arbeta med olika saker. Många börjar på Memoarboken och andra arbetar med Nordenhäftet. Läraren frågar Rune vad han tänker arbeta med. Han tar fram sitt Nordenhäfte, där han ska skriva fakta om Island.

Läraren sätter sig bredvid Rune och han läser texten om Island för henne. Det tar lång tid men hon sitter kvar hela tiden. När han läst klart pratar de om innehållet och när han ska skriva leder hon honom framåt genom att ställa innehållsfrågor. De andra eleverna arbetar enskilt eller tillsammans och det är lugnt hela tiden. Vid något tillfälle frågar en elev något snabbt, men när läraren svarat återgår hon till Rune. En elev får rådet att fråga någon som redan gjort den uppgift eleven håller på med. Läraren går inte runt och tittar i de andra rummen utan förutsätter att eleverna gör det de ska, vilket de också gör. Även om de tar en paus eller pratar om något annat ibland, återgår de snart till arbetet. Arbetspasset varar hela förmiddagen och var och en får ta en fruktpaus när de själva vill.

De beskrivna situationerna visar på två helt olika sätt att förhålla sig till lärarrollen och till elevernas lärande. Det handlar om kunskapssyn och resurser. Är det bara läraren som kan och vet och som kan värdera elevernas arbete, eller är det så att alla elever i olika sammanhang kan vara varandras resurser? Att få arbetet i en klass att fungera som i den sista situationen görs inte av sig självt och kan nog av många ses som en utopi. Det handlar om en lång process med ett enträget och målmedvetet arbete i små steg med att efter hand öka elevernas ansvar för sitt arbete. Det handlar om att tydligt visa vad man förväntar sig och sedan följa upp att det verkligen blir så. Det gäller också att anpassa ansvaret till elevers olika möjligheter att ta ansvar. Kanhända behöver någon elev, oavsett vilket arbetssätt som tillämpas, kontinuerligt ett personligt stöd?

Läraren skapar utrymme för att kunna stödja Rune genom att hon inte bara ser sig själv som en resurs. Hon visar genom sitt sätt att förhålla sig att alla kan vara varandras resurser i olika sammanhang. Det är viktigt att som lärare reflektera över när det är nödvändigt för elevernas lärande att kontrollera och följa upp, och när kontroll i stället begränsar och gör eleverna osjälvständiga och osäkra. I vissa situationer kan kontroll vara avgörande för det fortsatta lärandet. I matematik blir det särskilt tydligt, då både förståelse och procedurer är avgörande för om svaret på en uppgift blir rätt eller fel. Det är naturligtvis inte bra om uppgift efter uppgift görs på ett felaktigt sätt utan att vare sig eleven själv eller läraren upptäcker det.

John i årskurs 8 får inte den styrning och det konkreta stöd han behöver för att komma i gång med sitt arbete i träslöjden, vilket leder till att han bara försöker få tiden att gå. Han har bestämt sig för att göra en hylla för cd-skivor. Läraren säger att han då först får göra en ritning på hur han vill ha den. John sätter sig och ritar lite men kör snart fast. Han säger att han har ont i huvudet och går ut en stund. När han kommer tillbaka börjar han rita igen men fastnar snart, då han inte vet måtten på en cd-skiva. Han går runt lite och knölar sedan ihop papperet. Alla andra inklusive läraren är helt sysselsatta och han får ingen konkret hjälp på hela tiden. Han driver runt och pratar tills lektionen är slut.

Att möjliggöra elevers ansvarstagande och inflytande över det egna skolarbetet är viktiga mål att sträva mot enligt styrdokumenten. Arbetssätt och förhållningssätt måste dock anpassas till elevers individuella förutsättningar och behov. Om Rune i exemplet ovan lämnats åt sig själv och förväntats ta lika mycket ansvar för sitt arbete som de andra eleverna, så hade det antagligen inte blivit mycket gjort. Om vi jämför Johns arbetssituation med Runes, så är det lätt att konstatera att det konkreta stöd Rune får skulle John också ha behövt. En del elever behöver mycket konkret igångsättningshjälp och sedan få möjlighet att dela upp arbetet i korta avgränsade moment. Andra behöver endast lite ledning vid kritiska moment och vissa klarar sig i stort sett själva. Därför blir det inte bra att tillämpa ett generellt arbetssätt för alla elever i en klass.

Johns lärare menar att det är viktigt att låta elever ta ansvar och bestämma mycket själva, eftersom de blir mer kreativa och aktiva då. Han säger att han har gett upp vad gäller John och att det inte är någon idé att försöka få honom att göra något. Läraren bemöter alla elever på samma sätt och har inga alternativa strategier när det inte fungerar som han förväntar sig. Frågor man kan ställa sig är om John hade varit mer motiverad om han fått konkret stöd. Han visste vad han ville göra men kom inte i gång, för han visste inte *hur* han skulle göra. Huvudvärk och strategier för att få tiden att gå blev resultatet. Det gäller alltså att anpassa både graden av struktur och stöd till olika elevers behov och förutsättningar.

Social samvaro

Att främja elevers lika rättigheter att delta i social samvaro är en betydelsefull uppgift för alla lärare. Enligt den värdegrund som gäller för den svenska skolan är det viktigt med ett målinriktat arbete, för att utveckla elevernas medvetenhet om vikten av att alla ska få vara med i gemenskapen och att ingen ska utsättas för kränkande behandling. Man kan arbeta på många olika sätt för att skapa ett klimat i klassen där alla tar ansvar för varandra, så att ingen utestängs från gemenskapen.

Astrid är lärare i årskurs 1. Efter lunchrasten en gång i veckan initierar hon ett samtal om vad det innebär att vara en bra kamrat. Eleverna får först fyra frågor som de var och en ska tänka igenom svaret på:

1. Har du gjort någon glad på rasten?
2. Har någon gjort dig glad?
3. Har du sett någon som var ensam?
4. Är det någon av er som känt sig ensam?

När eleverna funderat en stund förs ett samtal, som eleverna tar på stort allvar. En elev har känt sig ensam och de pratar om det och att alla ska tänka på det till nästa rast. Syftet med att regelbundet uppmärksamma dessa frågor är att eleverna efter hand ska införliva dem i sitt förhållningssätt till andra i olika sammanhang och grupperingar.

Elever som tillbringar den mesta tiden i en särskild undervisningsgrupp riskerar att bli isolerade från de övriga eleverna i skolan om det inte finns naturliga eller arrangerade mötesplatser. I en skola får elever från den ordinarie klassen komma till den särskilda undervisningsgruppen, för att de elever som är där stadigvarande ska få fler sociala kontakter. En flicka med grava motoriska funktionsnedsättningar är i gruppen hela skoldagarna. Hon kommunicerar endast med enstaka tecken. När tre flickor från den stora klassen kommer på besök vidgas samtalsämnena till upplevelser som är okända för henne. Med stöd av lärarna blir hon dock delaktig i samtalet.

Som lärare bör man medvetet arbeta för att alla elever, oavsett funktionsnedsättning eller annan problematik, ska få möjlighet att känna sig delaktiga i gruppens arbete och gemenskap. Det måste göras på olika sätt beroende på vilken elevgrupp det handlar om. Det är en stor pedagogisk utmaning att till exempel få elever med små möjligheter till kommunikation att delta i samtal och gemensamma beslut. Läraren måste här inta en aktiv roll som samtalsledare för att få alla delaktiga. Det kan till exempel handla om hur frågor ställs. Ja- och nej-frågor kan få en elev som annars inte kan delta att vara delaktig i beslut.

En kritisk situation är när elever ska arbeta i par eller i större grupper. Att helt överlåta åt eleverna själva att välja samarbetspartners kan förstärka utanförskapet för vissa elever. Utifrån sina tidigare erfarenheter utvecklar elever olika strategier för att hantera svåra situationer. En del elever väljer själva att arbeta ensamma när ingen vill vara med dem, och andra ber läraren att hjälpa dem så att de får vara med i en grupp. När det finns elever som inte spontant blir valda är det bättre att läraren styr gruppindelningen. Att låta elever välja grupp förstärker de grupprocesser som redan finns i gruppen. Huvudregeln bör vara att läraren ansvarar för gruppindelningen. En medveten gruppindelning är ett bra redskap för att förebygga och förhindra trakasserier och annan kränkande behandling och skapa gott gruppklimat.

Verklighetsanknutet lärande

Att förbereda elever för kommande vuxenliv utgör ett allt viktigare inslag ju äldre eleverna blir. Det innebär bland annat att stödja eleverna att utveckla en realistisk syn på sig själva och sina möjligheter och begränsningar. Alla kan inte bli fotbollsproffs eller världsmästare i schack. Det är en svår balansgång att få elever med funktionsnedsättningar att tro på sig själva och att samtidigt se sina begränsningar.

Carl som har grava fysiska funktionsnedsättningar och sitter i rullstol älskar att titta på polisserier i tv. Han vill bli polis och åka runt i radiobil och jaga tjuvar, säger han. Lärarna bjuder in kvarterspolisen som berättar om vad det innebär att vara polis och olika uppgifter på en polisstation. I samtalet med polisen kommer Carl själv fram till att han nog inte kan arbeta som polis men att han kan arbeta inne på polisstationen med något som inte kräver att man behöver röra sig. Carl inser alltså genom att möta en representant för det yrke han vill välja, att hans funktionsnedsättningar omöjliggör det valet, men han får också ett alternativt förslag.

I den gymnasiesärskola som driver en lunchrestaurang får eleverna arbeta på riktigt och ta ett reellt ansvar. De ansvarar för hela verksamheten tillsammans med skolpersonalen. Klockan 11.30 kommer cirka trettio gäster. Lärarna instruerar och kommenterar under arbetets gång, så att de situationer som uppstår blir lärandesituationer. Eleverna tänker till exempel inte alltid på att deras främsta uppgift när det sitter gäster i restaurangen är att passa upp gästerna. En flicka som ska servera står vänd med ryggen mot disken och när en gäst vill ha kaffe ser hon inte det. När läraren påpekar det säger gästen: »Jag kan ta själv.«, varpå flickan säger till läraren: »Han tar ju själv säger han ju.« Det blir också ordväxling mitt framför gästerna mellan två flickor om vems tur det är att servera. Läraren förklarar varför man inte kan göra så och vad det får för inverkan på gästerna när de hör ordväxling och bråk från köket. Eleverna lyssnar uppmärksamt och säger att de inte tänkt på det. Lärarna har hela tiden ögon överallt utan att det märks och de griper inte in förrän något är på väg att gå snett – men likväl innan det är för sent. De förklarar varför vissa saker är viktiga att tänka på, vilka konsekvenser det får när något missas och så vidare.

Båda exemplen visar på ett verklighetsanknutet eller autentiskt lärande. Med det menas att man försöker arrangera situationer som så långt möjligt liknar det som gäller i livet utanför skolan. Carl får inblick i vad polisyrket innebär och eleverna i restaurangen får insikt i de olika arbetsuppgifterna i en restaurang. För att inte det som görs i skolan ska uppfattas som något som inte har med livet utanför att göra, är det viktigt att försöka anknyta undervisningen till verkliga situationer. När det är möjligt bör man resonera med eleverna om när och på vilket sätt man har användning för de moment som behandlas i skolan. På så sätt utvecklar eleverna kunskaper för livet och inte bara för skolan.

Planering och utvärdering

Att låta elever själva planera och utvärdera sitt arbete utgör medel för att de ska reflektera över sitt eget lärande samt utveckla ett aktivt ansvarstagande för det egna arbetet. Ett målmedvetet arbete med att få elever att reflektera över sitt lärande är väl använd tid. För en del elever räcker det inte alltid med instruktioner som ges till hela klassen samtidigt. De behöver en mer personligt anpassad uppföljning. Det gäller till exempel för Sofia.

Specialläraren och Sofia träffas i grupprummet vid sidan av klassrummet under sista lektionen för uppföljning av dagens arbete. Sofia får berätta om vad hon arbetat med och hur hon tycker att det har gått. »Jag skulle göra en tankekarta men det var svårt. Men det var roligt att läsa och skriva. Vill du höra vad jag skrivit?« När hon läst och de pratat om innehållet återknyter specialläraren till Sofias kommentar om tankekartor. Hon frågar om Sofia kommer ihåg att de tittat i kursplanen och vad de bestämt i klassen. Sofia kommer ihåg att de bestämt att klassen ska arbeta med tankekartor, men hon vet inte riktigt vad en tankekarta är och vad man ska ha den till. De för ett långt samtal om det och gör tillsammans en tankekarta över vad Sofia ska arbeta med nästa dag när det är eget arbete. Hon tar med sig tankekartan in i klassrummet och lägger den överst i bänken. Förhoppningsvis får hon användning av den nästa dag.

Exemplet visar på betydelsen av att arbetssätt och förhållningssätt anpassas till förutsättningar, behov och intressen hos eleverna i den aktuella elevgruppen för att de ska ges så bra möjligheter som möjligt till delaktighet och lärande.

Aktiviteter och sammanhang

Aktiviteter är moment i en målinriktad verksamhet. De kräver aktivt deltagande av olika aktörer, exempelvis lärare och elever. Aktiviteter är konkreta yttringar som har innehåll och struktur, syfte och inriktning och de ingår i ett sammanhang. Det specifika sammanhanget är unikt för varje enskild skolsituation. En observatör på tillfälligt besök får endast tillgång till fragment av det sammanhang olika situationer ingår i. Aktiviteter och sammanhang som tas upp här handlar främst om den enskilda lektionen, temat eller skoldagen.

Ett konkret uttryck för hur tiden i skolan används är schemat som strukturerar skolveckans dagar i lektioner, raster, måltider och övriga aktiviteter.

Lektioner och raster

I grundskolan är det vanligt med en traditionell indelning av skoldagen med tydliga gränser mellan lektioner och raster.

I grundsärskolan är en traditionell indelning av skoldagen vanlig, förutom i träningsskolan. Verksamheten i träningsskolan utgör ofta en integrerad helhet med mer flytande gränser mellan olika aktiviteter. Eleverna i träningsskolan har också större tillgång till skolpersonal under hela skoldagen. I grupper där elever med grava funktionsnedsättningar ingår, upptas en del av tiden under skoldagen av vård, behandling och omsorg samt av att hantera hjälpmedel av olika slag. Det förekommer många olika sorters hjälpmedel i vissa grupper, så det gäller för personalen att veta hur de ska användas för varje elev.

I gymnasiesärskolan är fördelningen mellan teoretiska ämnen och yrkespraktik den mest framträdande indelningen. Det kan vara teori på förmiddagarna och praktik på eftermiddagarna eller också hela dagar med teori respektive praktik. I vissa skolor finns inte denna tydliga uppdelning utan det mesta arbetet sker i temaarbeten, där både teori och praktik ingår samtidigt. Arbetspassens längd varierar med den typ av aktiviteter som förekommer och uppdelningen mellan lektioner och raster är ibland flytande, speciellt under praktikmomenten. Personalen står till elevernas förfogande under hela skoldagen och umgås med eleverna när de tar paus. Samvaron påminner ofta om den som förekommer mellan arbetskamrater på samma arbetsplats.

Många elever med funktionsnedsättningar är, som tidigare nämnts, ensamma på rasterna, då de inte spontant deltar eller hänger med övriga elever i lekar och fysiska aktiviteter. Då befinner de sig ofta i närheten av aktiviteter som pågår men vid sidan av och deltar inte aktivt. Ett typiskt beteende från dessa elevers sida är att de gärna umgås med de vuxna som är ute på skolgården. För att få med alla elever i gemenskapen på rasten kan en elevassistent eller lärare delta i olika aktiviteter eller initiera lekar med flera elever. Detta fungerar bra med yngre elever men är svårare med de äldre, då de kanske inte vill att en vuxen ska vara med. Aktivt vuxenstöd på raster rekommenderas dock i alla grupper, där någon elev riskerar att hamna utanför gemenskapen. Det är vanligare i särskolan än i grundskolan. Speciellt i träningsskolan är det viktigt att vuxna finns med som stöd vid rastaktiviteter.

I Solskolan deltar en praktikant när eleverna i grundsärskolan spelar fotboll på planen bakom skolan. Inga elever från grundskolan är med från början men efter en stund kommer några pojkar och tar bollen och börjar passa till varandra. Praktikanten försöker få alla att vara med men det fungerar inte. Eleverna från särskolan tröttnar då de nästan aldrig hinner få tag i bollen. Praktikanten tycker att det känns fel, men säger till slut till grundskoleeleverna att det är särskolans boll och de går därifrån. Här ser vi ett exempel på något som med en tydligare styrning skulle kunna bli en rolig gemensam aktivitet för alla elever. Kanske behöver vissa regler anpassas så att alla kan delta på lika villkor.

Måltider

Måltidssituationer kan präglas av en trivsam samvaro i lugn miljö eller vara stimmiga och röriga med många elever och ont om tid. En del elever med funktionsnedsättningar får svårigheter i måltidssituationer. Situationen kring måltidsarrangemang är en ofta återkommande diskussionspunkt på många personalmöten.

I Hannas klass förväntas eleverna vara tysta under måltiden och de hyssjar på varandra, när någon pratar. För att eleverna inte ska stressa varandra har man bestämt att ingen får gå förrän alla är klara. Det blir inte så bra för Hanna. Hon äter väldigt långsamt på grund av att hon har så smal gom och bara kan få in lite mat i taget i munnen. De övriga vid bordet är klara men de sitter tyst och väntar på henne. Till slut säger läraren att de andra kan gå och att hon kan vänta på Hanna. Hanna väljer då att inte äta upp, för att hinna ut med de andra på rasten.

Det är ett svårt dilemma att avgöra vilket som är det bästa förhållningssättet i en situation som denna. Om eleverna får lämna matsalen innan alla ätit upp riskerar några att bli utelämnade i den kommande leken på rasten, då de inte är med från början. Om de elever som är klara däremot får sitta kvar och vänta på samma elev vid varje måltid kan det få till följd att den eleven känner sig utpekad och stressad. Det är viktigt att observera och reflektera kring hur måltidssituationen ser ut och upplevs av olika elever samt att vid behov göra förändringar så att det blir så bra som möjligt för alla elever.

Övergångar, förflyttningar och transporter

Skoldagen innehåller många övergångar mellan aktiviteter och överlämnanden mellan olika lärare och andra personalkategorier. I de fall elever behöver stöd i dessa situationer krävs en noggrann planering. För att elever som har en begränsad omvärldsuppfattning ska uppleva en känsla av sammanhang är det viktigt hur fysiska och psykiska övergångar mellan olika miljöer och aktiviteter genomförs. Elever bör förberedas och göras delaktiga i det som ska ske, för att det ska kännas meningsfullt för dem. Så är det för Lisa som har motoriska funktionsnedsättningar. Talpedagogen kommer in i klassrummet och sätter sig bredvid Lisa. Hon tittar på en stund medan Lisa arbetar i en bok med bokstäver. Efter en stund frågar hon: »Kommer du ihåg att vi spelade ett spel förra gången jag var här? Vill du att vi ska spela klart det i dag? Sen har jag med mig en bok som jag tänkte vi ska läsa i. Ska vi gå in i mitt rum och göra det?« Lisa nickar förväntansfullt och släpper bromsen på rullstolen. De försvinner ut.

Talpedagogens bemötande gör att Lisa själv tar initiativet till att byta aktivitet. Ett annat sätt är att den personal som ska lämna över följer med och stannar en stund och deltar i den nya aktiviteten. Om skola och fritidshem ligger i direkt anslutning till varandra har personalen i de två verksamheterna möjlighet att träffas när eleverna övergår från den ena verksamheten till den andra. De kan då medverka till en mjuk övergång.

Något som också har betydelse för elevers välbefinnande är att transporter till och från skolan fungerar på ett tryggt sätt. De flesta elever i särskolan och elever med fysiska funktionsnedsättningar åker skolskjuts mellan hemmet och skola/fritidshem. När elever själva har svårt för att uttrycka sig är det viktigt att kommunikationen mellan föräldrar, chaufförer och skolpersonal fungerar.

Syfte och inriktning

I en målinriktad verksamhet bör syftet med olika aktiviteter och det sammanhang de ingår i framgå i skriftliga dokument men också i skolpersonalens uttalanden och i det konkreta arbetet. Om eleverna vet varför de ska genomföra en uppgift, har de lättare att känna motivation. I åtgärdsprogram och kursbeskrivningar kan det vara tydligt uttryckt.

I Bergskolan arbetar man temainriktat. Eleverna i årskurs 7 ska starta ett tema om bröd. Eleverna får en kursbeskrivning som innehåller tydligt uttalade mål och vad som krävs för att man ska bli godkänd. I kursbeskrivningen står det: »Under de här kursveckorna kommer du bl.a. att få ta del av livet i en bondby på 1800-talet, få lära dig om jordbrukets ekologiska och tekniska utveckling, jäsningsprocesser och att baka själv. (– – –) För att bli godkänd på kursen krävs att du gör alla obligatoriska uppgifter, läser läxor och deltar aktivt på genomgångar, i gruppdiskussioner och på redovisningar.« Därefter följer en specificerad beskrivning av vad som krävs för godkänt i de ämnen som ingår i temat: SO, svenska, NO, teknik och hemkunskap. Kursbeskrivningen innehåller också en veckoplanering av kursen, som sträcker sig över sju veckor. Syftet är att utveckla elevers medvetenhet, ansvarstagande och självständighet. Arbetet riktas mot processen och att eleverna ska lära sig något mer än det innehållsliga.

Det är dock inte ovanligt att syftet är mindre uttalat eller underförstått i praktiken. Om syftet med aktiviteter och skolpersonalens agerande är diffust finns risk för att elever genomför olika procedurer utan att veta varför de gör det, och arbetet inriktas mot produkten – att det ska bli fint eller rätt. Så är det för Rosa. Eleverna har individuellt arbete och Rosa river ut allt som finns i bänken för att leta efter något. När assistenten får syn på hur mycket det är i bänken tar hon ut allt och börjar sortera papper. Rosa flyttar sig till en annan bänk och börjar arbeta med matematik. Under tiden slänger assistenten en del av Rosas papper, sparar andra och sätter in i pärmen utan att fråga Rosa hur hon vill ha det. Bland annat slänger hon två påbörjade teckningar. Eleven är i detta fall inte alls delaktig utan kommer tillbaka till en fint iordninggjord bänk, där en vuxen självsvåldigt avgjort vad som är värt att spara.

Ytterligare exempel på ett oklart syfte är Sofias datalektion. Sofia, som har en synnedsättning, skriver av en finstilt text om delfiner. Hon har svårt för att flytta blicken mellan texten, tangentbordet och skärmen, och att hitta det ställe hon ska titta på. Det tar längre och längre tid mellan orden och hon blir alltmer okoncentrerad. Varför inriktas aktiviteten på att skriva av en finstilt text? Om det är för att hon ska lära sig fakta om delfiner, så hindrar avskrivandet Sofias lärande. Om det är för att hon ska träna dataskrivning, så går kraften åt till att hitta rätt i texten. Om det däremot är för att hon ska träna avskrift av finstilt text, då uppfyller aktiviteten sitt syfte. Den troligaste förklaringen är att det inte finns något genomtänkt syfte. Praktikanten, som leder datalektionen, har ingen pedagogisk utbildning och har inte fått information om Sofias synproblem eller hur det yttrar sig. Syftet med lektionen är oklart och aktiviteterna är inte anpassade till Sofias behov och förutsättningar, och inte heller till hennes intressesfär.

De beskrivna exemplen visar att det är viktigt att göra medvetna pedagogiska ställningstaganden vid val av aktiviteter i relation till elevers förutsättningar och att man som lärare noga funderar igenom vad man vill uppnå med de aktiviteter som förekommer i skolan.

Kritiska situationer och aktionslärande

Under en skoldag eller en lektion kan olika återkommande situationer eller händelser urskiljas. Vissa av dessa situationer är till sin karaktär sådana att de riskerar att bli problematiska i något avseende. En sådan *kritisk situation* uppstår när något oväntat inträffar, något som bryter ett pågående skeende och synliggör förhållanden som annars är osynliga.

Kritiska situationer är allmänt förekommande i skolan och utgör grundläggande inslag i all pedagogisk verksamhet. Liknande händelser yttrar sig dock på helt olika sätt, bland annat beroende på hur de hanteras i det pedagogiska arbetet. Hur dessa händelser hanteras får konsekvenser för elevers möjligheter till delaktighet och lärande i den sociala gemenskapen i klassen eller gruppen. Det blir speciellt avgörande i grupper där det finns elever som är i behov av särskilt stöd. Följande olika typer av tillfällen i det pedagogiska arbetet riskerar att utvecklas till kritiska situationer:

- kollektiva uppmaningar och instruktioner
- självständigt arbete
- tillämpning av tidigare kunskaper i nya sammanhang
- socialt samspel utan ledning
- gruppindelning och grupparbete utan tydlig ledning och instruktion
- byten av personal eller aktiviteter som inte förberetts
- övergångar mellan aktiviteter
- när elever tvingas lämna klassens/gruppens gemenskap exempelvis för specialundervisning
- när olika vuxna ger olika instruktioner eller uttrycker olika uppfattningar
- när alla elever förväntas göra samma uppgifter på samma tid
- när uppgifter inte anpassats till elevens förmåga, utvecklingsnivå och erfarenheter
- när miljön blir ostrukturerad genom olika aktiviteter, ljud och rörelse
- när information och samarbete inte fungerar.

De kritiska situationerna ovan har identifierats i en forskningsstudie (Jakobsson, 2002). Respons från lärare tyder dock på att situationerna är ganska generella. De finns med här för att inspirera dig som lärarstuderande eller verksam lärare att göra din egen lista över de kritiska situationer som förekommer i den skolverksamhet du kommer i kontakt med under utbildningen eller där du är verksam. Kritiska situationer kan användas som utgångspunkt för ett aktionsinriktat förhållningssätt som utvecklar det pedagogiska arbetet.

Aktionsforskning eller aktionslärande har använts som metod vid kompetensutveckling och utvecklingsarbete i många skolor. Det har beskrivits i flera böcker (se till exempel Rönnerman, 1998; 2004). Att inta ett aktionsinriktat förhållningssätt menar vi är ett verksamt specialpedagogiskt verktyg. Det kan beskrivas som en spiral där man utvecklar den egna verksamheten genom att planera, agera, observera och reflektera. Utifrån reflektionerna kring utfallet av det man gjorde går man sedan vidare i en ny plan, aktion, observation och reflektion och så vidare. På så sätt utvecklas den pedagogiska praktiken kontinuerligt genom medvetna ställningstaganden som bygger på det som sker i den konkreta praktiken. Aktionslärande kan användas såväl av en enskild lärare som gemensamt i arbetslaget. Det handlar om att utveckla den egna praktiken och den fråga som ställs är: »Hur ska jag eller vi bli bättre på att ...?«. Vid reflektionen är det bra med en »kritisk vän«, som står lite utanför och ställer de kritiska frågorna som den/de inblandade kanske inte tänker på. Den kritiska vännen kan till exempel vara en specialpedagog.

När du har gjort din egen lista väljer du en kritisk situation där det inte fungerar bra. Tänk igenom hur du som pedagog brukar agera och hur det blir. Fundera på om du kan göra på något annat vis och gör en plan för ett alternativt handlingssätt. Agera på det planerade sättet. Observera hur det gick och reflektera kring det i förhållande till hur du gjorde tidigare. Blev det annorlunda? Om det inte blev bättre gör du en ny plan och prövar dig på så sätt fram tills du förhoppningsvis hittar något som du blir nöjd med. Planera, agera, observera och reflektera i en fortgående spiral som förhoppningsvis leder till att det fungerar bättre. Detta sätt att förhålla sig till den egna praktiken kan så småningom bli ett grundläggande förhållningssätt som gör att du (vidare)utvecklas till en lyhörd och reflekterande pedagog, som arbetar utifrån medvetna val och strategier.

FÖRSLAG TILL REFLEKTION

- Vad ska kartläggas och dokumenteras i samband med en utredning inför åtgärdsprogram?
- Hur kan kartläggning och dokumentation göras dynamiskt och leda till pedagogisk utveckling både för verksamheten och för individen?
- Vilka budskap förmedlar olika stödformer till elever? Vilken betydelse har det hur stödet ges?
- På vad sätt kan skolans miljö och organisation skapa funktionshinder?
- Tänk på en verksamhet: Hur märks det konkret att målen är vägledande i alla de aspekter som beskrivs som skolans (special)pedagogiska verksamhet?
- Hur bidrar de olika aspekterna till elevers kunskapsmässiga, känslomässiga och sociala utveckling?
- Hur kan eleverna känna till målet/målen och hur kan de själva värdera sin egen måluppfyllelse?
- I vilka sammanhang kan särbehandling vara av ondo respektive nödvändig? Kan du ge några exempel?
- Hur kan man skapa balans mellan för höga krav och för lågt ställda förväntningar på elever med funktionsnedsättningar?
- Hur fångar man upp elevers egna upplevelser av hur undervisningen fungerar och deras förslag till förbättringar? Från vilka åldrar är det möjligt?
- Vilka kritiska situationer känner du igen i skolpraktiken? Hur har ni hanterat dem?

AVSLUTNING – HUR GICK DET FÖR AGNES?

DET ÄR NU dags att knyta ihop innehållet och väcka tankar kring hur den modell som byggt upp strukturen i boken (se figur 1, s. 311) kan användas som praktiskt pedagogiskt analysverktyg i skolan. Modellen ger en samlad bild av olika påverkansfaktorer samt kommunikation, relationer och samverkan av betydelse i skolsituationer. Vi återvänder till beskrivningen av Agnes skolsituation.

»Att du inte förstår beror på din sjukdom«, sa en frustrerad och stressad lärare till Agnes, en elev som har fått en medicinsk diagnos. Vad beror det på att Agnes har svårigheter i matematik? Kan det förklaras utifrån brister i hennes individuella förutsättningar eller beror det på förhållanden i skolsituationen eller på förhållanden utanför skolan?

Svaret skiftar utifrån vilket perspektiv vi betraktar problemet. Vi kan se det som ett individproblem som enbart ligger hos eleven. Svårigheterna kan då härledas till elevens funktionsnedsättningar. Vi kan också se det som ett pedagogiskt problem. Elevens svårigheter beror då på att läraren inte har anpassat undervisning och uppgifter till elevens behov och förutsättningar. Eller är det ett samverkansproblem mellan hem, sjukvård och skola? Skolan har inte fått tillräckligt med information för att kunna ge Agnes det stöd hon behöver. Ytterligare ett tänkbart perspektiv är att se det som ett samhällsproblem. Skolan har inte fått de förutsättningar som behövs för att skapa en bra pedagogisk verksamhet för alla elever. Det är också möjligt att beakta flera olika perspektiv samtidigt och relationerna mellan dem för att därigenom få en mångsidig och fördjupad förståelse. Det har vi försökt göra rakt igenom denna bok med hjälp av konkreta exempel med anknytning till aspekterna i de olika modulerna i tankemodellen. Den hjälper oss att få en helhetsbild av det som inverkar på Agnes skolsituation.

En specialpedagog var knuten till det arbetslag som ansvarade för arbetet i Agnes klass. Vid ett möte, då lärarnas frustration över Agnes svårigheter i flera ämnen diskuterades, bestämdes att specialpedagogen skulle göra en kartläggning för att få en allsidig bild av Agnes skolsituation. Specialpedagogen deltog därför som observatör under flera lektioner och samtalade med Agnes, lärarna och hennes föräldrar om hur de upplevde situationen. Hon lät Agnes läsa texter, och samtalade med henne om innehållet, skriva berättelser och lösa uppgifter i matematik. Hon kompletterade också med några standardiserade tester och färdigt kartläggningsmaterial för att ta reda på Agnes kunskaper i svenska och matematik. Specialpedagogens samlade analys av kartläggningen presenterades sedan för arbetslaget.

Analysen visade bland annat på det som står i bokens inledning. Många uppgifter var för svåra och inte anpassade till Agnes kunskapsnivå. Lärarna hade sällan tid att ge henne det stöd hon behövde, då det var många elever i klassen som behövde mycket hjälp och det sällan var mer än en lärare i klassrummet. När många väntade på hjälp blev det stimmigt och Agnes hade då svårt att koncentrera sig. Det problem Agnes upplevde som värst var att ingen i klassen valde att arbeta tillsammans med henne och hon oroade sig därför för detta när det förväntades att eleverna skulle arbeta i grupp. »Varför kan inte lärarna bestämma vilka som ska arbeta tillsammans i stället för att vi ska välja själva?« undrade hon.

Efter diskussion i arbetslaget kring resultatet av specialpedagogens utredning, var lärarna överens om att en del förändringar behövde göras. För att skapa en bra skolsituation för Agnes måste lärandemiljön och det pedagogiska bemötandet anpassas bättre till hennes individuella förutsättningar. En lugn och strukturerad lärandesituation med uppgifter anpassade till Agnes utvecklingsnivå samt stöd av en vuxen i gruppsituationer sågs som en absolut nödvändighet. Resurserna skulle omfördelas, så att det var två lärare i klassrummet under matematiklektioner och vid igångsättning av grupparbeten. Specialpedagogen skulle dessutom anhålla hos skolledningen om att utöka lärarresursen i klassen under resten av läsåret.

Specialpedagogen skulle hjälpa lärarna med anpassning av uppgifter och regelbundet utvärdera tillsammans med Agnes. Hon skulle också handleda lärarlaget utifrån situationer som uppstod med syftet att skapa ett gemensamt förhållningssätt och utveckla det pedagogiska arbetet i klassen. Det bestämdes att alla lärare skulle styra all gruppindelning och att de tillsammans med specialpedagogen skulle planera och genomföra ett tema om relationer och kamratskap med anknytning till skolans likabehandlingsplan. En mer långsiktig satsning var att två lärare skulle ges tillfälle att delta i en kurs på högskolan om matematiksvårigheter och en annan om sociala relationer och konflikthantering. Alla var överens om att det som bestämts gagnade alla elever i klassen.

Agnes och hennes föräldrar kallades till ett utvecklingssamtal. Specialpedagogen presenterade vad hon kommit fram till och vad lärarna diskuterat. En dialog följde och Agnes framförde sina synpunkter. Föräldrarna var positiva till det som föreslogs men ville i lugn och ro prata om det hemma, så därför bestämdes ett nytt möte en vecka senare. Efter det andra mötet sammanfattade specialpedagogen de planerade åtgärderna i ett förslag till åtgärdsprogram, där det framgick vem som ansvarade för vad och när och hur det skulle utvärderas. Alla berörda fick tillfälle att läsa igenom det och ge respons, och när det var färdigt fick de var sin kopia av åtgärdsprogrammet för att kunna ha innehållet aktuellt.

Vanligen samverkar ett flertal faktorer på olika nivåer till att skapa det vi uppfattar som problematiskt i skolan. Det framgår av många exempel i boken. I nyutkommen pedagogisk litteratur bli det alltmer vanligt att inte utgå från att problem är kopplade enbart till vissa individer, diagnoser eller funktionsnedsättningar, utan snarare till hur undervisningen är upplagd och hur pedagoger förhåller sig till alla olika elever. Den danske psykologen Bo Hejlskov Jørgensen (2009) ger kraftfullt uttryck åt en sådan uppfattning, när han säger att människor som *kan* uppföra sig, gör det. Även Ross Greene (2009) uttrycker genomgående uppfattningen att barn alltid gör så gott de kan. Dessa två kan tjäna som exempel på att vi främst ska rikta ljuset både mot hela den pedagogiska situationen och mot oss själva när problem uppstår.

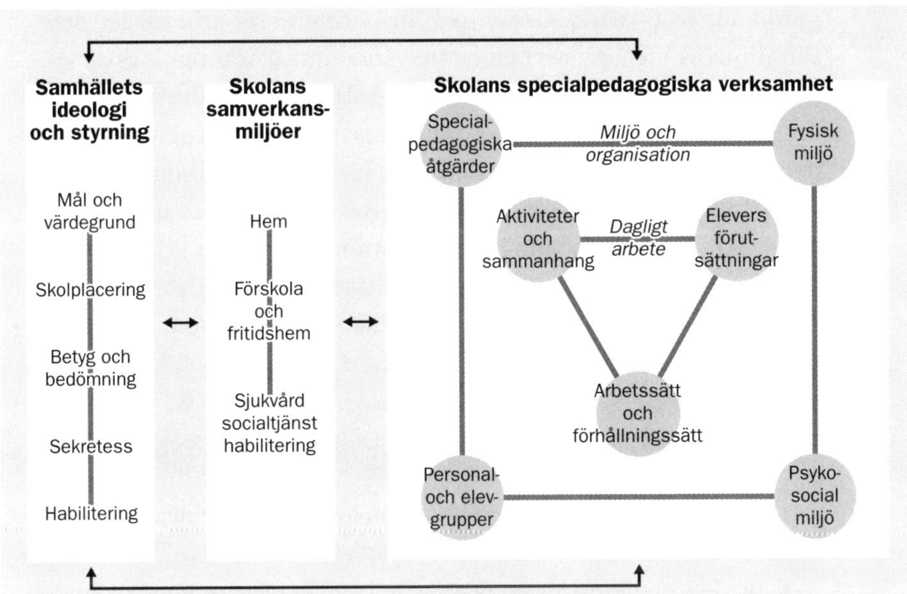

Figur 1: Kommunikation, relationer och samverkan i skolsituationer (Jakobsson, 2002, s. 156).

Helhetsmodellen (figur 1) kan användas som tankeredskap vid kartläggning och analys av de faktorer som samverkar i en pedagogisk verksamhet. Den hjälper de inblandade att få syn på och reflektera kring vad det är som styr hur det ser ut i en skola, i en klass, i en specifik situation eller för en enskild elev. Förståelse av hur olika aspekter påverkar och inverkar på varandra, gör det lättare att utveckla och förändra. De aspekter som står i rutorna i modellen ska absolut inte betraktas som fasta. De varierar utifrån det som är framträdande i olika situationer. Modellen kan användas för att kartlägga en enskild elevs skolsituation eller situationen för en grupp eller klass. De olika modulerna fylls med de företeelser som är relevanta i den aktuella situationen. Att tydliggöra vad som inverkar på olika nivåer kan bidra till en större medvetenhet om vilka förändringar och åtgärder som bör göras för att utveckla det pedagogiska arbetet.

I exemplet Agnes bidrar specialpedagogens kartläggning och analys till ett sådant tydliggörande. Analysen bildar sedan utgångspunkt för fortsatt diskussion och planering inom arbetslaget och tillsammans med Agnes och hennes föräldrar. Förhoppningsvis leder det till ett gemensamt förhållningssätt och en medvetenhet om vad som inverkar, vad som bör förändras och på vilket sätt. Ofta är det en bra lösning om någon som står lite utanför, till exempel en specialpedagog som i Agnes fall, är involverad i arbetet under hela processen. En förutsättning för verksamma resultat är ett bra samarbete inom arbetslaget där specialpedagogen kan fungera som en »kritisk vän« och leda samtalen vid gemensam reflektion, planering och utvärdering.

FÖRSLAG TILL REFLEKTION

- Vilken nytta kan yrkesverksamma ha av en teoretisk modell/tankemodell för att analysera sin verksamhet?
- Hur kan du beskriva den verksamhet du har mest erfarenhet av enligt modellens olika delar?
- Utgå från modellen och fundera på starka sidor och områden som behöver utvecklas i verksamheten, särskilt i förhållande till elever med funktionsnedsättningar.

SLUTORD

VI HANDLAR UTIFRÅN hur vi förstår något och om det finns olika sätt att förstå så finns det också olika handlingsalternativ. Om vi har en mångfasetterad och nyanserad förståelse som bygger på information utifrån olika perspektiv, ser vi fler handlingsalternativ. Det gäller alltså att ha en öppen och utforskande hållning, att inte »fastna i« en enda förklaringsmodell, när det uppstår utmaningar. En mångsidig analys ger bredare underlag för handlandet.

Den här boken visar på komplexiteten i det som sker i skolan. Inom pedagogisk verksamhet finns det ingen metod som gäller i alla sammanhang, då det är så många olika faktorer som inverkar. Art och grad av funktionsnedsättning är, som framförts, till exempel inte helt avgörande för en elevs lärande och delaktighet. En elev kan få svårigheter i en viss lärandemiljö, klass, grupp eller specifik lärandesituation men inte i en annan.

Specialpedagogik är att använda all information man kan få från olika håll för att söka den optimala lösningen. Det innebär att man behöver förstå mycket av helheten runt en individ och samspelet mellan olika faktorer som inverkar. Vår avsikt med den här boken är att skapa handlingsberedskap för lärare att kunna kartlägga, analysera och reflektera kring utmanande undervisningssituationer på ett allsidigt sätt. Vi menar att detta är grunden för förståelse, ett insiktsfullt bemötande samt planering och genomförande av undervisning som tar tillvara alla elevers utvecklingsmöjligheter.

TACK

VI VILL TACKA Natur & Kultur för priset som bästa kurslitteratur inför framtidens lärarutbildning och Lena Forssén, Jenny Toll, Theres Lagerlöf och Carl Sahlin på förlaget för ett gott bemötande och samarbete samt ett professionellt förhållningssätt under hela skrivprocessen.

Ett stort tack till Susy Forsmark som skrivit avsnittet om matematikutveckling i kapitel 4. Susy är fil.mag. i specialpedagogik och universitetsadjunkt vid Göteborgs universitet, institutionen för pedagogik och specialpedagogik.

Vi vill också tacka Ann Ahlberg, Ulla Alexandersson, Kerstin Fellenius, Ingemar Gerrbo, Ingrid Johansson, Jari Linikko, Johan Malmqvist, Anita Pehrsson och Anna-Karin Schuller för noggrann läsning av vår framväxande text, kritiska kommentarer och goda råd.

REFERENSER

FÖRORD

SOU 2008:109. *En hållbar lärarutbildning*. Betänkande av Utredningen om en ny Lärarutbildning (HUT 07). Stockholm: Utbildningsdepartementet.

INTRODUKTION

Heimdahl Mattson, E. (2001). *Statliga specialpedagogiska stödinsatser för elever med funktionshinder: behovsinventering och analys*. Härnösand: Specialpedagogiska institutet, www.spsm.se.

Jakobsson, I.-L. (2002). *Diagnos i skolan: en studie av skolsituationer för elever med syndromdiagnos*. Göteborg Studies in Educational Sciences 185. Göteborg: Acta Universitatis Gothoburgensis.

Socialstyrelsen (2003). *Klassifikation av funktionstillstånd, funktionshinder och hälsa – ICF*. Stockholm: Socialstyrelsen.

KAPITEL 1

Ahlberg, A. (2001). *Lärande och delaktighet*. Lund: Studentlitteratur.

Ahlberg, A. (2009). Kunskapsbildning i specialpedagogik. I: A. Ahlberg (red.). *Specialpedagogisk forskning: en mångfasetterad utmaning*, s. 9–28. Lund: Studentlitteratur.

Björck-Åkesson, E., Wilder, J., Granlund, M., Pless, M., Simeonsson, R., Adolfsson, M., Almqvist, L., Augustine, L., Klang, N. & Lillvist, A. (2010). The International Classification of Functioning, Disability and Health and the version for children and youth as a tool in child habilitation/early childhood intervention – feasibility and usefulness as a common language and frame of reference for practice. *Disability & Rehabilitation* 2010;32(S1): s. 125–38.

Björklid, P. & Fischbein, S. (1996). *Det pedagogiska samspelet*. Lund: Studentlitteratur.

Brodin, J. & Lindstrand, P. (2010). *Perspektiv på en skola för alla*. 2. upplagan. Lund: Studentlitteratur.

Bronfenbrenner, U. (1979). *The ecology of human development: experiments by nature and design*. Cambridge, MA: Harvard University Press.

Clark, C., Dyson, A. & Millward, A. (1998). *Theorising special education*. London: Routledge.

Convention on the Rights of Persons with Disabilities (nov. 2007). United Nations. *European Journal of Health Law* 14(3): s. 281–298.

Emanuelsson, I., Persson, B. & Rosenqvist, J. (2001). *Forskning inom det specialpedagogiska området: en kunskapsöversikt*. Stockholm: Skolverket.

Fischbein, S. (1996). Specialpedagogik och lärarutbildning. *Pedagogisk forskning i Sverige*, 1(2); 89–99.

Gottlieb, C.A., Maenner, M.J., Cappa, C. & Durkin, M.S. (2009). Child disability screening, nutrition, and early learning in 18 countries with low and middle incomes: data from the third round of UNICEF's Multiple Indicator Cluster Survey (2005-06). *Lancet* 2009;374(9704):1831–1839.

Gunnarsson, B. (1999). *Lärandets ekologi: villkor för elevers utveckling*. Lund: Studentlitteratur.

Heimdahl Mattson, E. (2001). *Statliga specialpedagogiska stödinsatser för elever med funktionshinder: behovsinventering och analys*. Härnösand: Specialpedagogiska institutet, www.spsm.se.

Hwang, P. & Nilsson, B. (2011). *Utvecklingspsykologi*. 3. upplagan. Stockholm: Natur & Kultur.

Jakobsson, I.-L. (2002). *Diagnos i skolan: en studie av skolsituationer för elever med syndromdiagnos*. Göteborg Studies in Educational Sciences 185. Göteborg: Acta Universitatis Gothoburgensis.

Lgr 11 (2011). *Läroplan för grundskoleklassen, förskoleklassen och fritidshemmet: Kapitel 1 och 2*. Stockholm: Utbildningsdepartementet.

Lgr 80 (1980). *Läroplan för grundskolan. Allmän del.* Skolöverstyrelsen. Stockholm: Liber.

Lpo 94 (1998). *Läroplan för det obligatoriska skolväsendet, förskoleklassen och fritidshemmet*. Stockholm: Utbildningsdepartementet.

Msall, M.E. & Hogan, D.P. (2007). Counting children with disability in low-income countries: enhancing prevention, promoting child development, and investing in economic well-being. *Pediatrics*, 120(1): s. 182–185.

Nilholm, C. (2007). *Perspektiv på specialpedagogik*. 2. upplagan. Lund: Studentlitteratur.

Nordevall, E., Möllås, G. & Ahlberg, A. (2009). Läraren som mentor i en skola för alla. I: A. Ahlberg (red.). *Specialpedagogisk forskning: en mångfasetterad utmaning*, s. 167–183. Lund: Studentlitteratur.

Parnes, P., Cameron, D., Christie, N., Cockburn, L., Hashemi, G. & Yoshida, K. (2009). Disability in low-income countries: issues and implications. *Disability and Rehabilitation*. 2009:31(14): s. 1170–1180.

Persson, B. (1997). *Specialpedagogiskt arbete i grundskolan: en studie av förutsättningar, genomförande och verksamhetsinriktning*. Specialpedagogiska rapporter nr 4. 2. omarbetade upplagan. Göteborgs universitet, Institutionen för specialpedagogik.

Prop. 2009/10:89. *Bäst i klassen – en ny lärarutbildning*. Stockholm: Utbildningsdepartementet.

Skolverket (1998). *Elever i behov av särskilt stöd: en temabild/utgiven av Skolverket*. Stockholm: Skolverket.

Socialstyrelsen (2003). *Klassifikation av funktionstillstånd, funktionshinder och hälsa – ICF*. Stockholm: Socialstyrelsen.

SOU 1974:53. *Skolans arbetsmiljö*. Betänkande av Utredningen om skolans inre arbete/SIA. Stockholm: Utbildningsdepartementet.

SOU 1999:63. *Att lära och leda: en lärarutbildning för samverkan och utbildning*. Stockholm: Utbildningsdepartementet.

SOU 2008:109. *En hållbar lärarutbildning*. Betänkande av Utredningen om en ny Lärarutbildning (HUT 07). Stockholm: Utbildningsdepartementet.

Säljö, R. (2010). *Lärande i praktiken: ett sociokulturellt perspektiv*. 2. upplagan. Stockholm: Norstedts.

Utrikesdepartementet (2006). *Mänskliga rättigheter: konventionen om barnets rättigheter*. Skriftserien UD-info. Stockholm: Utrikesdepartementet.

von Wright, M. (2000). *Vad eller vem?: en pedagogisk rekonstruktion av G.H. Meads teori om människors intersubjektivitet*. Göteborg: Daidalos.

KAPITEL 2

Andreasson, I. & Asplund Carlsson, M. (2009). *Elevdokumentation: om textpraktiker i skolans värld*. Stockholm: Liber.

Asp-Onsjö, L. (2008). *Åtgärdsprogram i praktiken: att arbeta med elevdokumentation i skolan*. Lund: Studentlitteratur.

Jakobsson, I.-L. (2002). *Diagnos i skolan: en studie av skolsituationer för elever med syndromdiagnos*. Göteborg Studies in Educational Sciences 185. Göteborg: Acta Universitatis Gothoburgensis.

Prop. 2009/10:176. *Personlig assistans och andra insatser – åtgärder för ökad kvalitet och trygghet*. Stockholm: Socialdepartementet.

SFS 1993:387. *Lag om stöd och service till vissa funktionshindrade* (LSS).

SFS 2006:67. *Lag om förbud mot diskriminering och annan kränkande behandling av barn och elever*.

SFS 2008:567. *Diskrimineringslag*.

SFS 2009:400. *Offentlighets- och sekretesslag*.

SFS 2010:800. *Skollag*.

Skolinspektionen (2010). *Tillsyn och kvalitetsgranskning 2009. Skolinspektionens erfarenheter och resultat*. Stockholm: Skolinspektionen.

Skolverket (1998). *Elever i behov av särskilt stöd: en temabild/utgiven av Skolverket*. Stockholm: Skolverket.

Skolverket (2001a). *Tre magiska G:n: skolans insatser för elever med funktionshinder.* Fördjupad studie ur Skolverkets rapport nr 202. Stockholm: Skolverket.

Skolverket (2008). *Allmänna råd och kommentarer: för arbete med åtgärdsprogram.* Stockholm: Skolverket.

Skolverket (2009). *IUP-processen: arbetet med den individuella utvecklingsplanen med skriftliga omdömen.* Stockholm: Skolverket.

Socialstyrelsen (2003). *Klassifikation av funktionstillstånd, funktionshinder och hälsa – ICF.* Stockholm: Socialstyrelsen.

Socialstyrelsen (2010a). *Klassifikation av sjukdomar och hälsoproblem 1997 – version 2010.* Stockholm: Socialstyrelsen.

Socialstyrelsen (2010b). *Internationell klassifikation av funktionstillstånd, funktionshinder och hälsa: barn- och ungdomsversion: [ICF-CY].* Stockholm: Socialstyrelsen.

SOU 1992:94. *Skola för bildning.* Betänkande av läroplanskommittén. Stockholm: Utbildningsdepartementet.

SOU 1998:66. *FUNKIS – funktionshindrade elever i skolan.* Stockholm: Utbildningsdepartementet.

SOU 2008:77. *Möjlighet att leva som andra. Ny lag om stöd och service till vissa personer med funktionsnedsättning.* Stockholm: Socialdepartementet.

SOU 2008:109. *En hållbar lärarutbildning.* Betänkande av Utredningen om en ny Lärarutbildning (HUT 07). Stockholm: Utbildningsdepartementet.

SOU 2011:8. *Den framtida gymnasieskolan: en likvärdig utbildning för ungdomar med utvecklingsstörning.* Betänkande av gymnasiesärskoleutredningen. Stockholm: Utbildningsdepartementet.

Svenska Unescorådet (2006). *Salamancadeklarationen och Salamanca +10.* Svenska Unescorådets skriftserie 2006:2. Stockholm: Svenska Unescorådet.

Utrikesdepartementet (2006). *Mänskliga rättigheter: konventionen om barnets rättigheter.* Skriftserien UD-info. Stockholm: Utrikesdepartementet.

KAPITEL 3

Egidius, H. (2008). *Psykologilexikon.* 4. utgåvan. Stockholm: Natur & Kultur.

Eliasson, R. (1997). *Forskningsetik och perspektivval.* 2. upplagan. Lund: Studentlitteratur.

Gillberg, C. (2005). *Ett barn i varje klass: om ADHD och DAMP.* 2. upplagan. Stockholm: Cura.

Hjörne, E. & Säljö, R. (2008). *Att platsa i en skola för alla: elevhälsa och förhandling om normalitet i den svenska skolan.* Stockholm: Norstedts Akademiska Förlag.

Jakobsson, I.-L. (2002). *Diagnos i skolan: en studie av skolsituationer för elever med syndromdiagnos*. Göteborg Studies in Educational Sciences 185. Göteborg: Acta Universitatis Gothoburgensis.

Kärfve, E. (2000). *Hjärnspöken: DAMP och hotet mot folkhälsan*. Eslöv: Symposion.

Lagerheim, B. (1998). *Att utvecklas med handikapp: möjligheter och begränsningar hos barnet, familjen och omgivningen*. Stockholm: Liber.

Lundberg, I. (2010). *Läsningens psykologi och pedagogik*. Stockholm: Natur & Kultur.

Tideman, M., Rosenqvist, J., Lansheim, M., Ranagården. L. & Jacobsson, C. (2004). *Den stora utmaningen: om att se olikhet som resurs i skolan: en studie om elever »i behov av särskilt stöd« och definitionen av normalitet och avvikelse i skolan*. Halmstad: Wigforssinstitutet och Malmö högskola.

Tøssebro, J. & Lundeby, H. (2002). *Å vokse opp med funksjonshemming: de første årene*. Oslo: Gyldendal Akademisk.

Wrangsjö, B. (1998). Diagnosens psykologi. I: B. Wrangsjö (red.). *Barn som märks: utvecklingspsykologiska möjligheter och svårigheter*, s. 17–46. Stockholm: Natur & Kultur.

Zetterqvist Nelson, K. (2000). *På tal om dyslexi: en studie av hur barn, föräldrar och lärare berättar om och ger betydelse åt diagnoser som dyslexi och specifika läs- och skrivsvårigheter*. Linköping studies in arts and science 209. Linköping: Tema Barn, Linköpings universitet.

KAPITEL 4

Läs- och skrivdelen

Björk, M. & Liberg, C. (1996). *Vägar in i skriftspråket: tillsammans och på egen hand*. 2. upplagan. Stockholm: Natur & Kultur.

Bruce, B. (2009). Språkutveckling på olika villkor. I: A. Sandberg (red.). *Med sikte på förskolan: barn i behov av stöd*, s. 55–74. Lund: Studentlitteratur.

Dahlgren, G. & Olsson, L.-E. (1985). *Läsning i barnperspektiv*. Göteborg Studies in Educational Sciences 51. Göteborg: Acta Universitatis Gothoburgensis.

Dahlgren, G., Gustavsson, K., Mellgren, E. & Olsson, L.-E. (2006). *Barn upptäcker skriftspråket*. 3. upplagan. Stockholm: Liber.

Fast, C. (2008). *Literacy: i familj, förskola och skola*. Lund: Studentlitteratur.

Høien, T. & Lundberg, I. (2004). *Dyslexi: från teori till praktik*. Stockholm: Natur & Kultur.

Kullberg, B. & Åkesson, E. (red.) (2007). *Emergent literacy: femton svenska forskares tankar om barns skriftspråkslärande 2006*. IPD-rapport 2007:1. Göteborg: Göteborgs universitet, Institutionen för pedagogik och didaktik.

Leimar, U. (1974). *LTG: läsning på talets grund*. Lund: Liber Läromedel.

Liberg, C. (2006). *Hur barn lär sig läsa och skriva*. 2. upplagan. Lund: Studentlitteratur.

Liberg, C. & Säljö, R. (2010). Grundläggande färdigheter: att bli medborgare. I: U.P. Lundgren, R. Säljö & C. Liberg. *Lärande, skola, bildning: grundbok för lärare*, s. 233–253. Stockholm: Natur & Kultur.

Lundberg, I. (2007). *Bornholmsmodellen: vägen till läsning: språklekar i förskoleklass*. Stockholm: Natur & Kultur.

Lundberg, I. (2010). *Läsningens psykologi och pedagogik*. Stockholm: Natur & Kultur.

Myrberg, M. (2007). *Dyslexi: en kunskapsöversikt*. Vetenskapsrådets rapportserie 2007:2. Stockholm: Vetenskapsrådet.

Pehrsson, A. & Sahlström, E. (1999). *Kartläggning av läsning och skrivning ur ett deltagarperspektiv: analysverktyg för alla*. 2. omarbetade upplagan. Specialpedagogiska rapporter 14. Göteborg: Göteborgs universitet, Institutionen för specialpedagogik.

Pumfrey, P.D. & Reason, R. (1991). *Specific learning difficulties (dyslexia): challenges and responses*. London: NFER-Routledge.

Söderbergh, R. (1988). *Barnets tidiga språkutveckling*. 2. upplagan. Malmö: Gleerups förlag.

Taube, K. (2007a). *Barns tidiga läsning*. Stockholm: Norstedts Akademiska Förlag.

Taube, K. (2007b). *Läsinlärning och självförtroende: psykologiska teorier, empiriska undersökningar och pedagogiska konsekvenser*. 4. upplagan. Stockholm: Norstedts Akademiska Förlag.

Trageton, A. (2005). *Att skriva sig till läsning: IKT i förskoleklass och skola*. Stockholm: Liber.

Witting, M. (1985). *Metod för läs- och skrivinlärning*. Solna: Ekelunds förlag.

Wolff, U. (2009). Subgrupper av läsare. I: S. Samuelsson (red.). *Dyslexi och andra svårigheter med skriftspråket*, s. 138–161. Stockholm: Natur & Kultur.

Vygotskij, L.S. (2001). *Tänkande och språk*. Göteborg: Daidalos.

Matematikdelen

Adler, B. (2007). *Dyskalkyli & matematik: en handbok i dyskalkyli*. Stockholm: Nationella Utbildningsförlaget Sverige (NU-förlaget).

Ahlberg, A. (2001). *Lärande och delaktighet*. Lund: Studentlitteratur.

Ahlberg, A. (red.) (2009). *Specialpedagogisk forskning: en mångfasetterad utmaning*. Lund: Studentlitteratur.

Allsopp, D.H., Kyger, M.M. & Lovin, L.A.H. (2007). *Teaching mathematics meaningfully: solutions for reaching struggling learner*. Baltimore, MD: P.H. Brookes Pub.

Bell, A., Burkhardt, H., Crust, R., Pead, D. & Swan, M. (2006). Strategier för problemlösning och bevis. I: J. Boesen, G. Emanuelsson, A. Wallby &

K. Wallby (red.). *Lära och undervisa matematik: internationella perspektiv,* s. 109–122. Göteborg: Nationellt Centrum för Matematik (NCM), Göteborgs universitet.

Butterworth, B. & Yeo, D. (2010). *Dyskalkyli: att hjälpa elever med specifika matematiksvårigheter.* Stockholm: Natur & Kultur.

Carpenter, T.P., Fennema, E., Loef Franke, M., Levi, L. & Empson, S. (1999). *Children's mathematics: cognitively guided instruction.* Portsmouth, NH: Heinemann.

Csíkszentmihályi, M. (2006). *Flow: den optimala upplevelsens psykologi.* Stockholm: Natur & Kultur.

Engström, A. (2003). *Specialpedagogiska frågeställningar i matematik: en introduktion.* Örebro: Örebro universitet, Pedagogiska institutionen.

Firsov, V. (2006). Måste man vara intresserad av matematik? I: J. Boesen, G. Emanuelsson, A. Wallby & K. Wallby (red.). *Lära och undervisa matematik: internationella perspektiv,* s. 155–164. Göteborg: Nationellt Centrum för Matematik (NCM), Göteborgs universitet.

Forsmark, S. (2009). Att lära matematik: främjande och hindrande faktorer. I: A. Ahlberg (red.). *Specialpedagogisk forskning: en mångfasetterad utmaning,* s. 213–230. Lund: Studentlitteratur.

Gelman, R. & Gallistel, C.R. (1986). *The child's understanding of number.* Cambridge: Harvard University Press.

Hagland, K., Hedrén, R. & Taflin, E. (2005). *Rika matematiska problem: inspiration till variation.* Stockholm: Liber.

Hiebert, J., Carpenter, T., Fennema, E., Fuson, K., Wearne, D. & Murray, H. (1997). *Making sense: teaching and learning mathematics with understanding.* Portsmouth, NH: Heinemann.

Imsen, G. (2006). *Elevens värld: introduktion till pedagogisk psykologi.* 4. upplagan. Lund: Studentlitteratur.

Johnsen Høines, M. (2000). *Matematik som språk: verksamhetsteoretiska perspektiv.* Malmö: Liber.

Lester, F.K. & Lambdin, D.V. (2006). Undervisa genom problemlösning. I: J. Boesen, G. Emanuelsson, A. Wallby & K. Wallby (red.). *Lära och undervisa matematik: internationella perspektiv,* s. 95–108. Göteborg: Nationellt Centrum för Matematik (NCM), Göteborgs universitet.

Lundberg, I. & Sterner, G. (2009). *Dyskalkyli – finns det?: aktuell forskning om svårigheter att förstå och använda tal.* Göteborg: Nationellt centrum för matematikutbildning (NCM), Göteborgs universitet.

Löwing, M. (2008). *Grundläggande aritmetik: matematikdidaktik för lärare.* Lund: Studentlitteratur.

Löwing, M. & Kilborn, W. (2002). *Baskunskaper i matematik: för skola, hem och samhälle.* Lund: Studentlitteratur.

Magne, O. (1998). *Att lyckas med matematik i grundskolan*. Lund: Studentlitteratur.

Malmer, G. (2002). *Bra matematik för alla: nödvändig för elever med inlärningssvårigheter.* 2. upplagan. Lund: Studentlitteratur.

Myndigheten för skolutveckling (2008). *Mer än matematik: om språkliga dimensioner i matematikuppgifter.* Stockholm: Myndigheten för skolutveckling.

OECD (2009). *Learning mathematics for life: a perspective from PISA*. Paris: OECD, http://www.pisa.oecd.org.

Pehrsson, A. & Sahlström, E. (1999). *Kartläggning av läsning och skrivning ur ett deltagarperspektiv: analysverktyg för alla*. 2. omarbetade upplagan. Specialpedagogiska rapporter 14. Göteborg: Göteborgs universitet, Institutionen för specialpedagogik.

Sjöberg, G. (2006). *Om det inte är dyskalkyli – vad är det då?* Doktorsavhandling 7. Umeå: Umeå universitet.

Skolinspektionen. (2009). *Undervisningen i matematik – utbildningens innehåll och ändamålsenlighet*. Kvalitetsgranskning. Rapport 2009:5. Stockholm: Skolinspektionen.

Skolverket (2003). *Lusten att lära: med fokus på matematik: nationella kvalitetsgranskningar 2001–2002*. Skolverkets rapport 221. Stockholm: Skolverket.

Skolverket (2005). *Uppgifter i matematik i PISA 2003*. Uppgiftsrapport till rapport 254, 2004. Stockholm: Skolverket.

Solomon, Y. (2009). *Mathematical literacy: developing identities of inclusion*. New York: Routledge.

SOU 2004:97. *Att lyfta matematiken – intresse, lärande, kompetens*. Betänkande av Matematikdelegationen. Stockholm: Utbildningsdepartementet.

Unenge, J., Sandahl, A. & Wyndhamn, J. (1994). *Lära matematik*. Lund: Studentlitteratur.

Vygotskij, L.S. (2001). *Tänkande och språk*. Göteborg: Daidalos.

KAPITEL 5

AAIDD (2010). *Intellectual disability: definition, classification, and systems of support*. Washington, DC: American Association on Intellectual and Developmental Disabilities.

Andersson, B. & Thorsson, L. (2007). *Därför inkludering.* Härnösand: Specialpedagogiska institutet, www.spsm.se.

Berthén, D. (2007). *Förberedelse för särskildhet: särskolans pedagogiska arbete i ett verksamhetsteoretiskt perspektiv*. Karlstad University studies 2007:19. Karlstad: Karlstads universitet, Estetisk-filosofiska fakulteten, Pedagogik.

Boyle, J. & Scanlon, D. (2010). *Methods and strategies for teaching students with mild disabilities*. Belmont, CA: Wadsworth.

Granlund, M. & Bond, A. (2000). *Förståelig information för personer med utvecklingsstörning: perspektiv på kroppsfunktioner, aktivitet och delaktighet.* Stockholm: FUB:s forskningsstiftelse ala och Mälardalens högskola.

Granlund, M., Haglund, L., Lewin, B. & Sandlund, M. (odaterad). *Egenbedömning av delaktighet enligt ICF.* Socialstyrelsens fältprövningsgrupp för tilllämpning av ICF i arbetet för personer med psykiska funktionshinder eller utvecklingsstörning, www.socialstyrelsen.se. Hämtad 2009-08-26.

Greenspan, S. (1999). What is meant by mental retardation? *International Review of Psychiatry*, vol. 11(1): s. 6–18.

Grunewald, K. (1996) *Medicinska omsorgsboken.* 4. upplagan. Stockholm: Natur & Kultur.

Göransson, K. (1999). *»Jag vill förstå« – om eleven, kunskapen och lärandet.* Stockholm: FUB:s forskningsstiftelse ala.

Ineland, J., Molin, M. & Sauer, L. (2009). *Utvecklingsstörning, samhälle och välfärd.* Malmö: Gleerups.

Kylén, G. (1979). *Helhetssyn på människan.* Stockholm: FUB:s forskningsstiftelse ala.

Kylén, G. (1986). *Begåvning och begåvningshandikapp.* Stockholm: FUB:s forskningsstiftelse ala.

Moni, K. & Jobling, A. (2000). Latch-on: a program to develop literacy in young adults with Downs syndrome. *International Journal of Adolescent and Adult Literacy*, 44:40–49.

Moni, K. & Jobling, A. (2001). Reading related literacy learning of young adults with Downs syndrome: findings from a three year teaching and research program. *International Journal of Disability, Development and Education*, 48:377–394.

Nordström, I. (2004). Delaktighet på jämlika och ojämlika villkor: om lindrigt utvecklingsstörda skolbarns relationer och samspel med kamrater. I: A. Gustavsson (red.). *Delaktighetens språk*, s. 201–213. Lund: Studentlitteratur.

Simeonsson, R., Granlund, M. & Björck-Åkesson, E. (2006). The concept and classification of mental retardation. I: H.N. Switzky & S. Greenspan (red.). *What is mental retardation?: ideas for an evolving disability in the 21st century*, s. 247–267. Washington, DC: American Association on Intellectual and Developmental Disabilities.

Sinason, V. (1996). *Mental handicap and the human condition: new approaches from the Tavistock.* London: Free Association Books.

SOU 2003:35. *För den jag är – Om utbildning och utvecklingsstörning.* Delbetänkande av Carlbeck-kommittén. Stockholm: Utbildningsdepartementet.

Sternberg, R.J. (red.) (2000). *Handbook of intelligence.* Cambridge: Cambridge University Press.

Szönyi, K. (2005). *Särskolan som möjlighet och begränsning: elevperspektiv på delaktighet och utanförskap.* Avhandling 132. Stockholm: Stockholms universitet, Pedagogiska institutionen.

Tideman, M. (red.) (2000). *Perspektiv på funktionshinder och handikapp.* Lund: Studentlitteratur.

KAPITEL 6

Dahlgren, S.-O. (2002). *Why does the bus stop when I am not getting off?: how children with autism, Asperger syndrome and dysfunction in attention motor control and perception (DAMP) conceptualise the surrounding world.* Göteborg: Göteborgs universitet, Psykologiska institutionen.

Dahlgren, S.-O. (2007). *Varför stannar bussen när inte jag ska gå av?: att förstå autism, Aspergers syndrom och DAMP.* Stockholm: Liber.

Fleischer, A.V. & Merland, J. (2008). *Exekutiva svårigheter hos barn: bedömning och praktiska åtgärder.* Lund: Studentlitteratur.

Frith, U. (2000). *Autism: gåtans förklaring.* Stockholm: Liber.

Greene, R.W. (2009). *Vilse i skolan: hur vi kan hjälpa barn med beteendeproblem att hitta rätt.* Lund: Studentlitteratur.

Hejlskov Jørgensen, B. (2009). *Problemskapande beteende vid utvecklingsmässiga funktionshinder.* Lund: Studentlitteratur.

Kadesjö, B. (2008). *Barn med koncentrationssvårigheter.* 3. upplagan. Stockholm: Liber.

Klingberg, T. (2011). *Den lärande hjärnan.* Stockholm: Natur & Kultur.

Kopp, S. (2010). *Girls with social and/or attention impairments.* Avhandling. Göteborg: Göteborgs universitet, Sahlgrenska Akademin, Institutionen för neurovetenskap och fysiologi, Sektionen för psykiatri och neurokemi.

Kristiansen. S. (2000). *Att förklara autism: myt och verklighet i autismens idéhistoria.* Stockholm: Natur & Kultur.

Skolverket (2009). *Skolan och Aspergers syndrom: erfarenheter från skolpersonal och forskare.* Rapport 334. Stockholm: Skolverket.

KAPITEL 7

Syn

Dominkovič, K., Eriksson, Y. & Fellenius, K. (2006). *Läsa högt för barn.* Lund: Studentlitteratur.

Fosse, P. & Klingenberg, O.G. (red.) (2008). *Pedagogiske og psykologiske perspektiver på opplæring av synshemmede.* Trondheim: Tambartun kompetansesenter och Snøfugl.

Göransson, K. (2008). *Man vill ju vara som alla andra: elevers röster om delaktighet och inkludering med fokus på elever med funktionsnedsättning.* Härnösand: Specialpedagogiska institutet, www.spsm.se.

ICD (WHO, 2010). *International Statistical Classification of Diseases and Related Health Problems. 10th Revision. Version: 2010*. http://apps.who.int/classifications/icd10. Hämtad 2012-02-02.

Lagerheim, B. (1998). *Att utvecklas med handikapp: möjligheter och begränsningar hos barnet, familjen och omgivningen*. Stockholm: Liber.

Rönnbäck, A., de Verdier, K., Winberg, A. & Baraldi, S. (2010). *Att delta på lika villkor?: den punktskriftsläsande elevens möjligheter till delaktighet i klassrummet*. Härnösand: Specialpedagogiska skolmyndigheten.

Supalo, C.A., Wohlers, H. & McEnnis, K. (2009). Using adaptive tools and techniques to teach a class of students who are blind or have low vision. *Journal of Chemical Education*, vol. 86(5):587–592.

Synguiden (2007). *Synguiden skola: en vägledning för dig som möter elever med synskada i utbildning*. Härnösand: Specialpedagogiska institutet, www.spsm.se.

Hörsel

Cigman, R. (red.) (2006). *Included or excluded?: the challenge of the mainstream for some SEN children*. London: Routledge.

Coniavitis Gellerstedt, L. (2008). *Om elever med hörselskada i skolan*. Härnösand: Specialpedagogiska institutet, www.spsm.se.

Dammeyer, J. (2010). Psychosocial development in a Danish population of children with cochlear implants and deaf and hard-of-hearing children. *Journal of Deaf Studies & Deaf Education*, 15(1):50–58.

Gustafsson, A. (2009). *Att höra i skolan. om hörteknik i undervisningen: förutsättningar och möjligheter*. Härnösand: Specialpedagogiska skolmyndigheten, www.spsm.se.

Hendar, O. (2008). *Måluppfyllelse för döva och hörselskadade i skolan*. Örebro: Specialskolemyndigheten, www.spsm.se.

McGain, K.G. & Antia, S.D. (2005). Academic status of hearing, deaf and hard of hearing students participating in a co-enrolled classroom. *Communication Disorders Quarterly*, vol. 27(1):20.

Roos, K. (2006). Skriftspråklighet och skriftspråkligt lärande. I: K. Roos & S. Fischbein (red.). *Dövhet och hörselnedsättning: specialpedagogiska perspektiv*. Lund: Studentlitteratur.

Simonsen, E., Kristoffersen, A.E., Hyde, M.B. & Hjulstad, O. (2009). Great expectations: perspectives on cochlear implantation of deaf children in Norway. *American Annals of the Deaf*, 154(3): 263–273.

Test, D.W., Fowler, C.H., Wood, W.M., Brewer, D.M. & Eddy, S. (2005). A conceptual framework for students with disabilities. *Remedial and Special Education*, 26(43): s. 43–54.

Motoriska funktionsnedsättningar

Brookes, G. (2007). *Dyspraxia*. London: Continuum, The SEN Series.

Bryant, D.P., Deutsch Smith, D. & Bryant, B.R. (2008). *Teaching students with special needs in inclusive classrooms*. Boston, MA: Allyn & Bacon.

Cigman, R. (red.) (2006). *Included or excluded?: the challenge of the mainstream for some SEN children*. London: Routledge.

Farrell, M. (2006). *The effective teacher's guide to sensory impairment and physical disability: practical strategies*. London: Routledge.

Malmqvist, J. (2000). *Kunskapsutveckling hos elever med rörelsehinder: delstudie II: resultat på prov för elever med rörelsehinder vid arbete med anpassat provmaterial*. IPD-rapport 2000:02, Specialpedagogiska rapporter 16. Göteborg: Göteborgs universitet, Institutionen för pedagogik och didaktik.

Skolverket (2001a). *Tre magiska G:n: skolans insatser för elever med funktionshinder*. Fördjupad studie ur Skolverkets rapport nr 202. Stockholm: Skolverket.

KAPITEL 8

Prop. 2009/10:165. *Den nya skollagen: för kunskap, valfrihet och trygghet*. Stockholm: Utbildningsdepartementet.

SFS 2010:800. *Skollag*.

Skolverket (2001a). *Tre magiska G:n: skolans insatser för elever med funktionshinder*. Fördjupad studie ur Skolverkets rapport nr 202. Stockholm: Skolverket.

Skolverket (2001b). *Kvalitet i särskola – en fråga om värderingar: regeringsuppdrag om särskolan, oktober 2001*. Uppföljning/utvärdering. Stockholm: Skolverket.

KAPITEL 9

Andreasson, I. & Asplund Carlsson, M. (2009). *Elevdokumentation: om textpraktiker i skolans värld*. Stockholm: Liber.

Asp-Onsjö, L. (2008). *Åtgärdsprogram i praktiken: att arbeta med elevdokumentation i skolan*. Lund: Studentlitteratur.

Brodin, J. & Lindstrand, P. (2007). *Perspektiv på IKT och lärande för barn, ungdomar och vuxna med funktionshinder*. 2. upplagan. Lund: Studentlitteratur.

Jakobsson, I.-L. (2002). *Diagnos i skolan: en studie av skolsituationer för elever med syndromdiagnos*. Göteborg Studies in Educational Sciences 185. Göteborg: Acta Universitatis Gothoburgensis.

Lgr 11 (2011). *Läroplan för grundskoleklassen, förskoleklassen och fritidshemmet: Kapitel 1 och 2*. Stockholm: Utbildningsdepartementet.

Nilholm, C. (2007). *Perspektiv på specialpedagogik*. 2. upplagan. Lund: Studentlitteratur.
Rönnerman, K. (1998). *Utvecklingsarbete – en grund för lärares lärande*. Lund: Studentlitteratur.
Rönnerman, K. (red.). (2004). *Aktionsforskning i praktiken – erfarenheter och reflektioner*. Lund: Studentlitteratur.
Skolinspektionen (2010). *Tillsyn och kvalitetsgranskning 2009. Skolinspektionens erfarenheter och resultat*. Stockholm: Skolinspektionen.
Skolverket (1998). *Elever i behov av särskilt stöd: en temabild/utgiven av Skolverket*. Stockholm: Skolverket.
Skolverket (2008). *Allmänna råd och kommentarer: för arbete med åtgärdsprogram*. Stockholm: Skolverket.
von Wright, M. (2000). *Vad eller vem?: en pedagogisk rekonstruktion av G.H. Meads teori om människors intersubjektivitet*. Göteborg: Daidalos.

AVSLUTNING

Greene, R.W. (2009). *Vilse i skolan: hur vi kan hjälpa barn med beteendeproblem att hitta rätt*. Lund: Studentlitteratur.
Hejlskov Jørgensen, B. (2009). *Problemskapande beteende vid utvecklingsmässiga funktionshinder*. Lund: Studentlitteratur.

REGISTER

Kursiv siffra hänvisar till figurer och tabeller
n efter siffra hänvisar till fotnot

S